Training and Development Management

培訓管理

丁志達◎編著

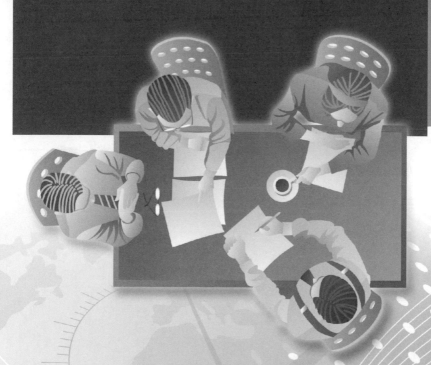

序

性相近也，習相遠也。《論語‧陽貨篇》

知識經濟時代的特徵之一，是強調人力資源的發展。企業能否掌握競爭優勢而立於不敗之地，取決於人力資源發展工作的健全與否。人力資源發展中最為重要的一環，就是人才的「培訓」。

兵法上有句至理名言：「兵不練不可上戰場，將不練不可帶兵」，這是「韓信將兵，多多益善」所憑藉的因素所在。為使今日的人才能夠面對未來詭譎多變的經營環境的挑戰，企業必須研究如何有計畫的進行人才培訓的工作，期能積極提升人力資源的素質。這是企業經營上，不容忽視的重要課題。

本書旨在為企業界在上述課題上，提供策略上的正確方向與實務上的具體方法，以期在人才培訓的工作上，獲得事半功倍之效。本書共分十四章，從宏觀面至微觀面，闡述有關培訓管理的實務要領。先從人才培育概論（第一章）論述、再切入訓練需求（第二章）、訓練規劃（第三章）、訓練行政作業（第四章）、在職訓練（第五章）、多元化的教學方法（第六章）、成人學習與講師授課技巧（第七章）、訓練成效評估（第八章）、訓練成效轉移（第九章）、接班人培育（第十章）、職業生涯發展（第十一章）、學習型組織（第十二章）以及向國內外典範企業學習（第十三章、第十四章）作為總結。

台灣大學前校長傅斯年先生教人做學問，必須「上窮碧落下黃泉，動手動腳找東西」。本書引用的資料貫穿四十年時光隧道（從本人就業伊始至本書完稿為止），包括歷年來在報章、雜誌所蒐集到有關培訓的重要文獻、參加人資課程受訓的訓練教材、近年來授課自編的講義、在職場就業期間負責教育訓練工作的實務體驗心得，以及中華企業管理發展中心歷年來聘請多位人資名師開班授課的教案等，內容至為豐富。

　　本書體系完整，敘述詳明，諸多實務資料，可現學現用。筆者深信本書的參考應用價值頗高，堪為企業界人力資源管理人士難得的工具書，亦適合於大專院校商學院各系所採用為相關課程的教科書，效益必巨。

　　本書並精選了古今中外賢者的「智慧語錄」四百餘則，在每一頁上登錄一則，作為「眉批」。筆者認為「自我啟發」乃是在學習與成長過程中，極為重要的激勵因素。希望這些「智慧語錄」，能受到讀者的重視，而作適當的運用，以期產生啟迪心靈與激發潛能的作用。

　　多年來，本人應中華企業管理發展中心李裕昆董事長之邀，在該中心定期開設人力資源管理領域不同主題的系列課程。由於各項課程教學的效果顯著，口碑甚佳，乃促使本人不揣譾陋，決意相繼撰著各類人資管理為主題的專書，藉資貢獻。本人對李董事長的器重與鼓勵，深為感激。本書承蒙揚智文化事業公司慨允協助出版，在本書付梓之際，謹向葉總經理忠賢、閻總編輯富萍暨相關工作同仁敬致衷心的謝忱。又，台南科技大學應用外語系助理教授王志峯博士、丁經岳律師、內人林專女士、詹宜穎小姐、丁經芸小姐等人對本書資料的蒐集與整理，提供協助，亦在此一併致謝。

　　由於本人學識與經驗的侷限，本書疏誤之處，在所難免，尚請方家不吝賜教是幸。

丁志達 謹識

目　錄

第四章　訓練行政作業實務　103

第五章　員工在職訓練　135

第六章　多元化的教學方法　177

第七章　成人學習與講師授課技巧　207

第八章　訓練成效評估　237

第十四章　標竿學習——向國內典範企業借鏡　399

表目錄

圖目錄

範例目錄

人才培育概論

學然後知不足也，教然後知困也。知不足，然後能自反也；知困，然後能自強也。故曰，教學相長也。

——《禮記‧學記》

（譯文：學習之後才知道自己知識的不足，教人之後才瞭解自己仍有甚多不懂的地方。知道自己的不足，然後就能自我反省；瞭解自己不懂的地方，然後才能勉勵自己。所以說，教和學是相互促進、相輔相成的。）

發表「國富論」（Wealth of Nations）的經濟學者亞當‧史密斯（Adam Smith, 1723-1790）認為「土地、資本、人力」為企業經營的三要素，但土地及資本雖可因企業持續不斷地成長擴充，其本質上卻無法改變，唯有人力資源可藉由不斷地施加訓練而開發人的天賦智慧。由於「無形資產」難以被競爭對手模仿，所以，員工訓練是企業發展的根本，誰掌握了人才這項資源，誰就會在競爭中立於不敗之地（**範例1-1**）。

範例1-1　無形資產分析

企業客戶市場占有率	·占全球網際網路閘道伺服器防毒軟體首位，市場占有率達39.4%，成長率達47%。 ·占全球郵件伺服器防毒軟體首位，市場占有率達20.9%，成長率達26%。 （資料來源：IDC，2003年8月）
人力資源	·57%員工為軟體專業技術人才。 ·員工遍布全球，亞太地區占45%，日本19%，美國17%，歐洲15%，拉丁美洲2%。
品牌形象	·品牌價值7.5億美元，居全台灣品牌價值首位。 （資料來源：Interbrand，2003年）
專利	·2000年以「空中抓毒」技術專利，與網路聯合訴訟，獲1.25億美元和解金。
管理流程	·建立病毒紅色警戒流程。 ·全球技術服務中心獲ISO9002認證。

資料來源：趨勢科技；引自張明正、陳怡蓁（2003），《擋不住的趨勢：超國界的管理經驗》，台北：天下遠見出版，頁186。

第一節　人力資本

　　經濟學者將「資本」定義為投資並可預期得到回報的資源，其中的實體資本指的是財貨、土地、勞力等具體的資源（如廠房、機器、設備、原材料、土地、貨幣和其他有價證券等），而人力資本（human capital）則是一個人所擁有的教育程度與工作資歷。在激烈的全球化競爭中，企業欲維持長期的競爭優勢，前提是要能夠快速因應客戶不斷變化的需求，以及不斷變遷的市場環境。為維繫競爭優勢的個中關鍵，無疑是人才，致使今日的企業莫不紛紛奉「人才是企業最大的資產」觀念為圭臬，這就是人力資本的威力（如圖1-1）。

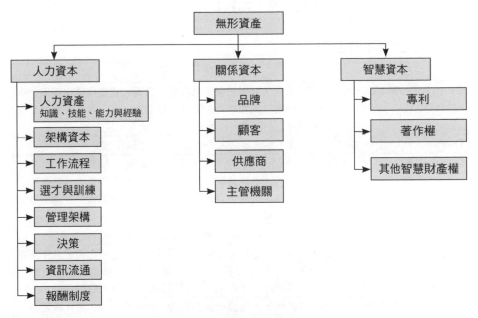

圖1-1　無形資產家族

資料來源：海格‧納班提恩（Haig R. Nalbantian）、理查‧古索（Richard A. Guzzo）、戴夫‧基佛（Dave Kiefer）、傑‧德爾堤（Jay Doherty）著，戴至中、袁世佩譯（2004），《革新人力資本策略：企業獲利關鍵》，台北：美商麥格羅‧希爾國際公司出版，頁225。

一、人力資本的觀點

　　人力資本理論首創者是美國芝加哥大學（The University of Chicago）著名經濟學教授西奧多‧威廉‧舒爾茨（Theodore W. Schultz, 1902-1998），其代表著作為《論人力資本投資》。早在舒爾茨之前，西方經濟學家亞當‧史密斯（Adam Smith, 1723-1790）、薩伊（Jean-Baptiste Say, 1767-1832）和阿爾弗雷德‧馬歇爾（Alfred Marshall, 1842-1924）等人就曾提出過人力資本的思想，但舒爾茨在一九六〇年美國經濟學年會上發表了題為〈論人力資本投資〉的演說時，他有系統、深刻地論述了人力資本理論，開創了人力資本研究的新領域，並因而榮獲了一九七九年諾貝爾經濟學獎。顯然地，在知識經濟時代中，人力資本將是決定組織榮枯的關鍵因素（如**表1-1**）。

表1-1　人力資本的定義

學者	定義
Schultz, Theodore W.（60年代）	人力資本是指凝聚於勞動者身上，透過投資費用轉化而來，表現為勞動者技能和技巧的資本。換言之，人力資本是指凝聚在勞動者身上的知識、技能及其所表現出來的能力。
Thurow, Lester（1970）	將人力資本定義為個人的生產技術、才能和知識。
Mehta（1976）	居住於一個國家內人民的知識、技術及能力總和；更廣義地講，還包括：首創精神、應變能力、持續工作能力、正確的價值觀、興趣、態度，以及其他可以提高產出和促進經濟增長之人的品質因素。
Hubert（1996）	員工個人心態，包括對事情的假設、傾向、價值與信念等。
Brooking（1996）	是組織資產中最具動態特性，同時也是與組織內員工直接相關的資產，其將人力資本區分為教育程度、職業證照、資格工作、相關知識、職業潛能、人格特質、工作相關能力等。
Snell, Youndt & Wright（1996）	人力資本代表著組織成員的經驗、判斷與知識，更代表著員工的競爭力。
Stewart（1997）	人力資本乃是個人為顧客解決問題的才能，是創新與更新的源頭。
Lee & Witteloostuijn（1998）	人力資本係指能提供企業高品質服務的能力。

（續）表1-1　人力資本的定義

學者	定義
Lazear（1998）	認為要獲得人力資本最基本方法是透過正式學校教育，但透過正式學校教育的人力資本所花費之投資要比其他方式多，而投資於人力資本最重要的另一種方法是在職訓練（On the Job Training）。
Roos, Roos, Edvinsson & Dragonetti（1998）	人力資本包括才能（competency，如知識與技能）、態度（attitude，如動機與行為）及智慧敏捷性（intellectual agility，如創新、模仿與適應／調適）。
Devinsson & Malone（1999）	人力資本融合了知識、技術、革新，以及公司個別員工所掌握自己的任務能力，同時還包括公司的價值觀、文化及哲學，也包括組織的創造力和創新能力。
Davenport（1999）	人力資本主要由知識、技能與才能的能力（ability）、過程執行方式的行為（behavior）、資源運用的努力（effort）以及所投資的時間（time）四個主幹要素組成。
Dess & Picken（1999）	人力資本乃是深植在個體並且無法與個體分割的能力、知識、技能及經驗，包含動作技能（motor skills）、資訊擷取技能（information-gathering skills）、資訊處理技能（information-processing skills）、溝通技能（communication skills）、經驗（experience）、知識（knowledge）、社交技能（social skills）、價值觀（value）、信念（belief）與態度（attitude）。
Knight（1999）	認為人力資本乃是企業無法擁有之中的專業與技能，當企業僱用、發展並保留最佳人才時，人力資本的價值即增加。
Lepak & Snell（1999）	認為人力資本即組織內員工之技術能力，人力資本的價值在於能對組織的競爭優勢及核心能力提供潛在的貢獻。
Dzinkowski（2000）	認為人力資本與組織內人員把知識化為行動的知識（know-how）、才能、技能以及專業等相關。
Lynn（2000）	人力資本——包括組織內工作人員擁有的所有技能與能力。它創造並維持組織的財富，乃是智慧資本的關鍵資產之一。企業之人力資本乃是組織內技術的蓄積與個人知識的結合，同時亦涵蓋企業的價值觀、文化及哲學，但卻又不是公司所能掌控的。

參考資料：胡秀華，〈累積人力資本的價值　追求企業經營的優勢〉，http://www.ugc.com.tw/corporate012.php；整理：丁志達。

舒爾茨（T. H. Schultz）提出下列五項人力資本概念的主要觀點：

1. 人力資本存在於人的身上，表現為知識、技能、體力（健康狀況）價值的總和。一個國家的人力資本可以透過勞動者的數量、品質以及勞動時間來度量。

2. 人力資本是投資形成的。投資管道有營養及醫療保健費用、學校教育費用、在職人員訓練費用、選擇職業過程中所發生的人事成本和遷徙費用。

3. 人力資本投資是經濟增長的主要源泉。人力投資的增長無疑已經明顯地提高了投入經濟起飛過程中的工作品質，這些品質上的改進也已成為經濟增長的一個重要的源泉。

4. 人力資本投資是效益最佳的投資，人力投資的目的是為了獲得收益。舒爾茨曾對一九二九年至一九五七年美國教育投資對經濟增長的關係做了定量研究，得出的結論是：各級教育投資的平均收益率為17%；教育投資增長的收益占勞動收入增長的比重為70%；教育投資增長的收益占國民收入增長的比重為33%，也就是說，人力資本投資是報酬率最高的投資。

5. 人力資本投資的消費部分之實質是耐用性的，甚至比物質的耐用性消費品更加經久耐用。（舒爾茨的人力資本理論，http://www.mca.gov.cn/artical/content/200510279565/2005114112348.html）

《大象與跳蚤：預見組織與個人的未來》（*The Elephant and the Flea: Looking Backwards to the Future*）的作者查爾斯·韓第（Charles Handy）也曾經提到人力資本的概念。韓第認為一般企業的存在，大多是靠財務資本，也就是資本主拿錢出來設廠、聘請員工、生產、銷售，賺的錢歸資本主所有，員工就用薪水給付，人力發展只是為了工作需求而研擬的措施，但是在知識經濟時代，企業的成功應該跨到另外一個領域，也就是把人力當成資本。所以一邊是財務資本，一邊是人力資本，企業必須成功地把這兩項資本結合在一起。

　　美國訓練與發展協會（American Society for Training and Development, ASTD）自一九七七年開始蒐集企業在訓練上投資的資料，在超過二千五百家的研究個案分析後，發現到對人力資源進行大量投資的企業，隔年都有較高的股利；歐洲國家的研究也出現了相同的結論，證實了對人力進行投資，可以使企業績效提升，影響企業盈虧（呂玉娟，2006：107）。

二、人力資本的獨特性

　　進入知識經濟時代，知識成為生產力提升與經濟成長的主要驅動力。企業營運的最大價值，來自於員工的智慧及知識，而人力資本是所有無形資產中最具有獨特性、也最具有核心價值的資產，故被稱為「組織的心臟、智慧與靈魂」，是「組織唯一的行動力量」。但是，人力資本並非企業所擁有的，因為這些知識、技能與智慧是存在於「人」的內在，企業並不能直接擁有這些智慧，必須透過一些管理活動（機制），才可能有方向性地募集這些智慧、激發智慧的應用與展現，當然企業也要想盡辦法來維持這些有價值的智慧。在人力資本蓄積中，普遍認為教育訓練是人力資本最直接的投資工具，藉由教育訓練不但可以提升員工的技能與生產力，更能增加員工忠誠度，減少離職及缺勤（如**表1-2**）。

　　但企業不能單憑投入大量金錢與時間辦理教育訓練，就期望員工素質變好，組織績效就能提升，而應重新全盤考量教育訓練與各項人力資源管理活動（如輪調、晉升、職涯規劃、僱用保障、績效、獎酬、激勵等）之間的配套措施，因為有效的人力資源管理常是許多措施相互交集影響的結果，並非單項作法所能達成（廖文志、王瀅婷，2006：38-42）。

三、人力資本約束機制面向

　　企業在創造財富的過程中，腦力取代資產性資本成為創造財富的

表1-2 人事管理、人力資源管理、人力資本的主要區別

差異點	人事管理	人力資源管理	人力資本
管理目的	為提高企業勞動生產率，保障企業短期目標和實現	著眼於企業長遠發展，滿足員工自我發展的需要	綜合考慮企業利益與員工利益，形成利益共同體
理論假設	視員工為「經濟人」	視員工為「重要資源」	視員工為「投資者」
管理深度	被動，救火隊、解決麻煩	主動，注重人員開發和培養	主動，注重戰略性管理和決策
重要程度	企業管理的次要職能	企業管理的重要職能	企業管理的核心職能
員工與企業關係	雇傭關係	雇傭關係	雇傭關係和投資合作關係
員工的角色	人性化的機器	人性化的資源	投資者
激勵方式	短期激勵	中、長期激勵	長期激勵

資料來源：《企業管理》（2007/07），頁92。引自丁志達（2008），人才招募與培訓實務班講義，台北：中華企業管理發展中心編印。

驅動者，人力資本是知識經濟時代的活水源頭，但企業在使用人力資本時，也會帶來風險，例如員工離職後到競爭對手陣營去工作。所以，人力資本約束機制的管理是有其必要的。

(一)內部約束

內部約束面向包括有：

1.合約約束：如二年內不能到企業競爭對手處工作。

2.公司章程約束：如遵守公司規定的行為準則。

3.激勵中兌現的約束：如規定分紅股票須持股二年後才能轉讓。

4.偏好的約束：如人力資本對薪酬高低的要求或經營理念不能偏離企業的要求。

5.組織的約束：如企業的人力資源部門對人力資本採取「工作時間管理」、「非工作時間加強關心」的作法。

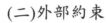

(二)外部約束

外部約束面向包括有：

1. 利用社會機制約束：如法律約束、道德約束，人力資本從一個企業離職後，不能單方面曝露企業的隱私。
2. 市場約束：如對人力資本於勞動市場進入、退出應遵守誠信準則。
3. 新聞媒體的約束：如不能提供造假文件、照片以博取媒體的刊載。（曾見占、孫振益，2004：76-77）

　　人力資本是員工技術、經驗、創造力的總稱，而厚植人力資本，就是人力發展（human development），企業必須不斷提供多元的教育訓練方案，幫助員工發展第二專長，深化員工的技術，讓他們的知識不斷提升，使人力資本轉化為企業競爭力，以及成為企業獲利的來源。所以，人力訓練絕對是現代企業競爭的終極決勝法寶，因此企業不只要傾全力爭取人才，還要在人力培育上隨著環境變化與人力需求與時俱進，打造出企業的百戰雄獅（鄭真，2007：6）。

第二節　人力資源發展的策略

　　在高人力成本的二十一世紀裡，企業面對競爭激烈的市場環境，要想建立長久的競爭優勢，除了資本運用、技術研發與行銷能力外，人力資源的發展更是企業賴以長久生存的主要關鍵因素。人力資源發展（Human Resource Development, HRD）的本質為「學習」與「成長」。它由個人發展、職業生涯發展、組織發展三個面向所組成，三者透過教育、訓練、發展整合，提供學習經驗之活動，增進個人知識、技能和修正行為模式，以因應個人和職業之所需（如圖1-2）。

人力資源發展
人力資源發展整合訓練與發展、組織發展、生涯發展三個領域，以增進個體、團體及組織效能。

訓練與發展
主旨：辨認與確保可以使員工執行當前或未來的工作之關鍵能力，並經由有計畫的學習持續發展該項能力。

組織發展
主旨：確保團體間及團體內的健康關係，協助團體啟動變革並做好變革管理。

人力資源研究與資訊系統
主旨：建立人力資源資訊基礎。

工會與勞工關係
主旨：確保健康的工會與組織關係。

員工協助
主旨：為員工提供問題解決與諮商協助。

報償／福利
主旨：確保報償與福利公平一致。

人力資源成果
· 生產力
· 品質
· 創新
· 做好人力資源管理
· 為變革做準備

生涯發展
主旨：確保個人的生涯計畫與組織的生涯管理相銜接，以使個人及組織需求有最適配對。

組織／工作設計
主旨：界定任務、職權與系統的組成，以及在不同單位與不同員工間的整合方式。

甄選與任用
主旨：使員工之生涯需求及潛能，與工作生涯路徑相銜接。

人力資源規劃
主旨：訂定組織的人力資源需求、策略與哲學。

績效管理系統
主旨：確保個體目標與組織目標相一致，使員工的日常作業有助於組織目標之實踐。

以上這些範疇與人力資源發展的三大領域有密切關係。發展雖然很重要，但仍不算是人力資源管理的主要活動。

圖1-2　人力資源輪盤

資料來源：Leslie W. Rue & Lloyd. L. Byars著，林財丁譯（2000），《管理學：技巧與應用》（*Management: Skills and Application 9/e*），台北：美商麥格羅·希爾國際公司出版，頁327。

一、教育、訓練與發展的定義

人力資源發展的內涵包括教育（education）、訓練（training）與發展（development），其定義分別說明如下：

(一)教育

「教育」係指有組織的、持續性的教導活動，旨在傳授員工有關觀念及知識，以增進員工求知、解析、推理、計畫與決策的能力。教育所涵蓋的層面較廣，且屬於一種長期性的活動，例如鼓勵員工在職進修，包括攻讀博士班或碩士班學位，或在企業內設立企業大學（corporate university）來進行企業教育。教育涉及生活各層面，而非僅止於工作方面，其目的在激發人性、開發潛能、達成自我實現。教育與訓練相比，教育的著眼點是對工作能力做較長期的投資，因此也較不易評量及能立即看到成效，但是如果在企業組織中，教育工作做得好，則員工較能勝任新工作或新職務，也較有能力去面對新的挑戰。目前「教育」也融入「訓練」，有時將兩個名詞合併使用，採用「教育訓練」一詞也不少（王光復，1999：55）。

(二)訓練

「訓練」在「訓人之所短、練人之所長」。通常係指一種在監督之下有計畫、有系統的教導與指引，用以傳授事先預定的知識與技能、原則、方法和態度，務期把指派的工作做得更好（達到預期水準），讓組織更有效率。訓練偏重立即需要，以「即學即用」方式使個人獲得工作上的專業知能為主。與「教育」相比，訓練的效果應該是立竿見影的，其評價也較為容易（如**表1-3**）。

訓練一般分為在職訓練（On the Job Training, OJT）與工作外訓練（Off the Job Training, Off JT）。常用的教學技巧包括示範和說明；訓練項目包括職前訓練、在職訓練、轉業訓練；訓練的方法包括講述、

表1-3　教育與訓練差異比較

區分	教育	訓練
目標	使個人獲得一般知識（長期培育）	獲得工作上專業技能（短期治標）
實施旨趣	潛移默化（未來可能需要）	即學即用（立即需要）
範圍	較廣泛	較狹隘
內容	使個人獲得系統化學習，較偏向理論	獲得工作上之專業知識與技能
訴求	知道為什麼（know-why）	知道怎麼做（know-how）
作用	潛質培養（觀念啟發）	發揮應用（實務運用）
時間	長期	短期
對象	有教無類	特定對象
功能	培養人才	培養專才
方式	講授	實作
效益	投資性（較難掌握）	經濟性（較易掌握）
環境	非配合特定需求	配合特定需求
成本	較高（費用負擔視個案而定）	較低（公司負擔費用）
影響	百年大計、潛移默化	立竿見影、即訓即用

資料來源：丁志達（2008），「員工招聘與培訓實務研習班」講義，中華企業管理發展中心編印。

閱讀、示範、練習、參觀、演練、做筆記、看影片、編序教學、小組討論、晤談、討論會、座談會、同儕教學、工作坊、腦力激盪、個案研究等（黃富順，1998：133）。

(三)發展

「發展」是透過教育、訓練途徑所達成潛能的開發，有時也與「成長」（growth）一詞交相為用，偏向於長期個人潛力的培養、發揮與價值觀和態度的改變，幫助員工瞭解和解決問題，抓住機會並做決策。發展已由個人擴展至組織的層面，泛指經由成員知能的增進，潛能的開發，人力素質的提升，以達到組織整體績效改善，永續發展。例如接班人計畫（succession planning）、跨部門輪調（cross-functions rotation）、特定任務指派（special task or new job assignment）、員工目標發展計畫（targeted development）等。相較於「教育」與「訓練」，發展的教學效果較難評量（如表1-4）。

表1-4 訓練與發展差異比較

區分	訓練	發展
側重面	當前工作	將來工作
工作經驗的運用程度	高	低
目標	著眼於當前工作、短期的績效改進	著眼於未來，使員工在未來承擔更大的責任
參與	強制參與	自願參與

資料來源：汪群、王全蓉（2006），《培訓管理》，上海：上海交通大學出版社，頁26。

　　教育、訓練與發展三者同為組織成員職業生涯發展、終身學習、企業因應變革、知識管理的主要活動（手段）。而培育人才應從招聘選才開始做起，唯有聘請到具有企業所需的特質、潛力、合群（志同道合）的人，才是可雕塑（造就）之才，也才能為企業所用。

二、人才培育的目的

　　企業進行人才培育的目的，是在豐富員工所需的知識（knowledge）、增加員工的工作技術（skill）和改變其工作態度（attitude），進而提升員工的績效水準（如成本的節省、品質的提升、不良率的降低等），其最終目標則是促使企業永續發展。人才培育的成功與否，取決於受訓者對新技巧是否「意願」運用於實際工作上而定。

　　一般企業舉辦的人才培育訓練是基於下列的幾個目的：

1. 提高員工的職務遂行能力，以及提升生產力、品質和服務能力。
2. 為配合企業的人才配置、輪調、升遷，促進人事計畫順利進行，必須長期培育接班人，為企業發掘有潛力的未來接班人，為企業開疆闢土。
3. 由於技術的革新進步，容易造成個人能力的退化，因而透過訓練，可重新塑造與強化個人能力。
4. 給予新進員工始業訓練，使其適應新環境、新工作、新紀律。

5.維持、提高員工的工作能力和績效。

6.培養員工接受新的工作能力。

7.藉由訓練，建立員工正確的工作態度與價值觀，凝聚員工的向心力。（何永福、楊國安，1995：187）

如果辦完訓練課程，就算完成訓練，交差了事，這種訓練變成一種「娛樂」、一種「消遣」，是達不到人才培育的目的，唯有訓練後能持續在組織內醞釀發酵的學習、激勵過程，才能達到育才的成效（**範例1-2**）。

三、人才培育的原則

教育訓練是一項長期而專業性的工作，為滿足需求各異的員工，必須針對員工學養、個人潛力、專業技能、管理層級和組織機能，透過長期而有系統的訓練計畫，施以不同層次的在職教育或外派委託訓練。

為使人才培育的效果彰顯，需注意下列幾項原則：

1.訓練活動均屬於自我發展（self-development），因此，自我成長意

範例1-2　訓練的重要性

英特爾（Intel）公司前總裁葛洛夫（Andy Grove）有一次和朋友用電話預約餐廳，接電話的服務生是新進人員，不清楚餐廳不供應酒的規定，也因此沒有特別告知顧客。

結果葛洛夫到餐廳以後才知道這件事，卻也來不及自己另外準備酒了。葛洛夫從旁觀察，只見餐廳的領班不斷向各桌的顧客道歉，只因為服務生沒有事先告知。葛洛夫認為這就是沒有訓練的結果，使得領班事後還得花時間去道歉，更使得顧客產生不滿意的情緒。

有一次，在英特爾公司的晶圓廠，很可能就是操作員對設備不熟悉，卻繼續做下去。於是前面的流程問題造成了後面的產品問題，最後被顧客發現後，經理人還要花很多時間及成本去維護受傷的商譽，以試圖挽回顧客的信心。

一時疏忽了訓練，卻會使得整個產品流程及企業運作受到莫大的影響。葛洛夫因而體會到訓練的重要，也為英特爾公司開啟了新的一章。

資料來源：編輯部（2000），〈訓練是經理人的責任〉，《EMBA世界經理文摘》，164期，2000年4月，頁90-91。

願及自我管理精神是成功之關鍵。

2.訓練活動需配合個別差異（individual difference），才能提高受訓者參與之興趣。

3.訓練需求重視實質行動，可操作的、可實現的、不是抽象的而是具體的，以避免流於表面形式（formality）。

4.適度監督控制（control），有助於訓練方案之推定。

5.有共識之組織文化（organizational culture），訓練成效才能逐步提高。

6.企業最高主持人對訓練方案給予適度的支持（support）。

7.培育之主要責任應屬直線主管（line responsibility）負責，人力資源管理單位擔當統籌協調、服務之角色。

8.教育是長期過程（long-range process），無法企求立竿見影之效。

9.訓練之成效必須有適度評估及回饋（evaluation & feedback），方能有效。

10.訓練成果應與激勵措施（motivation）結合，方能實質奏功。（吳秉恩，1989：2-2）

四、訓練政策

　　訓練有四個主要政策，包括訓練需求分析（如組織分析、工作分析、個人分析）、訓練規劃設計（如學習動機、課程設計、訓練方法、訓練移轉）、訓練行政（如訓練前、訓練中、訓練後、講師溝通）與訓練評估（如反應層次、學習層次、行為層次、結果層次）。訓練的主要目標，則是讓學員對學習過程感到滿意、能學習到技能、能將所學運用到工作崗位上、最終並能將技能的學習轉化為組織績效（林文政，2006：12-13）。而企業訓練相關事宜的宣導，通常訴諸文字，形成企業的訓練政策（**範例**1-3）。

　　訓練政策的內容，可以涵蓋以下幾個部分：

培訓管理

範例1-3　訓練政策

一、目的

為提升同仁的高效率、高品質以及專業能力，以達到同仁與公司共同成長之目的。

二、訓練課程類別

(一)新進同仁訓練及基礎技能訓練

所有新進同仁均應接受新進訓練、基礎技能訓練和品質訓練，以確保新進同仁瞭解公司方針，並達成工作上的要求。當同仁有新的工作任務分配時，這些同仁亦有可能接受新的基礎技能訓練。

(二)專業及技能訓練

公司同仁應參加專業及新技術訓練課程，來提升自己的專業層面，以及工作上的品質與生產力。

(三)管理及發展訓練

由人力資源處為管理階層人員設計全年度管理發展訓練課程，藉此提升其管理技巧，並以此提升管理上的品質與生產力。

(四)海外訓練

配合公司業務需求，部門經理在年度開始時，必須規劃引進新技術之海外訓練。

(五)國內外部受訓

為補充公司內訓練之不足，員工得參加公司外舉辦之訓練課程，惟受訓課程需為內部訓練所未提供之課程。

(六)各部門內在職訓練

各部門經理為部門內的同仁計畫、設計、實施及評估他們所需要之部門內在職訓練，使部門內的同仁能確保在工作上的品質與生產力。部門於年度開始時，將當年的年度訓練計畫送該處處長核准，並送人力資源處。

三、內部訓練計畫

由人力資源處負責協調、溝通、設計、發展、執行及管理所有整年內部訓練課程，於年度開始前計畫完成並分發各部門。

四、職位調遷之訓練需求

(一)調至工程師及相關職位

在同仁調至工程師及相關職位前，需先評核及接受至少六十小時的基礎工程訓練課程，由部門經理提出調派人選，送人力資源處安排訓練。

(二)調至管理職位

在同仁調至管理職位前，需先評核及接受至少六十小時的基礎管理技術訓練課程，由部門經理及該處處長提出調派人選，送人力資源處安排訓練。

五、員工訓練記錄

員工所參與之訓練課程及其訓練結果，皆記錄在該同仁之個人檔案，作為其職涯發展及晉升之參考。

六、訓練評估

人力資源處及各相關單位部門需針對訓練計畫課程及講師做評估，以達成公司訓練目標及改善訓練品質。

資料來源：台灣國際標準電子股份有限公司。

(一)訓練的理念（宗旨）

　　訓練的基本理念必須與企業的文化、企業的經營理念相結合，培育專業人才，開發員工個人潛力，同時滿足公司經營發展與員工學習成長之需求，以使企業與員工共同獲益（如**表1-5**）。

　　此部分具體說明企業對訓練的看法，以及對訓練所扮演之角色的期待。例如某製造公司即明確指出訓練的宗旨為：是配合公司目標經營策略，提高人力素質，加強專業技能，激發個人潛能。

(二)訓練的原則

　　訓練是一項長期而專業性的工作，為滿足需求各異的員工，必須針

表1-5　人才培育的基本理念

- 協助企業推展長期性的人力資源發展計畫。
- 訓練必須與企業的經營策略密切結合，經營策略改變，訓練的資源運用隨之調整，以達經營目標。
- 訓練必須能夠增進員工、部門及整體組織的績效。
- 訓練必須能夠配合企業發展與人力規劃，使企業人力資源極大化。
- 訓用合一，使人力培育與員工職位升遷、輪調制度相配合。
- 加強員工對企業文化與企業經營理念之認同，以培養團隊合作精神。
- 培育員工對企業經營環境變化及技術革新之應變能力。
- 培育方針要明確。系統性、技術性的訓練，以培養員工的專業才能與經驗，提升人力素質，協助企業營運發展及永續經營。
- 活用企業現有的各項資源，配合企業中、長期經營策略，發展培育出具有共同價值觀的員工。
- 企業為保持競爭優勢，員工訓練的遠景，應定位為學習型組織。
- 鼓勵員工發揮創意與多元化的思考能力。
- 強化員工的能力，提升其工作意願。
- 要提高員工的工作效率，必須先提升工作人員的專業知識與本職技術能力，這要長期不斷的訓練，絕不是一蹴可幾的。
- 運用訓練紀錄作為績效考核、升遷、調職及其他人事異動的參考因素之一。
- 提供員工在事業規劃上一個好的工作環境，以因應日漸激烈的競爭挑戰。

資料來源：丁志達（2008），「員工招募與培訓實務研習班」講義，中華企業管理發展中心編印。

培訓管理

對員工學養、個人潛力、專業技能、管理層級和組織機能，透過長期而有系統的培育計畫，施以不同層次的在職教育或外派委託訓練。為使訓練的效果彰顯，需注意下列原則：

1. 尋求高階主管的支持，特別是經營者的承諾。企業主持人與高級主管積極參與、支持與關懷訓練活動，如能與員工一同接受訓練，不僅可以顯示彼此同步互動，力爭上游的決心，亦可從中瞭解員工的心理與訓練的成效，訓練工作才易展開。

2. 針對組織未來的發展與員工的需求，擬定短、中、長期訓練計畫。

3. 建立基本的員工訓練體系，讓員工瞭解職位的分類與晉升的途徑，以及各職等的資格，包括學歷、年資及訓練等。如此組織才能有計畫的訓練人才，個人也知道該如何安排其職業生涯。

4. 訓練亦應讓外聘講師瞭解組織性質與背景，以便授課內容符合實際需要，期使理論與實務的差距縮短。

5. 訓練時應盡量讓學員與講師有雙向溝通的機會，以討論所屬單位的問題及解決之方法。

6. 設法考核訓練成果，譬如師資、授課內容與方式、學員心得與成績，均需要施以滿意度調查；受訓人員未來的工作表現與升遷也必須與訓練成果掛勾，以避免形成為訓練而訓練的弊病。

7. 每位員工應受什麼訓練，應有系統的規劃，避免學而不用或學非所用。

8. 訓練地點最好遠離工作場所，以免受到例行工作的打擾而使學習效果降低。

訓練若能秉持輔助員工的成長，將其視為資產而非工具來看待，在勞資互蒙其利的情況下，技術才能生根，企業才具競爭力，員工也才能發揮其潛能，並樂在工作。

五、訓練的迷思

　　企業的訓練工作有時往往陷入一種兩難的境地。不訓練員工，企業的人力資源很快就會跟不上企業發展的腳步，新技術、新知識得不到及時應用，但訓練員工，企業就可能面臨訓練費用打水飄和員工跳槽的問題（古橋，2006：26）。

　　訓練的迷思，有下列幾點應格外重視：

(一)對訓練的錯誤觀念

1.單位主管認為訓練工作是訓練部門的事，不能積極協助企業推展訓練工作。
2.單位主管忙於本位工作，不重視員工的培養和進步，疏忽考核、評估部屬的工作業績，不瞭解部屬的訓練需求。
3.單位主管不相信訓練的意義，認為訓練只是理論上的東西，對工作沒有什麼實際作用。
4.員工認為管理性質的訓練應該主管（領導）來聽，基層員工聽了、學了也沒有用。
5.員工認為訓練是抽象工作，看不出效果，白辛苦，不如做點實際工作。
6.員工認為訓練與自己利益沒直接關係，因此沒有積極性去學習、去運用。
7.訓練是浪費，看不出效益，反而增加人員流動率，因此企業縮減經費支出時，首先刪減訓練經費準沒錯。
8.員工對資訊時代快速變化的形勢認識不清，沒有危機感。

(二)訓練工作中的問題

1.目前還沒有找到一個有效、可操作的定量之訓練評估方法，因而很難確定訓練投資與回報的關係，容易對訓練的作用和效果產生懷

疑，甚至否定。這對訓練工作會有負面影響，降低對訓練工作的信心。

2.沒有把對部屬的培養工作列入部門主管職責之一，因而不重視訓練需求的調查研究工作。

3.績效評估工作不夠完善，業績考核不細膩，不準確，因而難於真正瞭解訓練需求。

4.訓練內容不夠切合實際或缺乏可操作性，這與所安排訓練的課題和師資有關。

5.工作環境限制，學員學習結業後沒有實踐的場地或崗位，對自己發展或晉升關係不大。

6.將管理才能發展視為萬靈丹，不惜任何成本。

7.忽視對組織績效之評核與問題之檢視。

8.未能給予參與訓練人員充裕時間、必要支持。

9.對參與訓練者激勵不足。

10.誤認一種訓練方法可適用不同群體與情境。

11.未能充分地推動才能發展過程。

12.未能適當地評估參與訓練者的學習成果。

13.參與訓練者受訓後之工作績效，未能追蹤考核。

14.未能蒐集有關成本與效能之資料。（吳秉恩，1989：2-6）

即使在人才培育後為他公司所用，企業仍是要持續培育，因為員工離職的原因有很多類型，可能是管理或是職業生涯發展出了問題，要全面思考而不是因此就不從事人才培育的工作。

 ## 第三節　組織發展與訓練的關連

組織發展的目的在於增進整體的組織效能。由於經營環境的詭譎多變，組織要維持增進組織效能，就必須以新的知識、技能及態度來面對

新的環境才有可能永續經營，而要使員工有新的知識、技能及態度，就必須給予必要的訓練。因此，任何一種組織發展的方案，均應該有一合理的訓練方案，透過此一訓練方案的有效執行，才能奠定組織發展成功的基礎（如**圖**1-3）。

一、組織文化的訓練

　　企業對組織文化的訓練應當是訓練的根本，因為一個好的組織文化

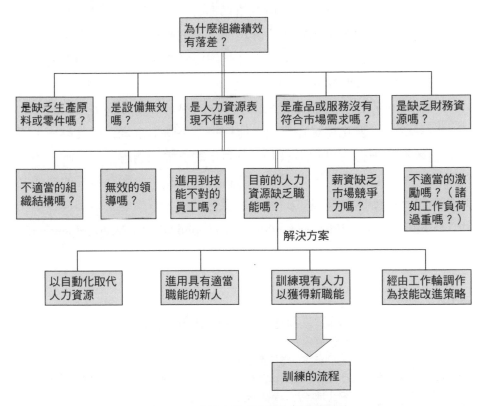

圖1-3　訓練與組織績效的關連圖

資料來源：Lichia Saner-Yiu (2005), *HR Quality in Training and Development*, pp.3-15；引自游
　　　　玉梅（2005），〈人力績效模式及職能模型與職場學習的整合與應用〉，《人事
　　　　月刊》，第40卷第6期（總字238期），頁30。

能夠促進組織之健康持續的發展，是一個企業得以延續的保證。組織文化已經成為使一個企業團結一致，共同對付全球化競爭浪潮下的一個強而有力的樞紐，如果企業沒有自己的組織文化，企業就缺乏價值、方向和目標（如**表1-6**）。

　　組織文化的訓練首先應該從招聘員工開始，為了維護和睦的組織文化環境，招聘員工的價值觀應與組織文化相合，以及員工未來有被培養的潛質，剔除與組織文化嚴重背離的員工，這樣才能使聘僱的員工與組織工作相適應，因職用人，充分發揮員工的潛能。例如日本三澤公司招聘員工的標準是：負責財會人員要認真細心，一絲不苟；營業行銷人員須能吃苦耐勞，有饑餓精神；設計技術人員則應善於獨立思考，有創造性，然後才是對員工的技能訓練，凡認同組織文化的員工，會自覺的按照組織文化的要求來做事。

　　現在的世界正像《誰搬走我的乳酪》（*Who Moved My Cheese?*）書中所說的：「變化總是在發生，他們總是不斷地拿走你的乳酪。」所以，組織文化訓練的重點應該與現在變化的環境相適應，現在唯一不變的是變化。應該提倡不斷地變化、創新的組織文化。因為良好的組織文化能夠最大限度的發揮員工的潛能（潘應泉，〈淺論員工培訓與組織文化〉，http://www.peixunye.com/home/space.php?uid=402&do=blog&id=214）。

表1-6　訓練目標

指導的目標	‧訓練計畫中應該學習何種原則、事實及概念？ ‧誰應該接受指導？ ‧他們應該何時接受指導？
組織與部門的目標	‧訓練會對組織與部門的結果造成什麼影響？諸如曠職率、離職、減少成本及改善生產力？
個人績效與成長目標	‧訓練會對受訓者個人的行為及態度造成什麼影響？ ‧訓練會對受訓者個人的成長造成什麼影響？

資料來源：Lloyd L. Byars, & Leslie W. Rue著，鍾國雄、郭致平譯（2001），《人力資源管理》，台北：美商麥格羅‧希爾國際公司出版，頁212。

二、訓練必須結合企業的發展方針和策略

訓練部門必須時刻注視企業的經營動態，瞭解企業的發展方向與戰略決策和存在問題。企業發展方針和策略必須要組織高層管理主管進行全面的市場形勢分析，比較競爭對手，找出自己的強項與弱項，制定戰略決策。

訓練部門要依據企業戰略決策，制定訓練行動計畫。如果訓練不緊密結合企業目標和策略，那麼訓練是盲目的、無效的。

三、企業訓練不是損失

訓練不僅是為企業，也是為員工和企業雙方的利益，這些認識與觀念是訓練工作的思想基礎。許多企業在訓練上付出了很大的代價，但也會產生人員流失，這是許多企業感到頭痛的，其實這不是企業最大的損失，也不是企業競爭能力的損失，而是人才社會化的必然趨勢，因為：

1.員工離開企業，有更大的發展前途是公司幫助了他，今後他有機會，會反過來幫助企業，為企業宣傳，介紹業務，提高聲譽。
2.企業也為社會培養了人才，對整個社會做了貢獻。
3.企業也同樣接受過別家企業培養過的人才。
4.勉強留下的人，不會為企業盡心盡責。

四、組織發展下的訓練作法

組織發展定義是：「有計畫、有系統地增進組織之整體功能的過程」，因此，組織發展下的訓練作法有：

1.如何提高各級主管對企業訓練的重視程度。首先高層主管要樹立不斷學習，終身學習的觀念，要學習現代管理理論與實踐，要轉變觀

念和意識。

2.如何協助人力資源部門，把中層幹部對部屬的訓練及績效考核列入部門主管業績考核內容之一。

3.如何才能把真正需要訓練的人員派出，並交待學習任務，並在以後的工作中追蹤考核。

4.如何真正按不同管理層次，確定不同的知識、技能標準與測評方法，以便找出差距，確定訓練需求。

5.實行按技術等級標準評定技術資格級別，並與行政職務並列雙軌制。

6.重視生產線的崗位知識、技能訓練及從業人員技術等級評定，並與升遷、獎金掛鉤。

7.盡力創造訓練實習環境，如崗位輪換、外出交流實習、國際交流或集團內部交流，以提高所學知識的應用。

8.完善訓練需求分析與訓練成效評估方法。訓練各部門主管在管理方面的知識與技能，使訓練能符合實際需求。

9.重視年終業績考核中對訓練要求分析的分量。

10.重視企業文化的建設與宣傳，塑造企業形象，激發員工的敬業、奉獻精神，推動員工行為的不斷改善，以及對業務的精益求精，形成一個良性互動的熱烈氛圍（如**表1-7**）。

表1-7　教育訓練在企業競爭力中扮演的角色

項目	傳統的訓練	今日與未來訓練
學習範圍	職務別的	全方位的
學習目的	課程內容	績效改善
學習需求	效率	效能
學習內容	注重例行年度計畫	• 與企業所處的競爭態勢有關 • 與企業應變策略矩陣式有關
學習失效	少學一點東西	改善績效進度影響
思考起點	內在整備	外界互動

資料來源：奚永明（1998），〈階層別訓練體系的深思〉，《管理雜誌》，293期，頁40，1998年11月號。

　　總之，唯有組織文化與員工信念一致，才能增加組織優勢，發揮企業競爭力。

 ## 第四節　訓練專業人員的角色與知能

　　育才並不一定都是有形的，有時是無形的，因為聽、看也是在學習。所以，教育訓練要有成效，有賴於多方的配合，包括各部門單位主管（經理人）、人力資源管理單位、訓練承辦人員、受訓的員工和講師都有責任。

一、經理人的培育部屬責任

　　英特爾（Intel）公司前總裁葛洛夫（Andy Grove）認為訓練員工是經理人責無旁貸的事。因為經理人的責任就是增加企業的產出，而要增加組織的生產力，訓練是最適合的方法。葛洛夫所談的訓練，是指平常就有系統地培養員工能力，而不是等到出現問題以後再來補救的訓練措施，訓練是一項不間斷的過程，而不是單獨做一次就期望有成效出現。

　　葛洛夫並以實際的數目來說明訓練的效果。當一位經理人對部門的十名員工進行一系列的演講，他可能要花二十小時準備，而假設這些演講可以增加這些員工百分之一的生產力，員工每年工作兩千個小時，就可以增加二十個小時的生產力，而這只需要經理人投資十二小時，投資報酬率驚人。

　　所以，葛洛夫認為由經理人負責訓練是相當值得的投資（《EMBA世界經理文摘》編輯部，2000：91-92）。

二、人力資源管理單位的職責

　　企業內的訓練單位視其組織的規模而決定其組織架構，訓練單位有

人心才是埋伏在黑夜中最可怕的對手。（英・威廉・莎士比亞）

培訓管理

26

隸屬於人力資源管理部門（如行政部門、人事部門）或獨立為教育（職業）訓練中心。人才培育是一種連續不斷的工作，設定相關之訓練組織與人員，並清楚地訂定訓練運作中的計畫、協調、監督、實施等權責（如**表**1-8）。

表1-8　訓練單位的主要職責

- 教育訓練年度計畫的擬定與實施
- 年度教育訓練經費預算編列與執行
- 各部門教育訓練需求調查、分析與研究
- 各階段教育訓練計畫的執行
- 各項教育訓練資料之建檔與管理
- 各項教育訓練紀錄的統計、分析與檢討改進
- 各部門人才培育之諮詢單位
- 企業內部講師之培訓計畫的擬定與執行
- 外聘講師之遴選
- 外派訓練人員之審核
- 外部訓練資訊之蒐集與發布
- 訓練電腦化之規劃與執行
- 各項訓練資料之建檔
- 員工受訓紀錄之保管與登錄
- 企業內部員工證照之登記
- 企業內部員工技能之盤點
- 企業內部各單位訓練相關事宜之協調與聯繫
- 訓練設備器材與訓練教室之管理
- 圖書館管理
- 國內外訓練課程之執行、管理、追蹤與考核
- 訓練教材之準備、編訂及資料之管理運用
- 主管管理才能發展計畫的籌備
- 員工生涯規劃訓練的推展
- 客戶訓練
- 提案獎勵制度之執行
- 技術甄試及檢定之籌辦
- 建教合作之籌辦
- 內部刊物之編撰
- 其他有關人力培訓事宜

資料來源：丁志達（2008），「員工招聘與培訓實務研習班」講義，中華企業管理發展中心編印。

三、訓練專業人員的角色與知能

瞭解企業經營的型態，對訓練承辦人員而言非常重要，它將更能切合企業所需，讓企業效益發揮到極致。

(一)訓練專業人員的角色與功能

美國訓練與發展協會（ASTD）於一九九六年提出的人力績效改進模式中揭櫫的訓練專業人員的十一種角色與功能如下：

1.行政管理者：主要為協調並支援訓練方案的實施。

2.績效評估者：主要為確認訓練活動對個人或組織績效的影響。

3.訓練專案管理者：規劃、主導並支持訓練工作，且將訓練工作與整體組織相結合。

4.教材開發者：主要為製作書面或電子媒介教材等。

5.個人生涯發展顧問：協助員工評估自己的能力、價值觀及目標，並檢視、規劃及執行個人生涯發展行動方案。

6.專業講師與引導員：主要在提供資訊、引導結構化學習經驗並引導小組討論過程等。

7.行銷者：負責相關見解、課程及服務的行銷及簽約事宜。

8.需求分析者：檢視理想與實際績效情況的差距，並確定這些差距發生的因素。

9.組織變革催化者：影響並協助組織行為之變革。

10.課程設計者：主要在準備學習的目標、界定課程內容、選擇各種系列活動，以執行特定計畫方案。

11.研究者：檢視、發展或測試與訓練有關的理論、研究、概念、科技、模式、硬體等新資訊，並將該資訊轉移運用，以改進個人或組織績效。

訓練專業人員的工作性質已由傳統的事務行政角色邁向組織的績效

顧問及變革的領導者等策略性角色（游玉梅，1997：127-128）。

(二)訓練專業人員應有的知能

　　美國訓練與發展協會（ASTD）提出有效扮演訓練專業人員所界定的十一種角色與功能後，又分析出訓練專業人員應具備的知能有：組織認知能力、領導能力、人際關係的能力、科技使用技能、問題解決能力、界定問題的能力、系統思考的能力、瞭解績效的能力、採行各種措施的能力、瞭解企業或組織所處環境的能力、簽約能力、宣導能力、調適能力和宏觀的視野等十五項（如**表1-9**）。

　　要想提升訓練單位在企業中的地位，訓練專業人員必須讓訓練與企業發展和企業戰略掛勾，使克有成。

 結　語

　　十九世紀卡爾‧馬克思（Karl Heinrich Marx, 1818-1883）的《資本論》（*Das Kapital*）中認為擁有生產工具的企業家，就具備支配經濟活動能力。但時至今日，知識資本與專業人員才是企業最大的兩項資本。願意投資在人身上的企業，才是真正具有競爭力的企業。透過人力資本的發揮才是企業的創新之道，而創新在於培育。所以，訓練工作是企業基業長青的動力源，是員工成長的充電器，卓有成效的訓練工作是企業與員工共同發展的重要保障。

人類的聰明，並非以經驗為依歸，而是以接受經驗的行程為依歸。（愛爾蘭‧蕭伯納）

表1-9　訓練專業人員應有的知能項目與說明

知能項目	說明
組織認知能力	瞭解組織的願景、使命、策略、目標與文化，並將績效改進措施與組織目標相結合。
領導能力	瞭解如何正向地引導他人，以達成預期的工作成果。
人際關係的能力	能運用有效的人際影響力，與他人有效地共事，以達成共同目標。
科技使用技能	具有使用現有的或新的各種軟體的技術，並能瞭解績效支援系統。
問題解決能力	能幫助他人消除理想與實際間績效的差距。
界定問題的能力	能幫助他人發覺偵測出理想與實際間績效的差距。
系統思考的能力	具有界定各次級系統、系統與超系統彼此間投入產出等系統運作資訊的能力，並能運用此等資訊以改進人力績效。
瞭解績效的能力	具有區分活動及成果與影響的能力。
採行各種措施的能力	能瞭解如何運用特定人力績效改進措施與方法，來消除現存與預期績效之落差。
瞭解企業所處環境的能力	具有瞭解企業各功能間運作關係的能力，並瞭解企業決策對經濟的影響。
瞭解組織所處環境的能力	瞭解組織是具多元目標在變動的政經社會系統下運作。
簽約能力	具有組織、準備、監督並評估供應商、臨時工作人員及外包商工作表現的能力。
宣導能力	具有使業務相關人員（含個人、團體及顧客）建立相屬感或支持變革的能力。
調適能力	具有明白如何處理因變革及各種可能措施所導致的不確定性與壓力等事宜的能力。
宏觀的視野	具有超越細節以展望目標及成果的能力。

資料來源：游玉梅（1997），《新知系列專題演講彙編（第一輯）：淺談人力資源發展從業人員的角色及其所需知能》，高雄：公務人力發展中心編印，頁129-130。

ISO10015與訓練需求分析

朱泙漫學屠龍於支離益，殫千金之家，三年技成，而無所用其巧。

——《莊子‧列禦寇》

（譯文：有一個叫朱泙漫的人，他向支離益學習屠龍的技巧，散盡了千金的家產，學了三年。滿師之後卻發現，沒有可以用到的地方。「屠龍之技」比喻無實用價值的技術，就是再高超，也是徒有虛名，學了無用。）

訓練的成敗維繫於訓練計畫是否完善，而計畫之能否完善，端賴訓練模式是否符合實際需求。所謂訓練模式是指為達成有效訓練所擬定的訓練方式、流程計畫之工作藍圖。擬定訓練工作，包括訓練需求分析、設定訓練目標、訓練課程之編定、訓練班別行政事務等之安排、訓練成果之評估，以及整體訓練系統的改良等（**範例2-1**）。

 # 第一節　ISO10015的品質管理

．　自一九九九年，國際標準化組織（The International Organization for Standardization, ISO）開始起草建立ISO10015品質管理標準，並於二〇〇〇年一月建構完成，頒布「品質管理—訓練指南」，試圖透過「教育訓練」（education and training）品質保證標準，協助企業建立一套系統化、科學化的教育訓練體系，確保組織內教育訓練系統及課程的績效提升（如**表2-1**）。

一、ISO10015系統的優點

ISO10015所發展出來的品質管制系統，在這個新系統之下，有兩個主要的優點：

範例2-1　教育訓練運作體系

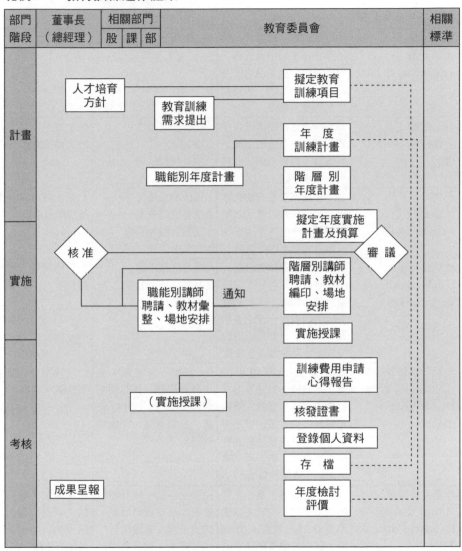

部門 階段	董事長 （總經理）	相關部門 股｜課｜部	教育委員會	相關 標準
計畫	人才培育方針	教育訓練需求提出 職能別年度計畫	擬定教育訓練項目 年度訓練計畫 階層別年度計畫	
實施	核准	職能別講師聘請、教材彙整、場地安排　通知	擬定年度實施計畫及預算　審議 階層別講師聘請、教材編印、場地安排 實施授課	
考核	成果呈報	（實施授課）	訓練費用申請心得報告 核發證書 登錄個人資料 存　檔 年度檢討評價	

資料來源：健生公司；引自莊銘國（2004），《經營管理實務》，台北：五南，頁669。

1. 由針對流程導向ISO9000：2000架構出發，可讓已經採用ISO系統的企業輕易地架構新的ISO10015系統。至於未曾採用ISO系統的企業，也可採用ISO10015為獨立的訓練發展品質管制系統。

表2-1　品質管理系統及所使用的工具

品質管理系統名稱	定義	所使用的工具	與人資功能的連結
品質檢查 （Quality Inspection, QI）	依據設定的品質標準，使用某些方法或儀器設備，對原物料、在製品或產品做「檢查或實驗」，並判定是否合乎標準	各種抽樣檢驗技術	
品質管制 （Quality Control, QC）	為了經濟性而製造出合乎買主要求之產品的品質，對進料、製程及成品而應用的各種手段	1.品管七大手法 2.QC Story 3.統計製程管制 4.標準化	除3.以外，均可用於人資各功能
品質保證 （Quality Assurance, QA）	為了「給消費者確切的信用」，滿足其對產品及服務的要求，所需之「一切計畫性或組織性的活動」	1.ISO9000系列 2.品質機能展開 3.田口式品質工程 4.可靠度工程	1.及2.項與人資功能關係最密切
全面品質管制 （Total Quality Control, TQC）	將組織內各部門的發展、品質維持及改善的「各種努力綜合起來，成為一種有效的制度」，使生產者及服務者，皆能在經濟的方式下，使顧客完全滿意	1.品質改善小組 2.品管（新）七手法 3.方針管理	均可應用在人資各個功能
全公司品質管制 （Company-Wide Quality Control, CWQC）	「集全公司的總和力量」，以統計方法為主，並活用理化、電器、機械等固有技術，及企管所有手段，「對企業活動的各階段與過程，自上而下共同參與，實施品質管制」	QC診斷、品管圈、品管教育訓練、全國性品管推進活動、方針管理、日常管理、機能別管理	均可應用在人資各個功能
全面品質管理 （Total Quality Management, TQM）	「是一種理念，及一系列的指導原則」：它主張應用量化的方法和人力資源，建立持續不斷改善的組織及流程，並達到顧客需求。TQM在「持續不斷改善的重點」下，「整合」了基本管理技術、目前改善的努力及所需的技術工具	品管七手法、統計製程管制、品質機能展開、同步工程、實驗設計、品質成本、輸入產出分析、標準比較、名義團體技術	最常用於人資功能的工具是品管七手法、輸入產出分析及標準比較

（續）表2-1　品質管理系統及所使用的工具

品質管理系統名稱	定義	所使用的工具	與人資功能的連結
全面品質保證（Total Quality Assurance, TQA）	以顧客為導向，從企劃、執行、檢查、回饋，包括了全公司所有的部門及成員，不斷地追求品質改善。TQA是「依據零缺點的保證」，而成為習慣的一種工作生活方式	除在TQA委員會的督策下進行品質成熟度檢驗、TQA診斷、提案制度及案例發表外，並推動品質文化、部門活動分析、流程管理、問題分析解決、管理決策支援等活動	所有活動，人資功能均應踴躍協助、投入及參與

資料來源：石銳（2003），《人力資源管理與職涯規劃》，台北：揚智，頁490。

2.因為ISO10015是針對訓練技術以及組織發展領域所設計，因此能有效地針對此一面向的各個階段做控管。

在ISO10015標準化體系中，把訓練過程劃分為四個基本環節，即訓練需求、訓練計畫、訓練實施和訓練效果評估，並在整個過程中貫穿訓練監控。ISO10015為構建標準化的訓練管理體系提供了很好的參照（如表2-2）。

二、ISO10015系統的核心觀念

ISO10015系統的核心觀念有下列兩項最主要的特色（王柏權，2006：160-162）：

(一)策略性地連結投資訓練與強化組織績效

一般企業常犯的錯誤之一是，尚未分析造成績效問題的真正原因之前，就直接假設把員工送去訓練就可以解決問題。

事實上，績效差距（performance gap）可能來自各種原因，而訓練只是解決能力問題的方法之一而已。舉例來說，產品銷售不佳的原因有很多種，可能是銷售員的問題，但也有可能是產品品質不良等其他原因。

培訓管理

表2-2　企業組織訓練品質計分卡的指標內容

培訓要素		檢核指標項目
計畫 （Plan）	1.明確性	1a.組織願景／使命／策略的揭露 組織是否於培訓前進行外部環境的評估，包括調查培訓需求、定期評估與檢測，且對組織使命及策略是否有具體或書面紀錄之明確性陳述，並公布讓全體員工知悉。
		1b.目標與需求的訂定 組織是否訂有明確的經營目標，並定期性的對工作績效需求進行修正與確認。
		1c.明確的訓練政策 組織對人才訓練是否具備明確、相關文件或文書的培訓政策、對訓練品質是否具備明確的要求之紀錄或文件，且對員工人力發展之支持有明確的承諾，並公開發布給員工知悉。
		1d.明確的核心訓練類別或領域 組織是否具備明確陳述之核心訓練類別或職能開發領域。
	2.系統性	2a.有訓練品質管理制度與文書手冊 組織就內、外部訓練品質系統是否訂有系統性的手冊文件或紀錄，並定期更新與公開發布。
		2b.與訓練流程相關的職能分析之應用 組織是否建立與訓練流程相關工作職位人員之職能分析，包括工作說明書、各工作崗位所需職能說明和操作手冊。
	3.連接性	訓練規劃與經營目標的連結 培訓流程的執行是否與組織績效連結，並達到改善組織績效的目的。
	4.能力	4a.訓練單位的行政管理 培訓機構相關人員具備執行訓練行政與專業訓練職能與研發能力之程度。例如：有成型的制度、有合適的人力資源管理。
		4b.與訓練相關職能（例如：培訓需求評估、設計、績效評估）的配合狀況 組織所擁有與訓練有關的職能。例如：培訓需求評估、設計、評估。
設計 （Design）	5.訓練產品或服務的甄選標準 組織在遴選內、外部訓練供應者時，是否有明確的評核標準與原則，並對供應者進行評估與簽約。	

（續）表2-2　企業組織訓練品質計分卡的指標內容

培訓要素	檢核指標項目	
設計 （Design）	6.利益關係人的過程參與 組織在執行訓練計畫的各流程中，是否參考與訓練流程相關團體之意見與需求，而納入訓練方案與評估設計的決策中。例如：培訓機構之詢問產業或專家的程序；企業機構之管理者會議、經營者意見。	
	7.訓練與目標需求的結合 組織執行訓練前是否根據現在及未來組織需求（或業主與受培訓者之需求）與員工職能分析，進行完整的訓練需求調查與規劃。	
	8.訓練方案的系統設計 組織進行訓練設計與規劃時，是否具備完整的訓練計畫行動方案，包含組織績效的落差和員工職能落差之確認、學習流程的設計能力、評估訓練產出與監測的指標。	
	9.培訓產品與服務購買程序的規格化 組織在選擇訓練產品或服務時，是否依據規格化的流程或符合採購程序及相關條例的要求進行採購作業。	
執行 （Do）	10.訓練內涵按計畫執行的程度	10a.學員的遴選符合規劃 組織或訓練供應者執行內、外部訓練時，對學員資格、訓練必要條件與基本能力，是否有明確的陳述、記錄、要求與確認。
		10b.教材的選擇符合規劃 組織或訓練供應者執行內、外部訓練時，在訓練素材的挑選上，是否依個別訓練特性需求或原則進行篩選。
		10c.師資的遴選符合規劃 師資與培訓目標的切合性。
		10d.教學方法的選擇符合規劃 教學方法與目標的切合性。
		10e.學習成果移轉的工作環境 培訓前人力資源管理者與部門主管對談機制，擬定學習合約與行動合約；培訓後是否提供受訓員工機會或環境將所學技能運用於工作上。
	11.紀錄與資訊系統	11a.訓練資料的分類與建檔 組織對於訓練流程相關文件或紀錄，是否有文件檔案資料庫或有系統性的建檔。
		11b.管理資訊系統化的程度 組織對於訓練管理相關程序與作業，是否有完整的資訊系統。

（續）表2-2　企業組織訓練品質計分卡的指標內容

培訓要素	檢核指標項目		
查核 （Review）	12.評估報告和定期的綜合分析 組織就訓練計畫是否有定期性的執行評估報告與綜合分析，評估報告內容需包含訓練需求、評估指標與方法的描述與確認、所有蒐集資料的整理與分析、訓練成本的審計、未來持續改善的建議等。		
	13.監控與處理	13a.執行過程的監控 組織在執行訓練PDCA各流程時，是否持續定期監測整體訓練流程的每個階段是否符合程序要求，並做相關資料蒐集與進行年度管理報告。	
		13b.異常矯正處理 當組織在訓練各流程有異常情況下，是否建立相關因應處理措施與程序之明確化的文件或記錄陳述，以及修正後續訓練程序之記錄。	
成果 （Outcome）	14.訓練成果評估的多元性和完整性 組織就訓練成果評估執行之程度與完整性，評估等級分為反應、學習、行為、成果評估。	14a.反應評估　層次一：ー	
		14b.學習評估　層次二：	
		14c.行為評估　層次三：	
		14d.成果評估　層次四：	
	15.訓練系統的一般性功能	15a.內部員工反應 總和評分：內部員工對於組織訓練系統具備改善人員能力與工作績效之認定感。	

資料來源：行政院勞工委員會職業訓練局，《95年度以訓練品質計分卡複測培訓機構先期計畫訓練品質計分卡規範成果報告》；引自謝杏慧（2006），〈組織競爭力與訓練品質管理〉，《就業安全》，第5卷第1期，2006年7月號，頁48-49。

若確定是銷售員的問題，還需要再進一步分析是否獎金制度不良？領導不當？還是銷售人員的推銷能力不佳？若原因來自員工的知識、技能不足，可以僱用具有此能力的新員工，也可以訓練現有員工，或是採用其他解決方案。

(二)以教學原則與流程來架構訓練發展

以教學原則與流程來架構訓練發展係採用戴明博士（Dr. Edwards W.

Deming, 1900-1993）的PDCA〔plan（計畫）、do（執行）、check（考核）、action（改善）〕的循環流程（環節），並具體說明每個步驟所需記載的資訊。

這個訓練循環包括了四個步驟：

1.界定訓練需求（defining training needs）。
2.設計及規劃訓練（design and planning training）。
3.提供訓練（providing for training）。
4.評估訓練成果（evaluating training outcomes）。

每一步驟都必須被監控，並持續地改進（如圖2-1）。

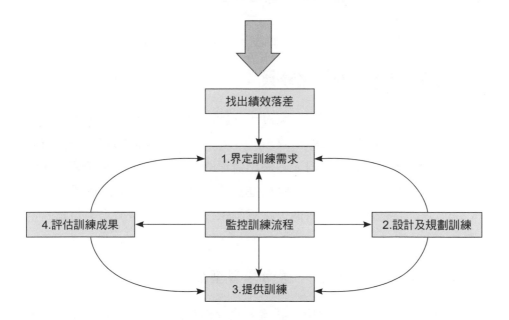

圖2-1　訓練管理流程

資料來源：Lichia Saner-Yiu (2005), *HR Quality in Training and Development*. pp.3-15；引自游玉梅（2005），〈人力績效模式及職能模型與職場學習的整合與應用〉，《人事月刊》，第40卷第6期（總字238期），頁31。

三、ISO10015相關規範

　　ISO10015旨在確保訓練投資與績效連結，並且針對教學的原則與流程架構訓練藍圖。在開始進行訓練流程之前，最重要的是偵測出企業的績效落差面向，並突顯該項落差是可利用訓練措施來解決的（落差應該區分為可訓練或不可訓練的不同面向，但並不是所有的績效落差，都可以透過訓練來彌補），接著，在確認落差之後，就可利用：界定訓練需求、設計及規劃訓練、提供訓練方案、評估訓練成果等四個步驟，確保訓練能達到預期效益，提升企業經營結果的目的（如**表2-3**）。

四、ISO10015訓練品質管理標準特質

　　綜觀ISO10015訓練品質管理標準，具有以下兩項特質：

(一)連結人力投資與企業績效

　　衡量訓練投資的報酬率之關鍵，在於訓練是否為企業或組織帶來績效，所以必須將訓練與具體績效的提升兩者結合。ISO10015提供了清楚的路徑和藍圖，引導企業對人力做出合理的訓練投資，透過領導管理把訓練與績效連結起來，利用策略促進績效。因而，成功的訓練不只看個人的能力是否提升，更要看個人接受訓練之後是否能發揮潛力貢獻給企業。

(二)組織透過持續改善，邁向學習型組織

　　ISO10015從訓練的分析、計畫、執行和評估循環中，具體說明每項步驟的操作條件，也建立每項過程的檢視流程，如此清晰明顯的路徑，讓訓練管理聚焦在每一個投資訓練的實際內容上，強化「人員學習」與「知識分享」。

　　從訓練中吸取知識，在組織內部儲存、創造與分享，達到組織績效

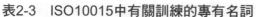

表2-3　ISO10015中有關訓練的專有名詞

名詞定義	說明
才能 （competence）	在ISO文件中，「才能」被定義為能呈現出績效的知識、技巧與行為的表現。 （competence: application of knowledge, skills, and behaviors in performance）
訓練 （training）	「訓練」在文件中被定義為提供或發展知識、技巧與行為，以符合要求的流程。 (training: process to provide and develop knowledge, skills and behaviors to meet requirements）
界定訓練需求 （defining training needs）	在訓練需求的部分，主要的目標有三點： 1.定義現有與期望的績效落差。 2.定義訓練需求與需要訓練的對象。 3.記錄訓練需求。 透過企業的自訂準則，每一項績效指標都有衡量的標準。因此，在這個階段，最重要的工作就是發覺落差，並且清楚記錄下來是哪一位員工有哪一項落差，需要以訓練補強。
設計及規劃訓練 （design and planning training）	當我們偵測出落差之後，需要開始設計及規劃訓練的彌補落差之方案，並且界定出評估訓練成果的方案，以及監控訓練流程的作法。它牽涉到幾個重要的工作細項，包括找出相關的訓練規範（如與訓練相關的法令、資源設備、財務規劃、時間控管等）、選擇訓練方式的準則（如是內訓或外訓、工作崗位指導與諮詢、遠距學習等）、訓練計畫的要求（如訓練目標、學員、訓練教材等），然後選擇合適的訓練提供者。
提供訓練方案 （providing for training）	在提供訓練方案的階段，主要專注於提供講師及學員必要的協助，並且監控訓練傳授與接收的品質。如在訓練前提供相關訓練資訊、向學員說明訓練的必要性、建立講師與學員之間的聯繫；在訓練後，是否有收到講師與學員雙方的回饋意見，是否提供主管（經理人）相關評估報告。這些動作都牽涉訓練的過程與品質能被確保。
評估訓練成果 （evaluating training outcomes）	在評估成果的階段，則需要做到訓練資料的蒐集、準備評估的準則、作法與時程、分析訓練相關資料、檢視相關訓練準備與資源運用，並且給予最後的總結報告以及改進的依據。

資料來源：〈ISO10015導引企業訓練品質改善〉，http://www.hrmd.com.tw/paper/60425/1-iso-10015-guide-training-qc-improvement.doc

的提升與永續發展，最終目的是邁向學習型組織，亦是組織創新與成功之鑰（李弘暉、吳瓊治，2007：79-80）。

五、ISO10015監控的內容

ISO10015涵蓋四個步驟，而其中間是「監控」（monitoring）部分。「監控」的內容包括下列四步驟，以確認執行後的步驟是否達到預期目標，以及是否符合原先的需要。所以，必須一開始就將此步驟獨立出來。

(一)界定訓練需求

透過面談、詢問、團體討論或觀察，對組織進行現在與未來的需求分析。評估訓練需求可分三個步驟：組織分析、職務（工作）分析和績效（個人）分析，找出績效落差。訓練計畫是為了針對組織問題提供解決方案。

績效落差的分析包括：組織所需要的競爭力、以往的訓練結果、目前的落差點、要求改善措施、要求訓練結果。

(二)設計及規劃訓練

此部分包括：列出具體限制（如法令、經費、合適的員工與教練、員工的心態與態度等）、選擇適當的路徑（包括如何的計畫是適當的、由誰來提供訓練等）。典型的訓練路徑有線上學習、師徒制、工作指導、自我訓練、遠距學習等。

(三)提供訓練

組織提供工具、設備與教材、適合受訓者能力的課程，並要求訓練成果表現在工作績效上，在訓練的最後階段，訓練承辦者與受訓者都必須向管理者報告成果。

(四)評估訓練成果

評估程序必須確保訓練的有效性，並符合短期目標，檢視程序與內容。它包括：受訓者的滿意度、受訓者在知識技能上的增進程度、受訓者在工作上的績效、受訓者在管理上的滿意度、對公司所產生的影響。

要確保每項訓練階段的內容都達到要求，一旦沒有達到，立刻採取修正措施，如此訓練內容的品質就可以確保（如圖2-2）。

六、執行ISO10015的效益

知識經濟時代，只有靠高品質的人力才能延續企業的命脈，訓練是企業永續發展最重要的議題與任務。歸納來說，實施ISO10015可獲致如下效益：

1.為訓練流程建立指導方針及制定的標準。
2.核對構想，制定關於訓練流程有關的行動。
3.為訓練移轉形式及教學方法的持續發展建立推動力。
4.確保組織績效要求、個人能力及訓練計畫的一致性。
5.最終目的是促使組織透過持續改善的力量，邁向學習型組織。（呂玉娟，2006/04/02）

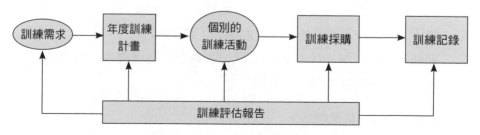

圖2-2　ISO10015的監控系統

資料來源：Lichia Saner-Yiu (2005), HR Quality in Training and Development. pp.3-13；引自游玉梅（2005），〈人力績效模式及職能模型與職場學習的整合與應用〉，《人事月刊》，第40卷第6期（總字238期），頁29。

表2-4　訓練品質計分卡檢核指標

- 組織願景與任務之發展
- 組織承諾投資與培訓員工
- 訓練計畫
- 訓練設計
- 訓練執行
- 訓練評估
- 訓練流程的監控與矯正處理
- 訓練成果與績效的衡量
- 訓練對於社會責任的貢獻

資料來源：謝杏慧（2006），〈組織競爭力與訓練品質管理〉，《就業安全》，2006年7
月，頁47。

　　ISO10015的品質管理提供了一種確保訓練與組織績效之間的連結，
促成組織效能的管理工具，有心發展人力資源發展的企業，必須要對ISO
10015這個潮流多加瞭解（如**表2-4**）。

 ## 第二節　　訓練需求診斷

　　訓練必須幫助組織的目標達成，諸如更有效率的生產方法，改善
產品、服務的品質或降低作業的成本，也就是增進、儲備員工的工作能
力，同時要幫助組織提高業績表現，如果不能達到此一目標，那麼訓練
是一種「成本負擔」而不是「投資收益」（**範例2-2**）。

　　訓練需求分析是一項系統的工作，透過對組織機構進行系統的檢查
與診斷，可以發現很多問題。例如：

　　1.顧客的抱怨數量增多。

　　2.用太多的時間來完成簡單的工作。

　　3.製程步驟太繁瑣。

　　4.生產力降低。

範例2-2　訓練需求考核表

- 誰是背後的贊助者？
- 是否與公司策略相連結？
- 是否支持內部業務新作法？
- 在執行面的緊急程度？
- 對於企業價值或營業額產生哪些影響？
- 有多少潛在客戶？
- 有多少人排隊等候？
- 是否能輸出到海外部門？
- 課程是否要時常更新？
- 課程多少比例是純資訊？
- 能否滿足企業策略、評量或發展所要求的訓練需求？
- 一般的訓練或公司獨有課程？
- 若是一般課程，外部市場是否能提供？
- 是否為法令規範？
- 若是不辦，是否威脅企業聲譽？

資料來源：陳珮馨（2007），〈匯豐銀行訓練神話論〉，《經濟日報》，2007/06/15，A14
　　　　　版。

5.員工流動率太大。

6.意外事件發生頻率升高。

7.生產線上出現瓶頸增多。

8.品質管制出現問題增多。

9.儀器使用過度（次數增加）。（洪榮昭，1988：57）

　　上述有些問題可以透過訓練解決，有些問題必須交給管理層處理，而訓練需求分析的主要目的，就是確定哪些問題可以透過訓練得以解決。例如，一家企業如果有了客戶的投訴、高度人員流動率、申請符合自請退休人數過多等問題頻頻出現，企業必然要遭致重大的損失，而造成這些現象的原因可歸咎於用人不當或訓練不足（如**表2-5**）。

　　訓練很貴，不訓練更貴，不必要的訓練是浪費，所以訓練需求的擬定很重要（如**表2-6**）。

表2-5　訓練需求的診斷項目

- 客戶的指責（顧客抱怨數量增加）
- 過失與錯誤造成的延誤
- 完成工作、訂貨、供應等需時過久
- 生產力降低
- 過多的缺勤（請假）或遲到、早退
- 申請符合自請退休（工作十五年以上年滿五十五歲者，或工作二十五年以上者）人數過多
- 高度人員流動率（尤其以新進人員到職三個月內為然）
- 高頻率的意外事故
- 過高的維護成本（儀器、設備維護費用增加）
- 生產瓶頸發生頻繁
- 因書面工作與程序遲緩引起過多的停工
- 因指示未盡明瞭造成的錯誤
- 員工的工作來自一位以上主管的指示
- 意見溝通不良
- 員工漠視安全規定或執行不力
- 忽視輕微傷害
- 工作區域不整潔（工作場所不乾淨、不整齊）
- 漠視公司或部門的規定
- 設備的過度損耗
- 員工對新工具或設備不熟練（操作不熟練）
- 新進員工的工作能力要長時間的培養
- 在人力上缺乏彈性，缺勤者無人可代理（取代其作業）
- 工作上浪費工料或需加糾正者過多
- 不遵照規範做事
- 未達成品質標準
- 粗心大意造成錯失
- 員工缺乏工作興趣（工作意願低）
- 員工未能瞭解小件工作（細節）足以影響大局

資料來源：陳止梁（1979），「企業內訓練規劃與實施研討會：訓練計畫研訂方法」講義，中華企業管理發展中心編印，頁2-10～2-11。

表2-6　訓練需求分析的作用

- 蒐集為了勝任工作崗位所需的技能、知識和業績表現的訊息
- 蒐集工作內容及背景等訊息進行任務分析，瞭解完成任務所需的關鍵知識、技能與任職者的差距
- 確認所期望的業績表現與實際的業績表現以及所有相關細節
- 整理訊息形成明確的訓練目的和目標
- 根據訓練目的和目標制定訓練內容、訓練課程等相關方面的要求

資料來源：姚若松、苗群鷹（2003），《工作崗位分析》，北京：中國紡織出版社，頁203。

第三節　訓練需求資料蒐集方法

　　發掘訓練需求的資料蒐集方法，就是指在企業訓練需求調查的基礎上，採用全面分析與績效差距分析等多種分析方法和技術，對企業及其成員在知識、技能目標等方面進行有系統分析，以確定是否需要訓練以及訓練的內容（如**圖2-3**）。

　　企業發掘訓練需求蒐集資料常用的分析方法有下列幾種（如**表2-7**）：

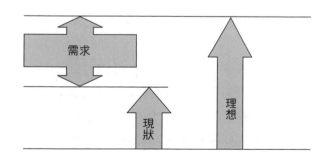

圖2-3　訓練需求來自理想與現狀的差距

資料來源：諶新民主編（2005），《員工培訓成本收益分析》，廣州：廣東經濟出版社，頁42。

所謂五才者，勇、智、仁、信、忠也。《太公六韜‧龍韜‧論將第十九》

培訓管理

48

表2-7　訓練需求分析方法

類別	組織分析	工作分析	人員分析
採用分析方法	• 參加高階主管會議／參閱會議紀錄 • 組織內發行的刊物 • 高階主管的演講或報導 • 參閱組織計畫 • 蒐集報章對業界的報導 • 同業訊息的交流 • 顧客滿意度問卷調查 • 訪談高階主管	• 閱讀工作有關之資料（工作流程） • 實際擔任該工作來體驗 • 觀察該工作之作業實況 • 詢問工作者有關之問題 • 依工作項目逐一檢視（日常觀察） • 自述法 • 問卷法（各種定期調查工作）	• 客觀記錄法 • 觀察量測法 • 參閱人員考績表 • 在員工自我評估表內自行填寫個人訓練需求項目 • 訪談個人績效低於標準者的上司 • 生涯規劃發展意願調查 • 生涯諮商

資料來源：丁志達（2008），「員工招聘與培訓實務研習班」講義，中華企業管理發展中心編印。

一、未來趨勢研究法

　　對於未來經濟、社會、政治等變遷，企業組織必須未雨綢繆，擬定新的經營方向。它包括經費預算的改變、經營制度的改變、員工的適應等無不錯綜複雜，但無論如何，為了適應、調整必須對未來的趨勢有所瞭解（如**表2-8**）。

二、問卷調查法

　　問卷調查法係針對研究目的（如士氣、態度、工作能力等）與對象後，再研擬問卷分發有關人員（通常由研究對象的當事人、上司及下屬）填寫，然後將回收資料加以統計分析，尋得訓練需求資訊。例如顧客調查的反應結果，可指出整體組織或特定功能單位所需的訓練領域（**範例2-3**）。

以餌取魚，魚可殺；以祿取人，人可竭。《太公六韜・文韜・文師第一》

表2-8　未來趨勢研究法的要項

項目	細節
技術上	• 對電腦科技增加接觸的機會 • 較快／較迅速的時間通訊（電傳、大哥大手機、傳真） • 對大量學習應用有較方便的媒體 • 廣泛地增加有線電視 • 生產力提高（機器人與辦公室自動化等的應用） • 個人電腦使用增加 • 在科技發展中增加研究的領域
組織上	• 增加金錢和時間的花費來改善生產力 • 服務性的工業會增加規模
教育系統上	• 人力資源發展的專業人才將會增加 • 良好及完整的教育課程會增加 • 完整性且較有彈性的教育課程會增加 • 愈來愈多的師資在工商界找到工作而不是在教育界
學習	• 愈多的知識有關於人類的學習和動機 • 教育工學的發展有助於學習 • 思考的模式增加處理大量資訊的需要
社會邏輯	• 個人選擇的職業增加及易於改變職業 • 較多的家庭擁有兩種以上的職業收入 • 離婚率愈來愈高，婦女勞動率提高，鑰匙兒增加
經濟上	• 在私人企業生產利潤的壓力愈來愈大，預算在公私立機關壓力愈大 • 自然資源愈來愈少 • 大學教育的成本將會增加 • 旅行的花費將增加 • 社會福利基金將減少 • 人口增加 • 企業增加，國際性的合作增加 • 工作年齡增加
政治上	• 策略性工業發展 • 區域性的發展政策 • 能源的開發政策 • 金融政策發展

資料來源：洪榮昭（1988），《人力資源發展：企業培育人才之道》，台北：遠流，頁37-39。

範例2-3　訓練需求調查

　　上海貝爾阿爾卡特（Alcatel-Lucent）公司在訓練之前，人力資源部門會做大量的訪談和調查。比如針對一線銷售人員所做的訓練，往往會從他們現在所面臨的問題和困難去挖掘訓練需求。

　　首先從組織的最高層級開始，瞭解他們對整個團隊在未來一年內的要求和期望是什麼。接下來對中階管理人員做調查訪問，瞭解他們所感覺到的員工是一個什麼樣的狀況，與最高層級希望員工表現的狀況是否存在差距，如果存在差距，是由什麼原因造成的。然後，人力資源部門會在員工中找一些業務幹部瞭解他們之所以會做得這麼優秀的原因。

　　最後，人力資源部門集中各方面的想法和因素來設計整個訓練的課程體系。

資料來源：陳斌（2007），〈不斷融合　不斷成長：上海貝爾阿爾卡特的人力資源管理〉，
　　　　　《人力資源·HR經理人》，總第250期，2007年4月，頁44。

三、設備分析法

　　分析設備、新儀器或自動化所引致的新知識、新技能等，以取得何人需要訓練的資料。

四、人力發展委員會

　　組織內部成立具有超然性質之人力發展委員會，聘請有關人員擔任委員，定期（不定期）召開會議，商討組織之訓練需求所在，然後做成建議書，督促專責單位舉辦訓練（如**表2-9**）。

表2-9　人力發展委員會的功能

- 提出各單位訓練需求
- 鑑定整個組織的訓練需求
- 檢討訓練單位所提出之訓練計畫
- 檢討訓練實施及其成效
- 瞭解及審核訓練經費

資料來源：丁志達（2008），「員工招聘與培訓實務研習班」講義，中華企業管理發展中心
　　　　　編印。

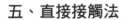

五、直接接觸法

藉由個別談話（interview）或現場觀察（observe）發現待改進之缺點。如能藉訓練來改善者，則採取訓練路徑改進之。直接接觸法若要能提供有用的資料，則員工必須相信他們的意見會受到重視，而且不會被用來對付他們（秋後算帳）。

六、測驗法

根據工作所需的知能水準，訂定測驗標準，研擬測驗題目，實施測驗（測驗方式採用筆試、實作或兩者混和方式來舉行），以評估員工的實際知能水準。測驗結果與標準之差距即可說明訓練需求之所在。

七、考績法

根據員工平常的工作紀錄，分析造成其預定目標與實際成果差異之原因。若係工作能力不佳時，即可確定其個人之訓練需求。訓練承辦人員於發現該等需要接受某一訓練的人數達到開班標準時，即可延聘講師開班授課。

八、人力盤點法

將企業之人力歸類，再依其所屬類別，分別清查各部門人力的質量與結構，再與同業競爭對手之人力結構相比較，或參考未來營運計畫，獲致調整人力、補充人力或提升人力素質的資料，以便進行有計畫的培育人才。

九、工作分析法

實施工作分析，列出每一職位的工作項目，並分析完成每一件工作所需的技能與知識，再分析每一技能的操作步驟與知識內容，最後將分析所得到的結果與員工現有知能水準相較，洞察其欠缺的能力，以訓練補足之。

十、分析人事統計記錄

根據員工之離職、請假、缺勤、抱怨、意外事故率等資料，研判在管理、技術、工作環境等方面可能有問題的單位及問題點，以獲得訓練需求的線索。

十一、報告研讀法

閱讀品質管制、產銷情況、顧客抱怨等各種報告，根據其所在異常現象，利用各種分析技巧（例如魚骨圖）可以發現管理或技術之不足所在，訂定較正式的訓練計畫。

十二、研析新政策與新政令

政府新政策與政令的頒布實施，會影響企業的未來發展方向，它不只說明今後工作方式的異同，亦指出現職人員應增進哪些能力來適應變化，維持企業成長及發展（莊財安，1991：46-51）。

不管使用的資料蒐集方法為何，在進行任何訓練前，首先應該著手準備一個準確及系統性的需求評估（如**表2-10**）。

表2-10　各種訓練需求評估方法的優缺點

工具	方法	優點	缺點
調查／問卷	• 透過隨機或非隨機方式抽出樣本或對整個母體進行調查 • 可以運用多種問題的形式：開放、投射、強迫選擇以及排列順序等	• 在短時間中可獲得許多人的資料 • 不昂貴 • 在沒有恐懼或尷尬的情況下作答 • 產出的資料易於從事統合整理與說明	• 很難讓受試者有自由回答的機會 • 需要相當的時間來設計有效的調查或問卷 • 無法有效獲得問題的原因或可能的解決方案
面談	• 可以是正式或非正式的、有結構或無結構的 • 運用的對象可能是具有代表的樣本或整個團體	• 可以瞭解受訪者的態度、問題的根源以及解決的方案 • 蒐集反饋：產出的資料很豐富 • 允許自發性的反饋	• 通常很耗時 • 結果較難分析與量化 • 需要有技巧的面談人員方能在不使受訪者感到自覺或懷疑的情況下蒐集資料
績效評估	• 可以是非正式的或有系統的方式進行 • 由管理者來執行而由人力資源部門來進行評估 • 必須定期進行且由績效討論中獨立出來	• 能指出技能上的長處與短處，確認訓練與發展的需求 • 同時能夠指出績效的提升或改善的人員	• 發展系統、執行評估以及處理結果所費不貲 • 可能讓管理者藉此操縱及估量加薪的事宜 • 可能因監督者本身的偏見使得評估無效 • 可能無法適用在工會的員工身上
觀察	• 可以是技術的、功能的或觀察的 • 可以產生定質或定量的反饋 • 可能是無結構的	• 對日常工作或團體活動的干擾最少 • 得到真實的生活資料	• 需要高度熟練且具備足夠知識的觀察者 • 僅能在工作環境內蒐集資料 • 可能造成員工有被暗中監視的感覺
測驗	• 可以用來測驗董事會、全體員工或委員會的成員 • 可以在有人監看的地方或帶回家進行	• 對於瞭解員工現有知識、技能或態度的不足或缺陷處很有幫助 • 易於量化及進行比較	• 必須針對受試者來規劃，效度可能很令人質疑 • 難以測量出工作上正在運用的知識和技能

（續）表2-10　各種訓練需求評估方法的優缺點

工具	方法	優點	缺點
評鑑中心	・運用在管理發展 ・參與者必須先完成一套測驗，方能決定需要發展與加強的部分 ・透過讓員工能在模擬的管理情境中來評估其潛能	・能夠及早確認出有發展潛力的員工 ・比「直覺」更為精確 ・減少在甄選人員的過程中所持有的偏見，提高客觀的程度	・在甄選高潛能的人員時缺乏可用的實際標準 ・對管理者而言，費時又昂貴 ・可能只能被運用在診斷發展需求而非具有高潛能的員工
焦點團體／團體討論	・可以是正式或非正式方式進行 ・廣泛運用各種方法可以將焦點集中在特定的問題、目標、任務或主題	・讓不同的觀點之間能有互動 ・關注全體的意見 ・幫助團體的成員變成更好的傾聽者、分析者，以及問題解決者	・對團體的成員或諮詢的顧問而言都很浪費時間 ・產生的資料難以量化
文件檢閱	・組織圖、計畫文件、政策手冊以及審計和預算報告 ・包括員工的紀錄（意外事件、抱怨及出席紀錄） ・會議紀錄、計畫報告以及備忘錄	・能對麻煩所在提供線索 ・提供客觀的證據或結果 ・易於蒐集和整理	・往往未能指出問題的根源以及解決方案 ・較能反映出過去而非現在的情況 ・必須經由熟練的資料分析人員來加以解釋
諮詢委員會	・從負責瞭解訓練需求的人員身上能獲得可靠的資訊 ・可提供由諮詢人員所蒐集的資料（運用訪談、團體討論及問卷等技術所取得）	・簡單且成本低廉 ・建立並加強溝通的管道	・抱持有偏見的觀點 ・無法呈現完整的情況，因為資訊的來源是目標對象中不具代表性的人員

資料來源：Judith Brown, *Training Needs Assessment,* pp.8-11；引自孫本初（2000），《T&D飛訊論文集粹第一輯：公務人員訓練需求評估之研究》，台北：國家文官培訓所，頁60-63。

第四節　訓練需求分析

　　企業如果沒有做好訓練需求評估即辦理訓練，則投入的人力與物力，因沒有目標來導引，容易淪為「無的放矢」、「勞而無功」。例如，銷售任務沒有達到預期就立刻著手進行銷售技能訓練，其實，問題不一定出在銷售人員的技巧上，也可能是銷售的激勵機制不力，或者銷售與生產、維修等環節溝通不暢造成的。所以，純為訓練而辦訓練，結果必無實質意義，更無法根據訓練目標來評核訓練成效（莊財安，1991：43）。

　　傳統上，訓練需求分析通常採用組織分析（organizational analysis）、工作分析（task analysis）、人員（個人績效）分析（personal analysis）等來瞭解訓練的需求，才不致於花費大量金錢、時間和人力，卻達不到訓練的成效。

一、組織分析

　　組織分析係全盤性的來檢討企業戰略、企業營運目標、經營理念、銷售市場、顧客對組織的期望、組織整體目標、現有人力資源運用等情形（如人力配置與組織結構的關係、績效差距問題所在，是否藉由訓練來改善等），從而確知哪些部門、哪些業務、哪些員工要實施訓練，如此的訓練才不會偏離方向，出現「訓而無用」的情況。例如，著重生產效率（如產品、服務品質、流動率、意外事故等指標）的組織，其對品質的流程改善的要求，一定勝過於以業績為導向的組織；以內部訓練為人力政策的組織，對於幹部訓練的花費，必定高於以外聘遞補的組織；又如，主管與部屬溝通不良或員工流動率過高，究竟原因何在？是否是訓練不足造成？是否能透過訓練改善？因此，訓練承辦人員必須對影響組織運作的因素予以瞭解，才能彙編組織層面的訓練需求（行政院勞工

委員會職業訓練局，1999a：18）。

影響組織運作因素，有下列幾點可探討：

(一)企業經營戰略的分析

訓練的目的是幫助企業達成經營目標，這就需要在安排訓練計畫時，必須考慮企業的短、中、長期經營計畫和目標，以及企業的未來發展方向、社會大環境的變遷、人才發展趨勢、企業的經營理念與企業文化等。例如，透過企業營運目標的分析，確定訓練目標及訓練戰略（如**表2-11**）。

(二)組織目標分析

組織目標分析的明確，才能確定訓練的需求。如：

1.企業政策、經營目標的達成，以貫徹是否需要訓練。
2.政策的未貫徹，目標的未達成部分是否需要訓練。

如果企業組織結構調整時，會增加或裁撤一些單位；如果是新成立的單位，應該先進行人員的訓練。

(三)組織結構分析

透過組織結構問題的統計與分析，找出可藉由訓練來解決的部分。如：

1.查看組織系統、組織編制能否與訓練產生預期效果。
2.查看各單位、各幹部的業務執掌能否達成當前業務的任務。
3.查看組織能否發揮經營的機能。

(四)人力資源分析

企業的發展和營運目標決定了企業對人力資源種類、數量和質量的

表2-11　經營戰略對培訓的啟示

戰略	重點	如何實現	關鍵事項	培訓重點
集中戰略	• 提高市場份額 • 減少營運成本 • 開拓並維持市場定位	• 提高產品質量 • 提高生產率或革新技術流程 • 按需要製造產品或提供服務	• 技術交流 • 現有勞動力的開發	• 團隊建設 • 交叉培訓 • 特殊培訓項目 • 人際交往技能培訓 • 在職培訓
內部成長戰略	• 市場開發 • 產品開發 • 革新 • 合資	• 銷售現有產品／增加分銷管道 • 拓展全球市場 • 調整現有產品 • 創造新的或不同的產品 • 透過合夥發展壯大	• 創造新的工作任務 • 革新	• 支持或促進產品價值的高質量的溝通 • 文化培訓 • 培養創造性思維和分析能力 • 工作中的技術能力 • 對管理者進行的反饋與溝通方面培訓 • 衝突調和技巧培訓
外部成長戰略（兼併）	• 橫向聯合 • 縱向聯合 • 發散組合	• 兼併那些處於產品市場鏈條上相同經營階段的公司 • 自己經營那些提供或購買產品的業務 • 兼併那些與兼併者處於不同領域的公司	• 整合 • 富餘人員 • 重組	• 判斷被兼併公司的員工的能力 • 聯合培訓系統 • 合併公司的方法和程序 • 團隊建設
緊縮投資戰略	• 節約開支 • 轉產 • 剝離 • 債務清算	• 降低成本 • 減少資產 • 創造利潤 • 重新制定目標 • 賣掉全部資產	• 效率	• 革新、目標設置、時間管理、壓力管理、交叉培訓 • 領導技能培訓 • 人際溝通培訓 • 向外配置的輔助培訓 • 尋找工作技能的培訓

資料來源：雷蒙德‧諾伊（Raymond A. Noe）著，徐芳譯（2001），《雇員培訓與開發》，北京：中國人民大學出版社，頁29。

培訓管理

需求。從人力資源需求的角度要求企業的人員能力、水平必須滿足企業
營運和發展的需要。因此，根據企業的人力資源的需求分析，就可以確
定訓練的方向和目標。人力資源分析的重點有：企業內人力資源（如人
力結構分析、技術能力普查、人員異動預測）對現在及將來的業務是否
足夠勝任。

(五)效率指標的分析

如果企業對效率（如勞動生產力、投入產出比、產品質量、利潤、
日常管理等）有著具體的要求和標準，一旦沒有達到或不能達到效率要
求的，應考慮透過訓練解決。同時，這些標準也是訓練成效的評價指
標。

效率指標的分析重點有：

1.產品或服務的人工成本高低。
2.所用機器和設備。
3.所需原料的多寡。

(六)組織氣候分析

組織氣候（氣氛）分析有助於生產力的提高。其分析重點有：

1.勞資糾紛頻率（如罷工、停工、怠工、遲到、犯規、訴願等）。
2.員工的工作精神、工作態度、員工對公司的向心力、工作場所的紀
　律、士氣、流動率、缺勤率等，若發覺組織氣氛與目標的達成有重
　要關係時，則人心、士氣已成為訓練計畫應考慮的重點了。

(七)顧客對組織的期望分析

組織是否能永續生存，端賴於它是否能即時回應顧客的需求，並滿
足顧客的期望。所以，對顧客需求的探詢，有助於預測組織策略。如：

1.顧客抱怨的項目與頻率。

2.同業提供的服務及其水準。

3.顧客對組織的滿意程度。

二、工作分析

工作（職務）分析主要目的是想瞭解每項職務的工作職責，以及執行每項職務所需的知識（knowledge）、技術（skill）、能力（ability）與其他特質（other characteristic），通稱為KSAO分析。一般的企業都會有兩種書面規章，即工作說明書（job description）和職務規範表（job specification），而工作分析係將各項工作之內容、責任、性質以及人員所應具備的基本條件，包括知識、技能、態度、責任感及熟練度等目前及未來的業務（工作）加以分析，以瞭解員工在哪些方面需要接受訓練，使「訓與用」密切結合。這種分析方式通常適用於新進員工的新人訓練或即將調職的員工之訓練。

(一)工作分析的目的

依據工作說明書來瞭解工作的內容，從而決定訓練的目的。如：

1.完成某一工作所需的作業項目及其績效標準。

2.該工作所需的知識、技巧與態度。

3.與工作有關的人事關係及作業環境。

(二)工作分析的因素

工作分析的因素包括：

1.各項工作作業的步驟。

2.各項作業的績效標準。

3.各項工作所需的基本知識、技能及態度。

三、人員分析

人員（個人）分析則主要著重於人員績效問題，分析績效不佳的原因，究竟是因缺乏相關知識、技能與能力，還是訓練的內容無法適用目前工作。訓練的重點在於促成員工的個人行為發生所期望的轉變。沒有經驗的員工績效不良，可能是由於缺乏所需的知識或技能；有經驗的員工沒做好工作，可能是因為養成了不良的工作習慣或原來的訓練不當，還可能是由於工作態度方面存在的問題，這些都可透過人員分析而發現。

人員分析係透過人力盤點，將員工之背景、資歷、學歷、年齡、知識、能力、態度等資料加以分析，瞭解員工是否符合現行工作上之需求。另外，透過績效考核，瞭解員工在未來應加強的職能或技能，以作為訓練的基礎。

(一)績效評估的分析

利用績效評估來評估員工的工作表現，是辨認員工訓練的一種常見方法。對現職員工的訓練需求，通常分析績效不佳的原因，以便決定是否需要經由訓練來解決績效不佳的問題，它是產生訓練需求的主要來源之一。它也可以利用工作樣本或測驗，將工作的一部分或工作要求的知識當成測驗來評估員工的工作表現，例如，品管圈活動可以以問卷方式來測驗員工。

如果績效不佳是肇因於員工的能力不足，自然需要加以訓練來改善績效；但若績效不佳是因為其他的因素，則應從問題處著手；如果意願不足，則應找出個人意願不足的原因（如待遇不佳、福利不好、管理不善、領導風格有問題），或是其他的個人因素（如工作設備、工具不齊全、行政支援不足），甚至是外界環境因素使然，這些因素則顯然不是訓練可以解決的。

(二)生涯規劃分析

　　在管理發展方面，則可依據員工生涯目標規劃出事業路徑（career path）來分析。在生涯發展的各階段，配合職位的調整與異動，同樣的應適時的給予訓練，以增強管理智能或培養更高深的專業知識，使之能適應新的工作與挑戰，亦屬訓練需求的來源，惟一般多以管理者發展稱之（張緯良，1999：196）。

　　組織分析較適合企業內整體訓練需求的調查與確定；工作分析、人員分析較適合主管人員在工作崗位上實施工作教導需求之認定。總之，訓練是為了解決所發現的問題，沒有問題就無需訓練。所以，對不同組織的訓練需要做細緻的具體分析，如果照搬（採用）或模仿其他組織（企業）現成的訓練計畫，看來雖然省事易行，但往往成效不佳，因為別家組織的訓練計畫之所以是成功，正是因為它針對了各別組織的需求而設計的（邰啟揚、張衛峰，2003：177）。

 ## 第五節　訓練需求分析注意事項

　　訓練需求分析，主要是為了釐清企業年度訓練重點為何，以作為訓練時間先後順序的安排，而未列入企業訓練計畫中的課程，視其訓練內容，改以外部訓練或單位自行訓練方式取代（如**表2-12**）。

　　一般企業在進行訓練需求分析時，需要注意以下幾點，使克有成。

一、高階主管對訓練的支持

　　訓練需要投入相當多的人力、物力才能完成，所以決策層與高階主管的支持是非常重要的一環，在進行訓練需求分析前，訓練單位負責人必須與高階主管進行良好的溝通，使其瞭解訓練需求分析的重要性及其

表2-12　培訓評估內容與訊息來源

培訓評估內容	訊息蒐集管道
培訓需求整體評估	組織決策者、培訓對象、培訓管理者
培訓對象知識、技能和工作態度等的評估	培訓管理者、培訓對象本人、上司及下屬
培訓對象工作績效評估	人力資源績效考核管理人員、培訓對象以往的工作成果、培訓對象的上司
培訓計畫評估	培訓計畫制定人員、決策人員、實施人員、培訓對象
培訓組織準備工作評估	準備現場、培訓講師、其他培訓實施者、培訓管理者
培訓環境和設施應用評估	培訓現場、培訓對象、培訓實施者
培訓對象與培訓情況評估	培訓現場、培訓對象、培訓實施者
培訓內容和形式的評估	培訓現場、培訓對象、培訓實施者
培訓者評估	培訓現場、培訓對象
培訓進度和中間效果的評估	培訓現場、培訓對象
培訓目標達成情況評估	培訓現場、培訓對象、培訓計畫、培訓實施者、培訓管理者
培訓效益綜合評估	所有培訓前、中、後期有關的訊息
培訓工作者的績效評估	培訓對象本人、主管及下屬、培訓管理者

資料來源：汪群、王全蓉（2006），《培訓管理》，上海：上海交通大學出版社，頁225。

效益，並使其支持員工訓練計畫的推動，在訓練需求分析時，並應將完整計畫及執行成果回報。

二、選用資料蒐集的方法

　　訓練需求在資料蒐集時，最好採用多種方法，以截長補短。在選擇時，大致上可依照對象、時間、限制、經費及量化資料等因素及組織環境來決定。同時，資料的蒐集須經整體規劃後再進行，以避免在進行後發現不足或遺漏。

三、訓練需求會因環境與時間變動

很多企業在剛開始訂定訓練計畫體系時，都能夠踏實的做好訓練需求分析，一旦完成一套訓練需求後，每年即可依此需求重複使用，不再進行需求的分析與調整。但實際上，訓練的需求會因每段時期的經營方針與目標的不同而產生不同的訓練需求與技能需求。所以，訓練需求的分析，不該是每年照本宣科的，而是訓練承辦人員應該秉持其敏銳度，隨時保持動態的需求彈性，注意組織、工作、人員的需求變化，使訓練需求盡可能被滿足（企業訓練聯絡網，http://otraining.evta.gov.tw/btraining/etn_faq_Aq.asp?no=726）。

結　語

有效的訓練，除了企業高層領導者的支持外，還需要結合企業和員工崗位的特點來設計訓練課程，同時還要在訓練規劃前，充分瞭解、分析訓練需求，將評估人員的訓練需求分析結果和訓練方案中的需求分析做對比，從而判斷評估訓練項目的需求分析是否妥當，才能做到事半功倍的效果。

3 訓練規劃設計

夫未戰而廟算勝者，得算多也；未戰而廟算不勝者，得算少也。
多算勝，少算不勝，而況於無算乎？吾以此觀之，勝負見矣。

——《孫子兵法·始計》

（譯文：開戰之前，仔細估算比較而我方可打勝仗，是因為事
前計畫完善充分；反之，如估算我方無法得勝，也是因為計畫不盡完
善，更何況魯莽行事、毫無規劃。據此觀察，就可知誰勝誰敗了。）

訓練是一種投資，由於需求之種類繁多，要想以最低成本發揮最大
效用，必須要對訓練需求的研判、優先次序的排列、訓練能量的分配運
用分別加以規劃。

 ## 第一節　設定訓練目標

企業訓練單位針對訓練需求的瞭解後，必須設定訓練目標，以滿
足組織、工作與個人需求。有些訓練目標，應該要說明訓練完成時，組
織、部門或個人將會像什麼樣子，並把訓練後的期待以書面記載下來
（如**表3-1**）。

訓練目標的擬定，首先要列出訓練的項目，而從每個項目中確定學
員的行為與知識改變之標準。換句話說，經過訓練的學員，在工作上應
有比未學習前更好的表現；在認知方面，對專業或相關知識獲得成長；
在態度方面，價值觀的重新認定及判斷人際關係互動的能力增強；在技
術方面，操作表現更佳。總體而言，生產力的提高，就是訓練目標的達
成（洪榮昭，1988：62）。

正常情況下，訓練目標主要是在界定訓練要瞭解和解決什麼問題，
以顯示訓練的價值所在。評估訓練目標的實現程度是衡量訓練成效的重
要指標。因此，對訓練目標的設立要具體、明確並可衡量，這樣才有可
能獲得可靠的評估數據（李曉霞，2006：61）。

表3-1　訓練目標設定的前提

- 是否希望改進員工的工作？
- 是否可藉訓練以促進員工在現行工作崗位上做更佳表現？
- 是否需要為員工未來發展或更換工作預作準備？
- 是否需要施以訓練以預為準備補充缺員或為員工晉升？
- 是否為減少意外和增加安全措施的工作習慣而辦訓練？
- 是否希望改善員工工作態度，尤其是減少浪費材料的習慣？
- 是否需要改善材料處理及加工方法，以打破生產技術上的瓶頸現象？
- 是否為使新進工作人員適應其工作？
- 是否需要教導新進工作人員瞭解全部的生產過程？
- 是否為訓練員工之指導能力，以便在工廠（業務）擴充時，指導新進工作人員？
- 是否為員工取得證照而辦訓練？

資料來源：閔新民（1985），《企業訓練專業人員講習會講義彙編：訓練計畫之擬定》，台北：內政部職業訓練局編印，頁50。

設定訓練目標，可分為下列三大項：

一、教學目標

1.在本次訓練計畫要學習什麼原理、事實及觀念？
2.有哪些人需要接受教導？
3.他們應該在何時接受教導？

二、組織與部門目標

1.訓練對組織及部門的結果將會有何種影響？例如對缺勤率、流動率、降低成本及改善生產力等的影響。
2.企業期望員工做什麼（績效）？
3.企業可接受的質量如何（標準）？

三、個人績效和成長目標

1.員工在什麼條件下可望達到理想的訓練結果（條件）？
2.訓練對個別受訓者在行為及態度上有何影響？
3.訓練對個別受訓者在個人的成長上有何影響？（Leslie W. Rue & Lloyd L. Byars著，林財丁譯，2000：332）

企業確立了訓練目標之後，整體的課程內容就根據這項目標來編排，該教什麼課目？該教多少時間？該教到什麼程度？才能加以安排訂定（**範例3-1**）。

第二節　訓練規劃的內涵

二十一世紀是知識產業時代，企業的競爭已經不再只是財力、技術、經營策略的競爭，而是人才的競爭。企業成敗的關鍵取決於是否擁有能為企業創造、累積、使用知識，創新技術，執行策略的人才（如**表3-2**）。

美國企業管理顧問吉姆‧克里模（Jim Clemmer）指出，員工訓練失敗的兩個主要原因，都是出在訓練設計的問題上。問題之一是，訓練所採用的方法無法達到效果，也就是員工雖然知道了某些事情，但是卻沒有付諸實行，他們的工作態度或行為在訓練後並沒有改變；另一個問題是，訓練主題並不符合企業的整體策略，因此員工學的是一套，做得卻是另一套。例如，企業費心設計了一套改變企業文化的訓練課程，結果員工在接受訓練後，卻發現公司仍然照舊制度運行，完全沒有重視企業文化這個議題，訓練當然化為烏有（《EMBA世界經理文摘》191期，2002：126-127）。所以，企業訓練規劃必須掌握5W2H原則，即「Why」（目的為何？）、「How Much」（預算多少？）、「Who」（誰來訓練？）、「When」（何時訓練？）、「Where」（何處訓練？）、

範例3-1　訓練課程學習目標規劃

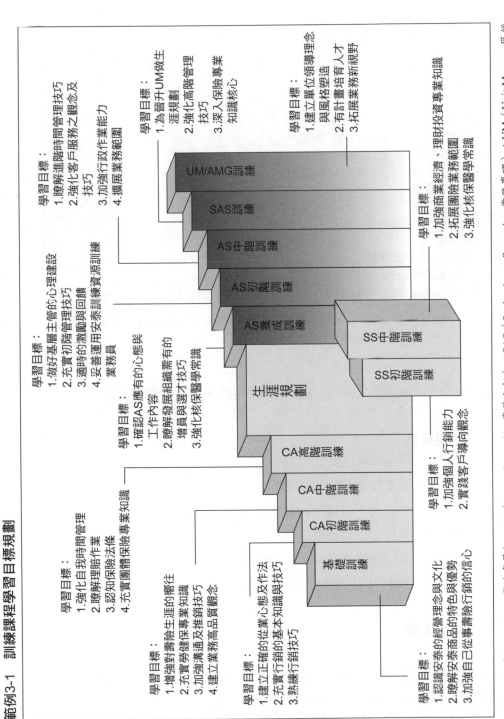

學習目標：
1. 做好基層主管的心理建設
2. 充實初階管理技巧
3. 適時的激勵與回饋
4. 妥善運用安泰訓練資源訓練業務員

學習目標：
1. 瞭解進階時間管理技巧
2. 強化客戶服務之觀念及技巧
3. 加強行政作業能力
4. 擴展業務範圍

學習目標：
1. 為晉升UM做生涯規劃
2. 強化高階管理技巧
3. 深入保險專業知識核心

學習目標：
1. 確認AS應有的心態與工作內容
2. 瞭解發展組織需有的增員與選才技巧
3. 強化核保醫學常識

學習目標：
1. 建立單位領導理念與風格塑造
2. 有計畫培育人才
3. 拓展業務新視野

學習目標：
1. 加強商業經濟、理財投資專業知識
2. 拓展團險業務範圍
3. 強化核保醫學常識

學習目標：
1. 強化自我時間管理
2. 瞭解團險作業
3. 認知保險法條
4. 充實團體保險專業知識

學習目標：
1. 增強對壽險生涯的響往
2. 充實勞健保專業知識
3. 加強溝通及推銷技巧
4. 建立業務高品質觀念

學習目標：
1. 加強個人行銷能力
2. 實踐客戶導向觀念

學習目標：
1. 建立正確的從業心態及作法
2. 充實行銷的基本知識與技巧
3. 熟練行銷技巧

學習目標：
1. 認識安泰的經營理念與文化
2. 瞭解安泰商品的特色與優勢
3. 加強自己從事壽險行銷的信心

說明：CA（Career Agent業務專員）；AS（Agent Supervisor業務主任）；SAS（Senior Agent Supervisor業務襄理）；UM（Unit Manager區經理）；SUM（Senior Unit Manager資深區經理）；SS（Sales Supervisor行銷主任）

資料來源：彭惠仙著（1998），《真誠‧卓越──卓越、創新，將要走起的安泰人壽》，安泰心文化事業公司，頁177。

表3-2　完整訓練計畫的內容

- 訓練班名（班別）
- 舉辦目的
- 訓練目標
- 課程概要
- 參加對象（來源、資格、人數及甄選方式）
- 授課人員（來源、資格、約聘方式）
- 舉辦日期、時間（必要時附課程時間表）
- 舉辦地點及場所
- 教學實施方式
- 所需設備、工具及教材
- 負責單位
- 課程資料或教材之準備
- 所需經費預算（必要時附預算表）
- 行政配合事項（開訓典禮、膳宿、交通、發證、人事記錄等）

資料來源：周談輝（1985），《企業訓練專業人員講習會講義彙編：訓練原理與實務》，台
　　　　　北：內政部職業訓練局編印，頁16。

「What」（訓練什麼？）、「How」（如何訓練？）（如**表3-3**）。

一、訓練目的

　　任何訓練都要設定目的，不但可以讓主持訓練承辦者和受訓者清楚
瞭解訓練的目的何在，這樣可以使訓練效果更有效，針對性也更強。例
如，業務訓練的目的都是希望能夠提高生產力，但每次訓練都必須設定
特定的目的，譬如加強商品知識、強化業務開發能力或業務目標設定和
時間管理等。訓練目的越明確，越容易衡量成效。

二、訓練經費

　　任何訓練都應該先編列預算，然後有計畫的按照預算去實施，而訓
練經費的多寡視企業的政策和業務的需要而定。

表3-3　訓練計畫的5W2H

項目	說明	思考點
Why（目的）	指的是訓練的名稱與為何目的而訓練（訓練名稱與訓練目標）	為什麼需要舉辦這樣的訓練（確定訓練需求）？舉辦這項訓練的理由及動機何在？
Who/Whom（對象）	指的是進行訓練的講師（可選擇企業界名人、政治人物、學校教師等）以及參與訓練的學員背景	什麼人需要參加訓練（決定訓練對象）？什麼人來教授（遴選訓練講師）？受訓的人該有哪些資格與條件？應如何來甄選？教的人該具備些什麼資格與條件？是否需要接受什麼樣的訓練？什麼人來擔任服務性的事務？（分工原則）
What（內容別）	指的是訓練課程的內容，包括何種課程為參與者最有興趣的議題及最有幫助的知識等（課程內容與方向）	需要訓練些什麼（知識、技能、態度）？訓練什麼科目？訓練到什麼程度？什麼標準？這是訓練的主體（確定訓練內容）
How（如何實施）	指的是進行的方式，包括與訓練有關之資訊的公布與通知、訓練方法及媒體使用等（訓練方法）	用什麼方式與方法實施訓練？也就是確定訓練的形式及應採取的訓練方法（內訓、外訓、自我啟發）
When（時間別）	指的是適當的訓練時間（訓練時段與期間）	什麼日期、什麼時間來訓練（以小時、日計算）？訓練多久？也就是確定舉辦訓練的日期、時間、期限以及課程進度的編排及順序
Where（場所別）	指的是訓練方式的選擇，一般可分為職內訓練和職外訓練（訓練場所）	在什麼地方、什麼場所來實施訓練？也就是確定及準備訓練的地點、場所及環境，以及因而必須配置的設備及器材
How Much（成本）	經費、預算	以每人、每次或年度、月份等為計算與控管

資料來源：Nadler & Laird (1990)；王本正（2003），〈中小企業管理訓練需求分析結果報告書〉，東海大學管理學院中區中小企業研訓中心出版，http://sme.nat.gov.tw/ecrc_DC_file/csc/2003report.pdf

周談輝（1985），《企業訓練專業人員講習會講義彙編：訓練原理與實務》，台北：內政部職業訓練局編印。

三、訓練人員

　　每家企業會因組織規模大小、經營方針、人數多寡的不同，採用的訓練人員也不同。一般來說，小公司為節省經費，傾向於由自己人來做訓練（內部講師），較具規模的公司才會考慮成立專門的訓練部門（訓練中心），以培育內部講師與聘請外部講師（專家）來對公司的全體員工進行有組織、有系統的持續性訓練（**範例3-2**）。

範例3-2　訓練企劃書

一、前言
　　茲承　貴公司抬愛，囑咐代為安排有關主管人員的人事管理技巧傳授方面的內部訓練課程，自當竭誠效勞。
　　本企劃書的內容，倘有未盡符合貴公司需求之處，敬請不吝指教，本中心自當協商修正，以期圓滿實施。

二、企劃要點
　　1.本班旨在傳授用人單位主管人員在本身職責上必須具備的人事管理知識暨職場上常見的人事問題的處理方法，以及如何與人力資源部門配合的要領，俾可提升所轄工作團隊的士氣與績效，共同實現企業經營的總體目標。
　　2.本班特聘知名人力資源管理專家本中心人力資源管理系列課程的主講人丁志達首席顧問主講。
　　3.本班講授內容，以本中心公開舉辦之「主管人員的人事管理技巧傳授班」之課程項目為基本架構，設定下列六項主題：
　　　(1)主管人員的人事管理角色。
　　　(2)人才管理與招聘作業。
　　　(3)部屬培育與職涯發展。
　　　(4)績效管理與用人成本。
　　　(5)員工激勵與紀律管理。
　　　(6)員工離職與留才管理。
　　4.本班規劃為一天授畢的課程，課程時數合計七小時。

三、主講人簡歷
　　主講人丁志達首席顧問的簡歷資料如下：
　　1.曾任台灣國際標準電子公司（Alcatel-Taisel）人力資源處經理十餘年，亦曾任職智捷科技、安達電子、敬業電子、環宇電子等多家公司的人力資源部門主管。丁顧問曾在著名跨國企業阿爾卡特電信集團（Alcatell）設在大陸地區的合資廠、辦事處參與當地全方位人力資源管理制度之規劃及執行，建樹良多。近年來從事專業管理顧問工作，為兩岸的企業機構設計「人力資源管理制度」，成效卓著。

（續）範例3-2　訓練企劃書

2. 曾應聘擔任政治大學商研所、東吳大學、元智大學、高雄應用科技大學、文化大學教育推展中心、交通銀行、中華航空、裕隆汽車、中華電信、中華電信數據、台灣電視公司、南山人壽、勤業管理顧問公司、台北外貿協會、台中世貿中心、中小企業協會、全國工業總會、中衛發展中心、長興化工、三福化工、智捷科技、東友科技、台北市期貨公會、興農集團、上銀科技、友旺科技、叡揚資訊、神腦國際、東京威力、中時人力網、聯合人力網、奇力光電、東傑科技、南良集團、花王台灣、日揚科技、帝寶工業、台灣瀧澤、中國砂輪公司、中租貿易、欣興電子、華新科、中央再保、佳能企業、中華開發金控集團、元大金控暨集團各子公司、中興電工、慈濟醫院等機構的內訓課程講師，有口皆碑。

3. 現任本中心首席顧問，定期為本中心開設人力資源管理系列課程，並主編本中心網站新闢的「人力資源管理專欄」，內容精闢，深受推崇。

4. 著有《大陸勞動人事管理手冊》、《人力資源管理》、《裁員風暴》、《績效管理》、《薪酬管理》、《招募管理》等書，並審訂《企業人力資源管理手冊》一書，享譽兩岸企業界。

四、課程內容大綱
(一)主管人員的人事管理角色
(二)人才管理與招聘作業
　‧企業人才管理系統
　‧任用程序與帕金森定律
　‧各職位所需的人格特質
　‧審視履歷表資料的要訣
　‧甄選面談的流程與技巧
　‧如何評鑑應徵人員的錄用資格
(三)部屬培育與職涯發展
　‧新進部屬引導
　‧工作教導的方法
　‧推動部屬輪調的目的與重要性
　‧遴選升遷合適人選的公平性
　‧學習型及教導型組織的建立
(四)績效管理與用人成本
　‧績效管理與績效考核的差異
　‧如何設定目標管理與關鍵績效指標
　‧績效不佳員工處理的程序
　‧用人成本的分析
　‧如何降低人事成本
　‧如何降低管理成本
(五)員工激勵與紀律管理
　‧如何管理資深員工
　‧木桶法則與人際關係

（續）範例3-2　訓練企劃書

> - 熱爐原則與懲罰要領
> - 解僱員工的面談技巧與禁忌
> - 如何處置長期不適任的員工
>
> (六)員工離職與留才管理
>
> - 離職管理的觀念與員工流動率
> - 離職成本分析
> - 員工離職原因的探討與對策
> - 主持離職面談應注意事項
> - 值得慰留或再延攬的人才
> - 企業留住人才的方法

五、講義資料

本班講義資料由本中心製作版稿，於開班前提供給貴公司自行影印分發（此項講義資料僅限於分發貴公司參加人士使用，請勿外流）。

六、舉辦日期

俟貴公司同意本企劃書內容原則後，由本中心協調貴公司暨主講人雙方之合適時間，再決定舉辦日期。

七、舉辦地點

貴公司教室。

八、參加人士

本班參加對象為貴公司相關部門主管人士約二十位，請由貴公司選定並召集之。

九、教務執行事項說明

1. 本中心此次承辦本案之任務角色為：洽聘主講人選、協調實施時間、與貴公司及主講人之相關連絡事項以及講義資料版稿之製作等。
2. 實施當日之有關講授工作之連絡事宜，請由主講人兼理，現場掌控。本班本中心恕不派員執課。
3. 教室之管理工作，統請由貴公司自行辦理。包括：筆記型電腦及液晶投影機之準備、擴音設備之管理、座位安排、講義資料之影印及分發、上下課時間之控制以及其他班務相關事項。
4. 效益評估：倘貴公司希望進行課程效益評估，本中心自當提供課後滿意度調查問卷的格式，請貴公司分發參加人士填寫後，彙交本中心統計，提出分析報告。
5. 結業證書：倘貴公司希望由本中心發給結業證書，本中心自當根據貴公司通知之實際參加名單，製作結業證書，送請貴公司發給之（酌收工本費每份○○元）。

十、本中心收取費用金額：

合計新台幣○萬○仟元（外加營業稅）

此項費用包括：主講人酬勞及本中心行政管理費。

費用款項，請於本班舉辦後五天內，憑本中心開立之統一發票惠付。

附註：本案本中心連絡人：吳○○小姐　電話：（02）XXXX-XXXX

中華企業管理發展中心
○○年○○月○○日提出

資料來源：中華企業管理發展中心。

四、訓練時間

　　訓練的時間和期限，一般而言，可以根據訓練的目的、訓練的場地、講師、受訓者的能力及上班時間等因素而決定。

　　德國著名心理學家赫爾曼‧艾賓浩斯（Hermann Ebbinghaus, 1850-1909）認為，記憶的保持在時間上是不同的，有短時記憶和長時記憶兩種。遺忘曲線告訴人們學習過程中，遺忘速度在最初很快，然後減慢，到了相當長的時間後，幾乎不會遺忘，即遺忘遵循「先快後慢」的原則。如果訓練承辦者能夠抓住遺忘曲線的規律進行訓練工作，將得到事半功倍的效果（汪群、王全蓉主編，2006：23）。

五、訓練地點

　　訓練場地的選用，可以因訓練目的、內容和方式的不同而有所區別。一般可分為利用內部訓練場地，以及利用外部專責訓練機構和場地等兩種。

六、訓練內容

　　訓練的內容包括：開發員工的專門技術、技能和知識、改變工作態度的企業文化教育、改善工作意願等，可依照受訓對象不同而分別確定（**範例3-3**）。

七、訓練方法

　　不管訓練的內容多麼豐富，若沒有好的訓練方法，便會影響訓練的成效，使學員提不起學習的興趣。根據訓練的項目、內容、方式的不同，所採取的訓練技巧也有區別，它包括演講、討論、示範、角色扮演、競賽與模擬、電腦互動教學等（陳偉航，2000：68-83）。

範例3-3　住院醫師訓練計畫（眼科）

一、訓練目的
　　1.眼科專科醫師的養成訓練。
　　2.眼科次專科醫師之培訓。
　　3.地方醫院眼科醫療或領導人物之訓練與培植。
　　4.從事眼科學研究與教學之高等教師的訓練與培植。

二、訓練對象
　　政府認可之醫學院醫學系畢業生，經國家考試及格且經本部科務會議同意，品性良好，通過院務會議認可，得進入眼科訓練。

三、訓練時間
　　4～5年。

四、訓練方式
　　1.第一年、第二年住院醫師：在本院或建教合作醫院（例如台大醫院），接受有系統的基礎眼科專科訓練，注重臨床診療和教學研究有關的各種基礎訓練。
　　2.第三年住院醫師：在本院或建教合作醫院接受臨床診療有關的實地訓練，參與診療、教學和研究工作。
　　3.第四年住院醫師：次專科住院醫師（subspeciality resident fellow）訓練，注重眼科之次專科訓練，在本院或建教合作醫院選擇下述一種之次專科，如視網膜、眼肌及斜弱視青光眼、眼窩整型、角膜等接受醫療訓練外，輪流參與科內行政事務，於行政總醫師和教學總醫師之間分配一項參與，訓練其統御領導之能力。
　　4.第五年住院醫師：再加強次專科之訓練，並依個人志趣承上級醫師之指導進行眼科學相關之專題學術研究，從事論文寫作及發表。

眼科住院醫師醫療訓練課程內容

時間	星期一	星期二	星期三	星期四	星期五	星期六
08:00-09:00	晨會	晨會	晨會	晨會	晨會	晨會
09:00-12:00	門診或手術室	門診或手術室	門診或手術室	門診或手術室	門診或手術室	門診或手術室
12:30-14:00			病例討論會及科務會議			
14:00-17:00	門診或手術室	門診或手術室	門診或手術室	門診或手術室	門診或手術室	

五、訓練內容
　　分臨床診療教學及研究發展工作：
　　(一)臨床診療工作

（續）範例3-3　住院醫師訓練計畫（眼科）

1. 第一年住院醫師：
   (1) 溫習眼部解剖、生理及病理等。
   (2) 較簡單之非侵犯檢查：如一般眼底檢查、非接觸性眼壓測量、裂隙燈顯微檢查、視野檢查、角膜曲率、角膜地形圖、眼底螢光血管照像等一般常規檢查。
   (3) 自動驗光法，檢查屈光不正，度數及裝配一般普通眼鏡。
   (4) 協助做眼球外之手術及簡單外傷之處置。
2. 第二年住院醫師：
   (1) 診斷與治療眼球外之疾病。
   (2) 較複雜之非侵犯性檢查。如斜視、複視、弱視、廣視野眼底檢查、超音波檢查等特殊疾病之非侵犯性檢查。
   (3) 侵犯性檢查：凡接觸性檢查，如壓平式眼壓、前房隅房之檢查等接觸性檢查。
   (4) 學習隱形眼鏡之裝配及處方。
   (5) 做眼球外之手術工作。
3. 第三年住院醫師：
   (1) 對眼球內及眼窩內疾病，做診斷與治療。
   (2) 判讀各特殊檢查及結論報告。
   (3) 參與次專科門診之檢查及診斷等。
   (4) 做單純眼球內之手術工作。
4. 第四、五年住院醫師（住院總醫師）：
   (1) 協助主任處理有關眼科之行政業務及考核住院醫師、實習醫師。
   (2) 督導住院醫師、實習醫師之醫療工作，並協助解決困難。
   (3) 負責眼科會診。
   (4) 參與次專科各項治療工作。
   (5) 做次專科等手術工作及協助顯微手術之工作。
   (6) 協調各部門之工作與溝通。

(二)研究發展及教學工作
1. 參加各種學術討論會：
   (1) 晨會：星期一至星期六的晨會，主要討論住院病例及門診、急診特殊病例的診斷、鑑別診斷、處理方式，或由住院醫師報告有價值的最新文獻並討論，由主治醫師輪流主持。
   (2) 臨床病例討論會：於星期三中午由住院醫師輪流報告並分析科內特殊病例，由主治醫師指導和協助。
   (3) 基礎眼科學研討會：每二至四個月輪流對專科領域共同進行讀書報告，共十項，於二年內完成，每一專門領域研習之後，依照美國眼科專門醫師考試方式，舉行測驗並討論。

（續）範例3-3　住院醫師訓練計畫（眼科）

> (4) 專題演講：敦請國內外專家不定期做專題講授。
> (5) 視聽教學：不定期舉行有關眼科手術及最新眼科學儀器及技術之視聽教育。
> (6) 眼科聯合討論：參與中華民國眼科醫學會舉辦之學術討論會。
>   2.研究能力訓練：
> (1) 承主治醫師之指導，進行專題研究工作，每年提出學術論文發表。
> (2) 協助主治醫師之研究工作。
> 六、考核
>   1.臨床診療能力之考核，由科主任及主治醫師為之。
>   2.研究能力之考核，依據學會報告和期刊論文發表情形。

資料來源：財團法人徐元智先生醫藥基金會附設亞東紀念醫院住院醫師訓練計劃手冊
　　　　（2004），頁126-128。

 第三節　建構企業訓練體系

　　以往企業的在職訓練大部分聚焦於訓練執行過程，比較忽視訓練實施前的分析與規劃，以及訓練執行後的評估與改善。然而，具全盤且整體的訓練作法，是以系統的觀點出發，並考量在職訓練的投入→執行→產出，從這三大流程來考量、設計，運用完整的訓練體系架構，逐步展開在職訓練（**範例3-4**）。

一、訓練計畫設計原則

　　訓練計畫設計的首要議題，就是考量如何提高學習動機，其中有三項設計原則必須掌握：

　　1.集中注意原則：課程應避免平淡、冗長，以免造成學習興趣低落。
　　2.激發需求原則：課程設計應啟發創意與思考，使受訓者注意力集中於知識的追求，而非停留於視覺與感官的好奇。

說謊者的懲罰，不在於別人不相信他，而是他不相信別人。（愛爾蘭‧蕭伯納）

範例3-4　各行業教育訓練特色

企業名稱	教育訓練特色
中友百貨公司	・職前教育（試用期間成立專人輔導制，實施追蹤教育，並定期舉辦心得座談，使新人更專心投入新環境）。 ・導入「學習型組織系列課程」，使員工能自主思考、自行設定計畫流程，使公司政策幾乎無障礙的徹底傳達。 ・導入銷售及顧客心理學，使銷售人員能配合理論及實際演練，運用肢體語言，體會服務業真諦。 ・實施全員專業技能演練，使人力可隨時遞補支援。 ・成立建教合作班體系，穩定人員流動率。
中美和石油化學公司	・訓練範圍凸顯公共安全、環境保護之教育訓練。著重員工生涯發展訓練，亦能落實品管、技術、管理及內部講師培訓等全方位訓練。 ・建立人力資源發展資訊系統，將訓練相關資料全數予以電腦化作業。 ・結合技能教育之訓練資源，實施建教合作之新進員工職前訓練，並鼓勵員工出國進修訓練。
金豐機器工業公司	・自辦技能檢定及證照制度，落實員工基礎知識及專業技能。 ・員工訓練紀錄均以電腦建檔。 ・積極培育內部講師，以滿足技術傳承需求。 ・重視企業文化之塑造及員工心理層面輔導，凝聚員工向心力，大幅降低離職率。 ・自行培訓員工參加政府舉辦各項技能競賽。
統一超商公司	・人事晉升與階層別訓練體系相結合，欲晉升至上一階層前，須完成必要的管理訓練。 ・因係二十四小時營業之便利商店型態，門市作業訓練方式採用在職訓練方式，藉由各種工作手冊、作業手冊、管理手冊及教學錄影帶，作為門市員工自修或資深人員輔導新進人員之工具。
凱撒大飯店	・各部門設置訓練員，辦理各單位個別訓練。 ・實施全面品質管理制度並取得ISO9002認證，確保訓練效果之持續。 ・訓練評估方式多元且嚴謹。 ・附設職業訓練中心，除從事內部員工訓練外，並對外招訓，結訓學員成為正式員工，或介紹至其他飯店同業，回饋社會。

資料來源：台灣省政府勞工處編印（1996），《台灣省企業訓練成功案例彙編第七輯》；製表：丁志達。

3.多元學習原則：一方面要提高受訓者學習興趣，另一方面也要讓受訓者有機會以不同角度，觀察吸收他人意見。

美國成人教育先驅馬爾康·諾爾斯（Malcolm Knowles）認為成人教育在課程設計上，應多運用學習者的經驗作為範例與應用基礎，課程設計應設法現學現用並能解決當下的問題（林文政，2006：13）。

二、訓練體系的PDCA循環

在訓練體系的**PDCA**循環中，訓練評估環節（循環）是提高訓練體系有效性的基礎工作。

1.訓練規劃／計畫。就是訓練專業人員和直線單位管理者共同蒐集訓練需求、分析需求、擬訂計畫、溝通並根據企業策略變化確定調整計畫。
2.訓練組織與實施。就是根據已確定的訓練計畫和企業的突發性訓練需求，著手課程的設計、訓練講師的確定、訓練場地的準備、相關輔助材料及開課等組織工作。
3.訓練評估。就是對訓練取得效果、資料、文件的評估，以及評估之後的回饋。
4.訓練工作的改進（如**圖3-1**）。

三、建立訓練體系

企業建立訓練體系，可分為平行整合與垂直整合的特性，以及對應組織目標、系統性的進行訓練與發展（**範例3-5**）。茲說明如下：

1.平行整合指的是各類的訓練必須環環相扣。例如新進人員訓練後，可能安排專業訓練、組織文化認同、團隊精神等培養凝聚力的課程；又如管理相關的課程是否分類，內訓與外訓如何連結，是否建

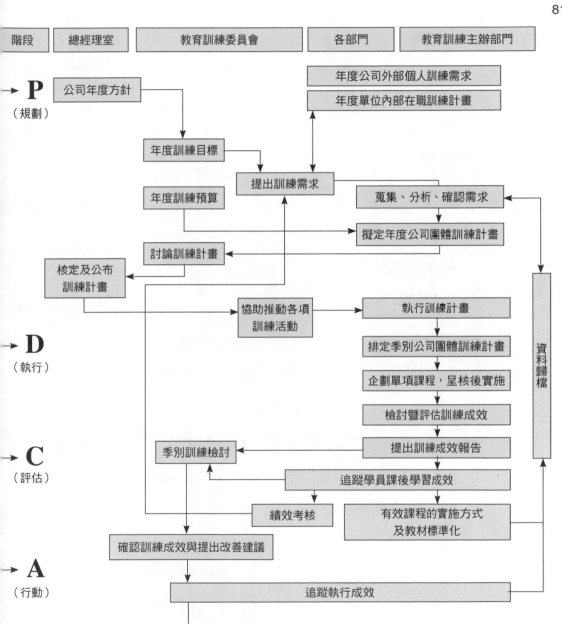

圖3-1　如何用PDCA做好教育訓練

資料來源：〈教育訓練的管理循環——PDCA〉，《人力培訓專刊》1998年8月號；引自鄭君仲（2007），〈持續改善的管理基本功〉，《經理人月刊》（總第30號），2007年5月出版，頁88。

作賤自己，毋需別人幫助。（美・肯・布蘭佳）

培訓管理

範例3-5　IBM教育訓練體系

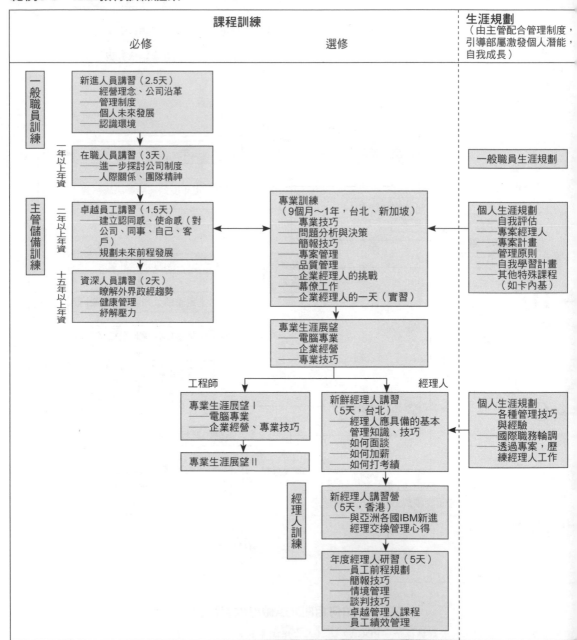

資料來源：IBM；引自李瑟（1990），〈IBM的企業內教育：藍色巨人上成功嶺〉，《天下雜誌》專刊，1990年1月15日出版，頁32。

立自學支援系統方案，各類的方案如何整合，以配合組織的發展需求。

2.垂直整合指的是訓練須跟著組織短、中、長期規劃來擬定年度重點。例如同樣是管理課程，去年的課程與今年的、明年的課程需如何銜接才符合組織的需求。

3.系統性的進行訓練與發展，指的是每一個訓練方案都應該從訓練需求、課程設計、訓練執行到成果評核等規劃性、序列性的進行，也需要評核整個訓練體系的效益（如圖3-2）。

　　訓練體系著重的並非書面上的表格製作，而是在於整合性、系統性訓練觀念的落實。訓練承辦人員若能朝此方向設計與思考，才易與組織的發展方向結合，成為企業追求成長的助力（林月雲，1997：1）。

四、結構化在職訓練

　　結構化在職訓練（Structured on-the-Job Training, S-OJT）是雷諾‧傑卡伯斯（Ronald L. Jacobs）與麥克爾‧J‧瓊斯（Michael J. Jones）在一九八七年針對企業訓練問題所提出的新管理手法，以六大階段的結構化方式來評估、分析、規劃、準備、執行與追蹤在職訓練體系，讓企業在職訓練能夠有系統的展開，有效提升員工能力，進而達成企業所賦予的任務（如圖3-3）。

　　結構化在職訓練是一項簡易有效並可應用於能力管理的訓練手法，若企業能夠妥善運用，將可確保人才養成速度持續大於企業成長速度所累積出的人力資本，將成為企業的致勝利器（楊榮傑、沈思圻，2007）。

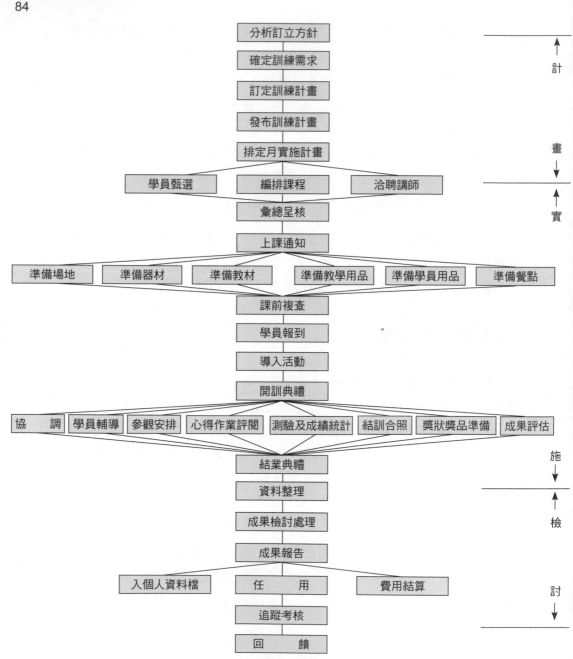

圖3-2 訓練作業流程參考圖

資料來源：鄭香杰（1985），《企業訓練專業人員講習會講義彙編：訓練需求、調查與年度訓練計畫之研訂》，內政部職業訓練局編印，頁23。

圖3-3　結構化在職訓練（S-OJT）制度系統

資料來源：Ronald L. Jacobs著，林宜瑾譯（2003），《結構化在職訓練》，台北：中國生產
力中心出版，頁61。

 第四節　訓練課程的類別

　　企業舉辦的訓練是為了有效達成組織目的，對其組織成員施行的能
力開發措施。一般企業內培育的基本型態有工作崗位訓練（即主管對部
屬的培育）、工作外訓練（即部屬離開工作場所的訓練活動）和自我啟
發（即部屬對自己能力開發活動）。

一、工作崗位訓練

　　工作崗位訓練（On the Job Training, OJT）可以定義為「透過工作對
職務上必需的知識、技能、態度進行有計畫性、目的性、組織性、持續
性的訓練，亦即在於分配部屬工作時給予指導」。多數的員工訓練活動
都是配合工作現場的需要，由領班等一線主管依據工作需要而即時給予

指導，又稱之為在職訓練。

參與在職訓練的員工，並未離開工作現場，也未耽擱工作的進行，而且因為即時提供必要的訓練與協助，能有效提高工作效率。

工作崗位訓練是「做中學」（learning by doing）的一種型態，就是在進行各項業務活動的過程中，不斷的學習以提升工作績效。在職訓練必須有專責的人員提供必要的指導，而不是任由員工自行摸索學習。

通常施予工作崗位訓練需求，可能是新進從業人員訓練、現職人員經指派新任務者、引進新的作業程序與方法、擴大營業的項目、人員出缺的預期、合適人員難於挑選，也可能是績效表現較差之員工的訓練。

(一)新進從業人員訓練

新進從業人員不管他過去有沒有做過事的工作經驗，都需要給予職前訓練。其職前訓練（新生訓練）的目的，旨在使每位新進人員都能熟識企業特有的作業程序和方法，並建立對企業的認同感，也就是讓他們感受到加入一個企業（大家庭），從此工作在一起，成長在一起。

為達到此目標，需透過企業經營理念、經營方針的說明，以及公司的歷史沿革、現狀與未來展望的介紹，還有公司對個人的期望與個人可做的貢獻，和相對應的個人遠景（職涯規劃）等的說明闡述。

對於新進從業人員的訓練不當，可能是導致績效差距的主要原因之一。缺乏適當訓練，亦為導致從業人員對工作不滿，乃至於員工離職率及用人費偏高。

(二)現職人員經指派新任務者

獲得晉升機會來擴大工作能力的現職人員都需要接受訓練，俾使對新的工作需要或擴大的工作機能充分瞭解並勝任愉快（如**表3-4**）。

表3-4 工作內訓練項目

訓練項目	說明
工作輔導 （job coaching）	工作輔導應採取啟發方式，賦予被培訓者「試誤」之自由，強調其自我分析、發覺問題及解決問題之能力，上級主管所持態度為監督而非命令，疏導而非支配。
工作輪調 （job rotation）	基本上，工作輪調在培育而非防弊，配合工作需求乃是為輪調而輪調。它應促使被培訓者增廣見識，提升統合能力。因此在工作輪調時，須考慮各單位之業務需要，各部門內之調配，由各部門主管負責，總經理則有調派各系統之間人員之權。
見習工作 （understudy）	企業內各級主管宜就直隸下屬暗中挑選接班人，協助主管處理有關業務，縮短接替後適應工作之時間。
派任專案 （project assignment）	此種培訓方法只在訓練部屬獨當一面之能力，實行時宜注意專案指派應使被培訓之人員瞭解派任專案乃是份內之責，而非額外工作，而派任專案這種方法適用於中、高階層人員，同時也應注意專案指派過程中之檢核及溝通回饋，而非純為最終成果。
出席會議 （conference）	由會議中使被培訓者瞭解公司所面臨之內外問題，以及強化對管理部門功能之認識，並提升其表達及分析能力。實行時宜注意切忌使會議成為建立公共關係或作秀之場合，以及必須有周密之計畫與控制。
參與委員會 （committee）	指派人員參與委員會的目的，亦在培養管理人員解決問題之能力，並充實其管理知識與技巧。施行時宜注意根據工作需要成立委員會、每位參與者應具有特定任務與明確目標。為避免委員會流於浮濫，成員視需要定期調整之。
指定閱讀 （selective readings）	指定閱讀旨在增進管理階層人員之新觀念，強化知識，施行時應慎選讀物，注意閱讀後之研討或心得報告，相互交流，並鼓勵據以提供新構想予以試行，適當獎勵，以避免流於形式。

資料來源：吳秉恩（1989），「人力資源發展研習班」講義，中華企業管理發展中心編印，頁2-3～2-4。

(三)引進新的作業程序與方法

企業引進新的作業程序、工作流程或方法時，自然就產生訓練的需求。最起碼的訓練需求就是要使從業人員熟悉新的制度，再進一步的訓練需求則是要謀求避免績效差距之出現。

(四)擴大營業的項目

企業擴大其服務或營業項目時，自然也需擴大訓練之需求，這種情況下之訓練需求，便是要使新增加業務之經辦人員各個都能提高工作績效。

(五)人員出缺的預期

單位主管如果事先知道有從業人員近期內即將離職，便應警覺到有訓練之需求產生，在這種情況下之，訓練需求就是要訓練出遞補的人員，好讓他們來接替即將離職人員之工作，或更進一步提高其工作品質。

(六)合適人員難於挑選

企業有時對特定工作職位要挑選合適人員感覺相當困難，遇到這種困難，企業不得已只好晉用「待琢磨」的人員來充數，這時企業對這一些人員就必須好好加以訓練，以期他們的績效能達到符合工作所要求的標準（鄒鴻圖等譯，1983：5-7）。

人才開發之根本在於工作崗位訓練。高階主管要具備策略規劃、策略思考的能力；中階主管要具備管理的能力；技術人員要培育其技術能力，而基層的作業人員要培養其作業能力，讓他們能夠有效率的完成工作。

二、工作外訓練

工作外訓練（Off the Job Training, Off JT）又稱為集中研修，是員工暫時離開工作崗位接受短期密集方式講習，這是透過講師將全盤知識做有系統的講解，以及學員彼此的討論中來得到更豐富的工作知識與經驗，以提升員工的工作能力，或是充實專業知識的訓練方式。

工作外訓練的方式甚多，除了參與課堂講授訓練外，更有多種不同

目的之訓練活動，例如管理模擬訓練、敏感度訓練等。這種訓練成本最高，但效果相對較好，因為這種訓練往往是有一定標準化的訓練。參加這類外訓的成功關鍵是選擇信譽較佳的企管顧問公司，其途徑是從已參加過訓練的人那裡獲得訊息（如**表3-5**）。

三、自我啟發

自我啟發（自我發展）（Self-Development, SD）是一種開發自我潛能，激起生命能量，培養智慧與行動力的活動歷程。自我啟發始於員工

表3-5　訓練方法的活動項目

方法	活動項目
工作崗位訓練 （OJT）	• 學徒式訓練（apprenticeship training；建教合作） • 工作指導訓練（job instruction training, JIT） • 實習（internship）與協助（assistantship） • 工作輪調（job rotation） • 主管指導（supervisory assistance） • 良師制（mentoring）／師徒制／學長制／大哥哥大姊姊計畫 • 教練式（coaching）指導
工作外訓練 （Off JT）	• 舉辦地點（內訓或外訓） • 舉辦的方式 • 企業學校（company school）：如企業大學 • 主管培訓（executive education）計畫 • 編序教學（programmed instruction, PI） • 互動式影像（interactive video programs） • 網路式訓練（tele-training）：如e-learning • 視訊會議（tele-conferencing） • 模擬（vestibule或simulated training） • 評價中心（assessment center） • 課堂教學 • 角色扮演與敏感度訓練 • 野外求生之旅與戶外訓練 • 以多樣化為基礎的訓練（diversity-based training）

資料來源：胡維欣部落格http://blog.sina.com.tw/intacom/article.php?pbgid=22272&entryid=645

個人的學習行為，由員工依據本身的興趣、工作需要或人生目標，自行展開的各種學習活動，有助於提升工作績效，是屬於自我啟發的學習方式；如外國語文訓練、電腦應用訓練、在職進修、證照制度、圖書資料供應、參加讀書會等。

通常企業內部會以各種刺激員工學習的環境、規定或設施，鼓勵員工不斷的學習新知。即使短期間之內對於提升工作績效的效果有限，但是因為不斷的學習，能帶動內部員工的自我學習，更促成長時間的自我學習，導致能力提升，見識增廣與工作績效的持續提升。掌握了有效的學習方法，即是掌握了啟發自我的成功關鍵。

第五節　訓練規劃內容

被譽為「現代管理學之父」的法國管理實務學者亨利・費堯（Henri Fayol, 1841-1925）對「管理」做了以下的定義，那就是規劃（planning）、組織（organizing）、指揮（directing）、協調（coordination）與控制（controlling）。在訓練課程規劃的內容，可分為階層別訓練、職能別訓練及課題別訓練三大方向來說明。

一、階層別訓練

依不同職位階層人員之共同訓練需求，做職能上橫斷面的訓練。這一類訓練是以各組織所具有的各職位之階層別加以體系化，並以集體訓練方式來實施。例如經營者策略研討、經（副）理級訓練、主任（課長）級訓練、組（班）長研修等。階層別訓練較著重在領導管理能力的提升。

高階層級訓練內容，主要以培養企業觀、企業經營之展望、策略規劃、組織設計、人力資源管理為主；中階管理層級的訓練內容，著重在

目標與專案管理、團隊合作管理、面談及談判技巧、人際關係技巧、管理的基礎、領導統御、作業管理、績效管理、預算成本控制管理等，而最具代表性的訓練課程為管理才能訓練（Management Training Program, MTP）（**範例3-6**）。基層幹部的訓練內容，著重在日常工作計畫、工作分派、工作指導、工作改善、面談技巧、工作進度控制、員工異常問題處理、品管圈活動等，其使用的方法主要是工作現場領班管理訓練（Training Within Industry for Supervisors, TWI）課程，訓練內容以技術能力、執行能力為訓練主軸。

範例3-6　管理才能訓練課程（MTP）案例

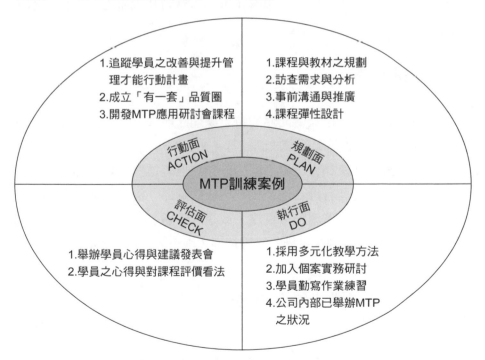

資料來源：宏碁電腦；引自張博堯（1994），〈MTP讓宏碁破繭而出〉，《工業雜誌》，
　　　　　第293期，1994年8月號，頁69。

二、職能別訓練

職能別訓練又稱為「專業訓練」，著眼於相同專門職能者所共有訓練需求，以職位別做縱斷面的訓練。這種訓練以各組織所具有的職能別區分，並予以體系化者居多。譬如營業人員有營業人員訓練，服務人員有服務人員訓練，生產人員有生產人員的訓練等。職能別訓練較著重在工作技能的強化。

一般職的職能訓練有：溝通表達、積極主動、問題分析與解決、客戶導向、持續學習、團隊合作；主任（課長）級的職能訓練有：人才培育、團隊領導、分析思考、成就導向、客戶導向；經（副）理級的職能訓練有：策略性思考、創新、領導統御、影響力及說服力、積極主動、展開執行能力等。

三、課題別訓練

課題別訓練是以組織所面臨的特定課題之解決，作為訓練需求而實施的訓練，如外派大陸幹部養成訓練等（如**表3-6**）。

企業內教育訓練課程可做不同的分類，但是這些分類並非一定是個別獨立存在，而是具有融合性及相輔相成的關係。例如將職能別訓練與課題別訓練按照職位階層別來實施，或是在課題選定之後，將之編入階層別訓練或職能別訓練來實施的等等情形（李玉屏，1995：46-48）。

 第六節　訓練預算的編列

訓練預算是指一段時間內（通常是一年），用於組織內訓練及訓練部門所需的全部開支的總和。組織內部的資金是有限的，不可能訓練單位需要多少訓練資金，組織就會毫無困難地撥給使用。由於訓練效果具

表3-6　年度教育訓練計畫表

類別	宗旨	課程	內容	對象	實施月份 1	2	3	4	5	6	7	8	9	10	11	12	時數	班次	講師 內	外
自我肯定——求新、求變		1.精神教育	總裁精神講話	全體員工														8	√	
		2.勞工教育	Season I：自我肯定——突破外殼、實現自我	全體員工			√										2	1		√
			Season II：提升環境品質、杜絕疾病傳染	全體員工						√							2	1		√
			Season III：再愛一次——如何重燃工作熱情	全體員工									√				2	1		√
			Season IV：實用保健常識	全體員工											√		2	1		√
		3.長青族的再出發	Step 1：退休前的自我心理建設	三年內屆退資深員工	√												2	1		√
			Step 2：退休後的生活安排調適	三年內屆退資深員工	√												2	1		√
			Step 3：如何再創生命的第二春	三年內屆退資深員工	√												2	1		√
		4.員工專業前程發展計畫	Step 1：推動IDP高階主管應有之作法	經理級			√										6	1		√
			Step 2：主管的IDP	廠、處長			√										6	1		√
			Step 3：IDP之展開	四、五職等人員			√										6	2		√
全面提升人力素質		1.六等資格進修班	・成本意識 ・改善意識 ・檔案管理 ・奉令與報告 ・5S運動	六職等職員										√			14	2	√	
		2.五等資格進修班	・降低成本 ・工作改善 ・管理圖表 ・情報溝通與傳遞 ・5S運動	五職等人員											√		20	1	√	√
		3.四等資格進修班	・成本分析 ・事務合理化 ・資訊管理 ・統計分析 ・5S運動	四職等人員											√		28	1	√	√

（續）表3-6　年度教育訓練計畫表

類別	宗旨	課程	內容	對象	實施月份												時數	班次	講師	
					1	2	3	4	5	6	7	8	9	10	11	12			內	外
	強化管理才能發展	1.經理級研修班	・經營分析 ・決策分析 ・權變偏方 ・人事管理與組織發展	經理級主管					√								28	1		√
		2.廠、處長研修班	・決策分析 ・人力應用與績效評核 ・目標管理 ・會議領導 ・面談技巧 ・MTP訓練 ・領導統御與激勵	廠、處長級主管							√						40	1		
		3.課長級進修班	・溝通協調 ・人力應用與績效評核 ・朝會實施 ・OJT實務 ・時間管理 ・MTP訓練	課長級主管								√					26	1	√	√
		4.組長級進修班	・人際關係 ・工作教導 ・OJT實務	組長級主管		√											14	1	√	√
四、TQC訓練	落實品質管理	1.協力小組基礎講座	・協力小組精神與本質 ・協力小組活動 ・QC手法 ・改善手法 ・效果確認 ・標準化	一般員工					√			√				√	24	3	√	
		2.協力小組長進階講座	・對QCC活動再認識 ・愚巧法之活用 ・如何開好小組會議 ・QCC活動各階段問題點與對策 ・創造力激發	協力小組長（一般、營業）								√			√		16	2	√	√
		3.QC七大手法活用	・數據與查檢表 ・柏拉圖 ・特性要因圖 ・散布圖 ・圖表與管制圖 ・直方圖 ・層別法	課、組長											√		21	1	√	√

一生中的麻煩有一半是由於太快說「是」，太慢說「不」造成的。（美·比林）

（續）表3-6　年度教育訓練計畫表

類別	宗旨	課程	內容	對象	1	2	3	4	5	6	7	8	9	10	11	12	時數	班次	內	外
		4.新QC七大手法（Part1）	• 親和圖法（KJ法） • 關連圖法 • 系統圖法	廠、處課長級								√					12	1		√
		5.田口式品管工程	• OFF-LINE QC 　①參數設計 　②允差訂定 　③允差設計 • ON-LINE QC 　①回饋控制 　②診斷調整 　③前饋控制 　④檢查設計	廠、處課長、研發品保、品管人員					√								16	1		√
		6.品質成本		廠、處課長級				√									16	1		√
		7.S.Q.C.（P1-P3）	• P1工廠品管與統計分析 • P2製程管制與解析法 • P3工廠檢驗與品質保證	四、五職等以上人員						√	√	√					96	1		√
五、電腦訓練	提倡基礎資訊管理	1.倉頡輸入		一般員工			√			√			√			√	4	4	√	
		2.PE II	基礎班	一般員工			√			√			√			√	4	4	√	
			進階班	一般員工			√			√			√			√	4	4	√	
		3.Lotus	基礎班	一般員工			√			√			√			√	6	4	√	
			進階班	一般員工			√			√			√			√	6	4	√	
六、年度經營方針	因應環境變動、掌握潮流脈絡	1.管理人才培訓班	Step1：資格制訓練課程內容 Step2：職能別專業課程內容 Step3：主管職訓練課程內容	四、五職等										√			28	1	√	√
		2.營業人才培訓班	Step1：資格制訓練課程內容 Step2：職能別專業課程內容 Step3：主管職訓練課程內容	四、五職等				√									46	1	√	√

一場圓滿的、成功的談判，每一方都應是勝利者。（美·尼倫伯格）

培訓管理

（續）表3-6　年度教育訓練計畫表

類別	宗旨	課程	內容	對象	實施月份												時數	班次	講師	
					1	2	3	4	5	6	7	8	9	10	11	12			內	外
七、研討會	規劃企業發展方向	3.營業主管行銷管理講座	· 業績倍增研修課程	營業課長、主任級					√								18	1		√
			· 整合性行銷管理	營業處長級以上主管						√							18	1		√
		4.外國語言	· 英語	各級主管													40			√
			· 日語	各級主管													40			√
		1.內部講師培訓班	· 學習的原理與特質 · 企業訓練教學原則 · 教學手法之設計 · 教材、教案的設計與製作	四職等以上具專業知識者			√										24	1		√
		2.策略規劃研討會	企業年度經營方針、目標策略訂定	三職等以上人員								√					14	1	√	
		3.經營目標,日常管理研討會	· 經營目標配合研討 · 配合對策 · 日常管理	課長級主管									√				18	1	√	

資料來源：歐陽鐘靈（1994），〈年度訓練規劃竅門〉，《工業雜誌》，第296期，1994年11月號，頁60-61。

有滯後性，不像其他生產、銷售等部門，可以在短期內直接看到經濟效益，而且往往緊迫性的問題，並不歸結於訓練的問題。因此，如果高階主管對訓練沒有引起足夠的重視，往往很難申請到訓練資金，更不用說追加訓練預算了。訓練承辦人員常常面臨這樣的窘境，一家公司銀根緊縮，需要削減項目，一般首當其衝的就是訓練經費的凍結。

一、企業訓練預算的構成

　　由於企業特性不同，訓練經費預算分配於哪些項目、哪些單位以及分配的金額多少，並沒有統一的模式，企業應該根據訓練需求的分析加

以確定。

　　一般而言，訓練經費分為直接訓練費用和間接訓練費用兩種，茲分述如下：

(一)直接訓練費用

　　直接訓練費用，包括了訓練項目運作費用和訓練管理費用。根據訓練項目的實施過程，可以把訓練費用從以下幾個基本面進行分別計算：

1. 場地費：企業如果擁有自己的訓練場所（教室），那麼攤分當年的折舊費用即可；如果沒有自己的訓練場所，需對外租賃時，這筆經費在訓練預算框架中就會占有一定的比例。
2. 食宿費：在企業的經營機構和企業場所（分公司）分散各地的情況下，集中的食宿費是訓練經費預算中的重要組成部分。
3. 訓練器材教材費：隨著訓練手段和方法日益現代化，訓練器材費用（包括消耗性與可重複使用材料的費用）與視聽教材費用等均會呈現不斷增長的趨勢。
4. 訓練相關人員薪資以及外聘講師授課費：由於社會經濟環境的不斷變革，訓練實施的領域不斷拓展，所涉及的訓練科目走向多樣化。企業不僅需要有自己的訓練場地，更需要利用社會教育機構及外部師資力量。這樣既要支付相關員工的工作報酬（如場地清潔服務費等），還要支付外聘講師的鐘點費、食宿費和差旅費等。
5. 交通差旅費：從所屬企業或業務場所到訓練場地的交通差旅費也是一項不可忽視的訓練經費預算項目。

(二)間接訓練費用

　　由於學員來受訓，不能去工作，因而不僅照常要支付該學員薪資外，企業為了要維持正常的生產運作，還必須請人代班工作，否則會導致生產設備的閒置等生產浪費的現象。崗位訓練期間生產力浪費的這項

費用金額，會因崗位工作的性質難易程度，以及所需訓練類型的不同而有很大的差異。

二、制定訓練預算的方法

訓練預算編列問題，在不同企業間之處理方式也不盡相同，大約可分為下列幾種處理方式：

(一)比較預算法

比較預算法最通常的作法是參考同行業關於訓練預算的數據來擬定。

(二)比例確定法

這種方法是指企業承襲上年度的訓練經費，再加上一定比例的變動來決定訓練經費預算額的方法。這種預算法核算較為簡單，核算成本低，許多企業都採用這一方法。例如根據企業全年產品銷售額、薪資總額、全年利潤額、總經費預算的百分比來確定訓練經費預算額。常見的比例約為總銷售額的2%～3%，一般不超過5%為限。

(三)人均預算法

人均預算法是指預先確定企業內人均訓練經費預算額，然後再乘以在職人數的訓練預算決定方法。

(四)推算法

推算法就是根據過去歷年企業訓練預算使用額推算，運用上一年度對比法決定預算的方法。

(五)需求預算法

需求預算法是根據企業訓練需求確定一定時限內必須舉辦的訓練活動，分項計算經費，然後加總的預算法。

(六)費用總額法

有些企業將訓練預算劃歸人力資源部門全年度的費用總額費內，包括招聘費用、訓練費用、社會保險費用等（如勞保、健保、退休金的提撥等）人力資源部門全年的所有費用，其中訓練費用的額度可以由人力資源部門總預算中自行分配（汪群、王全蓉主編，2006：73-78）。

(七)零基預算法

零基預算法（Zero Base Budgeting System, ZBB）最早（一九六〇年代）由美國德州儀器公司（Texas Instruments, TI）的彼得‧A‧菲爾（Peter A. Pyhrr）提出並開始試行，結果相當成功。然後再由喬治亞州州長吉米‧卡特（Jimmy Carter）於州長任內率先採用本制度。卡特入主白宮後，下令聯邦政府實施零基預算法，其後企業界也紛紛效法。

零基預算法是指在每一預算年度開始時，將所有還在進行的管理活動都看成重新開始，即以「歸零」為基礎，然後根據組織目標，重新審查每項活動對實現組織目標的意義和效果，並在成本—收益分析的基礎上重新排出各項管理活動的優先次序。零基預算的產生原因之一，即是為因應過多新的計畫、預算支出，以免造成政府預算在原有的老計畫的占有下，不斷惡性膨脹，形成不良的政府支出僵化及可能的支出排擠。因此，零基預算可以說是一種強調「緊縮預算」（cutback budgeting）的管理功能為取向的制度。

◆ 零基預算法的作法

零基預算法的作法與傳統預算作法的不同點在於，傳統預算係根據歷史資料畫出一條趨勢線，且預算編制人員認為目前的預算只由具備成

本效益的活動所構成，這些活動是值得一直做下去的，通常承辦人員只檢討增列的開支是否合理，而零基預算則是一種由上而下、由下而上，再由上而下的規劃和預算程序。如：

1. 由於高階管理層必須決定每一重要部門的目標和目的，同時建立達成目標的一般營運準則及可接受的支出水準，所以是由上而下。
2. 由於負責每一項活動的作業階層經理人有機會去評估本身的作業情形，並建議可行的行動方案以達成組織目標，所以是由下而上。
3. 由於高階經理人可以決定要不要採納委員會或幕僚的建議，及所設定的優先順序，並且可發起任何必要的變革，有權分派組織資源，所以還是由上而下。

◆決策案優先順序評定

每一項活動或作業均會有決策案（decision package）。決策案包含了成本分析、用途、替代行動方案、績效衡量、不執行該項活動的後果、效益及支出水準等資訊。

決策案評定作業是透過兩項問題協助管理階層分配有限的資源：

1. 我們應達成何種目標？
2. 我們應花費多少費用以達成此一目標？

管理階層可以經由確認決策案，和以對組織效益的減少程度排列其中的順序，來回答這些問題。然後管理階層可確認每一項支出水準所獲之效益，以及不批准該項支出水準下所列決策案的後果。

在組織每一階層規劃決策的優先次序，可讓主其事的經理人有機會在規劃和預算編制過程中，評估各種支出水準的可行性（Vincent A. Miller著，羅耀宗、劉道捷譯，1987：195-198）。

◆編制零基預算法考慮因素

零基預算法要求在編制前回答以下一些問題：

1.公司的目標是什麼？訓練要達到的目標又是什麼？

2.各項訓練課題能獲得什麼收益？這項訓練是不是必要的？

3.可選擇的訓練方案有哪些？有沒有比目前的訓練方案更經濟、更高效的方案？

4.各項訓練課題的重要次序是什麼？從實現訓練目標的角度看，到底需要多少資金？

◆ 零基預算法的優勢

零基預算法的優勢在於：

1.有利於管理層對整個訓練活動進行全面審核，避免內部各種隨意性訓練費用的支出。

2.有利於提高主管人員計畫預算控制與決策的水準。

3.有利於將組織的長遠目標、訓練目標以及要實現的訓練效益三者有機地結合起來。（諶新民主編，2005：72-73）

以上是常見的編列訓練預算的方法，每種方法各有其優缺點。在實務上，企業無論採用何種訓練預算編列方式，都應考慮訓練的需求。訓練經費一經確定，便決定了訓練經費使用的基本框架（如**表3-7**）。

 ## 結　語

企業面對瞬息萬變的環境，人才培育的課題將會持續地朝管理人員的能力開發、新產品開發、行銷人才的培育及強化、國際化人才的培育、中高年齡層的再教育、企業文化的塑造、員工多功能專長等方向發展。

表3-7　訓練成本需要考慮的因素

- 有多少員工需要參加這項訓練計畫？是什麼階層？
- 每期有多少員工同時離開工作崗位？多長時間？有多少期？
- 員工離開工作崗位，單位主管安排其他同仁代理是否要做額外支出？
- 講師與學員的比率，最理想是多少？最多可容納多少學員，講師還可以掌握並達成訓練目標？
- 參與此訓練計畫的人員成本、設施費用、地點、教室及其他單位的支援費用。
- 訓練計畫從設計、安排、協調、執行到追蹤評估，所需要的時間、人力、物力。
- 增加訓練部分成本，在效益上是否會按比例擴大？訓練結果有哪些可能產生的間接效益？
- 訓練成果評估，直接效益的計算，應事前根據訓練目標設定。
- 訓練成本分擔期限的界定及人數或成本中心的計算方式，期限可能為半年到一年不等，超過一年似乎不切實際。基於薪資保密的規定，各部門成本中心可訂定部門標準人工小時費用（以部門內除主管外人員薪水的平均數）來分擔。
- 訓練計畫是公司內自行設計或參與公司外部訓練機構的公開課程班，或購買現成的訓練教材（套裝）使用？這與參與訓練人數、次數及訓練需要達成的目標有關。

資料來源：〈訓練費用預算及控制〉，http://www.hrmd.com.tw/paper/40925/1-training-budget-control.doc

4 訓練行政作業實務

心中醒，口中說，紙上做，不從身上習過，皆無用也。

——清・顏元

　　訓練行政係指企業在導入訓練課程時一連串的行政作業手續，包括訓練前的行政作業（如訓練需求分析行政事項、預算編列行政事項、內外訓選擇、設計課程、內部講師訓練、篩選學員接受訓練的資格、獲取高階主管支持、員工的參與、訓練前座談會、訓練課程公告、訓練場地時間安排、課堂人數與次數訂定等）、訓練中的行政作業（如訓練教材與教具設備之準備、上課簽到與學員請假事宜等）以及訓練後的行政作業（如課程滿意度調查、訓練成效追蹤與評估、課程結束後的分享、整理報帳清單等）諸多事宜都要去做（**範例4-1**）。

第一節　訓練課程設計

　　當訓練需求確認，且共同性需求足夠開班訓練時，訓練單位的承辦人員就要著手課程設計。訓練課程設計包括訂定訓練目的、訓練目標、課程科目及內容時數、講師人選、教學方式、教具準備以及訓練考評方式、經費預算、受訓人數及其資格條件的遴選等。

一、提出訓練計畫

　　一般企業通常會彙整全年度的課程計畫，編製成一本年度訓練手冊，並於年初將手冊發給各部門主管，供作員工發展計畫的參考資料（**範例4-2**）。

二、選擇相關訓練資源

　　企業內舉辦一項訓練課程需要結合許多資源，包括課程、講師、場

範例4-1　訓練教務規章暨標準作業程序

	項目	教務規章暨標準作業程序
1	日程規劃	・根據年度總計畫表暨安排班次日程標準作業程序之規定，安排各該班次之舉辦日程。 ・與各課程之講師接洽邀聘事宜，經協調後，決定舉辦日程。
2	學員招募	・書面文宣資料之研擬及編印。 ・發寄文宣資料給有關企業單位及人士。（發寄基準日：開班前一個月） ・在本中心網站及合作網站刊登文宣資料。 ・發寄傳真廣告函及電郵廣告函。 ・必要時在平面媒體（如《經濟日報》、《工商時報》）刊登廣告。
3	接受報名	・答覆外界有關報名事宜之查詢案件。 ・逐日將經由郵件、電話、傳真、電郵及網站線上之報名資料，輸入電腦系統建檔。
4	上課通知	・以傳真或電郵發寄上課通知函（制式）給參加學員。（發寄基準日：開班前七天） ・與講師確認授課時間，並提供學員資料及聯絡教務工作相關事項。
5	開班準備	・講義資料之印製。（講義資料一律使用A4紙印製，並以活頁方式裝訂。講義資料之套夾上，應標明本中心名稱及各該課程名稱） ・班務說明資料之印製。 ・各項分發物品及資料之準備。 ・學員名牌及座位表之製作（電腦系統作業）。 ・學員識別證之製作（電腦系統作業）。 ・講師酬勞之計算及支付準備。 ・午餐便當之訂製。 ・教室之布置與清潔。 ・視聽器材之檢查。 ・報到接待處之布置及路標之擺設。
6	報到管理	・迎接報到學員。 ・遞交識別證及座位表，並指引入座。 ・收費及開立統一發票（電腦系統作業）。 ・未事先辦理報名手續之臨時參加學員之服務。
7	開班	・播放上課鐘聲（自動響鐘系統作業）。 ・開班儀式之進行（致歡迎詞、班務說明、講師介紹等）。
8	教室管理	・照明系統之控管。 ・擴音系統之控管。 ・監視系統之控管。 ・投影設備之控管。 ・自助式飲料供應處物品之控管。 ・錄音作業（限新課程及新講師）。 ・停電處理：遇有臨時停電情事，應立即擺放自備之移動式照明燈，維持繼續上課。

（續）範例4-1　訓練教務規章暨標準作業程序

	項目	教務規章暨標準作業程序
9	點名	・每節上課後二十分鐘進行點名工作。（察看學員座位，凡空席者，視為缺席） ・點名紀錄表，應妥為保存。
10	學員服務	・學員通訊錄之製作（電腦系統作業）及印發。 ・學員提出之問題單之收集及彙整，並送交講師作答。 ・課桌上飲用水之供應。 ・休息時間茶點之準備及照料。 ・午餐時間午餐之準備及照料。 ・使用電話服務：學員可自由使用本中心電話，對外聯絡。 ・上課中為避免影響聽課，學員之外來電話，非屬緊急者，恕不叫接。但應登記留言，通知學員回電。 ・學員寄放物品之保管。 ・下課時遇降大雨，應準備雨傘提供未帶雨具之學員借用。
11	避難	・萬一發生火警，應即通知學員由安全門離開教室，保證沒有危險。（強調本中心大樓採用先進之大樓消防系統，絕對安全） ・遇有空襲警報時，應即通知學員由安全門離開教室前往地下樓避難，不必驚慌。
12	禁制	・教室內禁止錄音。 ・上課中禁止使用手機。 ・本中心內部全部區域禁止吸菸。
13	證書	・修完全部課程時數者，於結業時由本中心發給結業證書。 ・因故缺席者，可於次屆班補足時數後，發給結業證書。 ・結業證書一律由電腦以中文個別印製。學員如需英文證書，可要求本中心另行製發。 ・安排有成績測驗之專業性研習班次，測驗成績不及格者，恕不發給結業證書。
14	結業	・學員意見徵詢表之分發及收集。 ・結業儀式之進行。 ・學員及講師之送行。
15	資料整理	・學員意見徵詢表內容檢討與處理。 ・學員建言之答覆（以書面、電話或電郵）。 ・講義資料之存檔（新班）。 ・有關班務紀錄之整理及存檔。 ・規定之各項統計資料之登記。 ・學員登記之電郵地址之建檔。

資料來源：中華企業管理發展中心訓練業務標準作業程序（2008年版）。

範例4-2　內部訓練週報

課程編號 Course No.	課程名稱 Course Name	10月7日 星期一	10月8日 星期二	10月9日 星期三	10月10日 星期四	10月11日 星期五	參加對象 Participants	講師姓名 Instructor(s)	上課地點 Training Location
TS020	Treat Restart					13：30 ～ 16：30	S12 Testing Engineers	李啟裕	Training Room I
MD009	Performance Appraisal Workshop	13：30 ～ 15：30					Selected Supervisors/ Principal Engineers	丁志達 陳子仁	簡報室
MD010*	快速變遷與競爭環境下的管理		13：30 ～ 16：30				Managers & Supervisors	張錦貴	簡報室
BM020	Presentation of Alcatel TAISEL's BD Business			13：30 ～ 16：30			Managers & Supervisors	楊世靖 江森山 王傳馨 賴清河 黃金正	簡報室
BS005-03	MS-Office Word6.0			13：30 ～ 15：30			Employees Who Required	金聖清	Training Room II

* 欲參加訓練課程的同仁，必須經部門經理核准後，由部門秘書統籌在網路上報名。

* 若本週課程因故有變動時，網路上有該課程之最新資訊，請於上課前確認。謝謝您的合作！

資料來源：台灣國際標準電子公司人力資源處訓練發展部。

地及教材。

　　課程可以是內部自行研發設計的，或是邀請外部顧問公司（承包商）提供。內部自辦訓練的講師，可邀請企業內部學有專精之人員擔任主講，或聘請外部講師來企業內執教。場地的選擇與訓練經費有關，企業若限於成本考量，則可將訓練場所安排在企業的內部會議室（但必須事先登記使用時間），若經費許可時，安排在外部的訓練場所舉辦，則可減少內部場地上課時，參加學員出入教室接洽事務的干擾。至於教材的來源，可以是自製或購買坊間的套裝教材來進行教學（如**表4-1**）。

表4-1　企業辦理訓練的時機

• 興辦新的事業時
• 新進人員到職時
• 缺乏有關工作上的技能、知識時
• 工作操作方法改變時
• 職務輪調、晉升時
• 工作經常錯誤、發生事故時
• 生產降低、停滯時
• 士氣低落、銷貨額減少時
• 顧客訴苦、退貨、不合格產品增加時
• 工作方法、工作分擔有了變化時
• 工作效率欠佳時
• 工作方法不正確或有錯誤時
• 工作不能依照計畫順利進行時
• 工作熱忱低落時
• 不良品、材料的浪費增加時
• 經常誤解命令內容時
• 對工作缺乏自信與興趣時
• 同性質、同種類的工作方法因人而異時
• 新機械、新器具購買試車時
• 想培育接班人時
• 職業災害頻率多時

參考來源：康耀鉎（1999），《人事管理成功之路》，台北：品度，頁97-98。

人有兩隻耳朵卻只有一張嘴巴，這意味著人應該多聽少講。（英・費斯諾）

三、講師資訊蒐集與遴聘

一個訓練課程的成功與否，課程的靈魂人物「講師」是主要關鍵。講師的來源有兩個途徑：

(一)內部講師

內部講師雖然在授課技巧上，不及於企業外部的講師來得專業，但他們的確可以發揮「企業經驗傳承」、「課程內容務實」之效，這是聘請外聘師資所不及的。

(二)外部講師

一般企業在遴選外部講師時，常會以知名度為主要考量，但不同來源的講師，因其工作背景的不同而有相當大的差異化，故企業在選聘外部講師時，須考量到其專業能力（研究領域）、教學能力、教學熱忱及其合適授課的時間等。每年六月份出版的《管理雜誌》有提供「500華語企管講師名錄」專欄可加利用（如**表4-2**）。

四、場地租借資訊與選擇

良好的訓練課程需要搭配適宜的訓練場所，才能有相得益彰的效

表4-2　聘請內外部講師的主要益處

內部講師	外部講師
• 瞭解組織	• 會帶來關於其他組織訊息
• 受訓者視其猶如同伴	• 被視若外來者，而不會使受訓者有壓迫感
• 會被認為成本是較便宜的（因此不會被詬病）	• 被認為成本是較昂貴的（因此他們的意見會較被珍視）
• 較具溝通管道且對管理階層較有影響力	• 身分較中立

資料來源：Alison Hardingham, Improving an Inside Job With an Outside Edge, *People Management*, June 1996.

果。國內的訓練場地資源可區分為：飯店旅館類會議室、休閒渡假中心類（俱樂部／聯誼中心）、專業訓練中心類、會議（演講）廳類、專業電腦教室類、一般活動中心類、某些企業成立的訓練中心，及學校／救國團所屬機構等。每年六月份出版的《管理雜誌》有提供全省各地訓練場地總覽資料可加以利用。

五、教材／教具資訊與選擇

訓練課程提供學員使用之材料稱為教材。教材的內容精闢固然重要，如能附上簡明的圖表，再予以精美的印製，必然有助於加強學員的學習興趣。

一般所稱的課程教材指的就是學員手冊。若是自修之課程，則可能包括錄音機、錄影帶或光碟片等。教材資源主要購買自圖書出版品、講師自行編撰之講義、國外引進全套完整的訓練教材等。

為了輔助教學效果，在訓練課程進行中，講師通常會搭配使用其他教學媒體，如投影片、海報、評量表、教案、道具等（行政院勞工委員會職業訓練局編著，1999b：15-28）。

訓練成效優劣與否和課程設計有密切的關連。除了課程的深度、廣度、有效性考量外，對課程目標的釐清也要注意。課程目標應於文字上具體而清晰的加以描述，並訂定可以衡量的數據。

 第二節　教學設計

訓練的舉辦，除了講師個人在台上的表達能力與魅力外，上課前的準備功夫可說是相當重要的。

企業內負責訓練的承辦人員，不論課程是聘請外部講師提供協助，或邀請內部講師授課，均需要具備基本的教學設計觀念，以便在與講師

溝通課程時，能有一套依循的教學流程架構作參考，以確保溝通過程無
疏漏之處（如**圖**4-1）。

一、教學方法介紹

　　在訓練課程進行時，所使用來幫助學員學習之特定方法即為教學方
法。由於學員的特性不同、程度不同所需要採用的教學方法也不盡相同。

　　企業訓練課程常用的教學方法有：演講法、討論教學法、工作指導
法、角色扮演法、遊戲競賽法、視聽教學法、電腦輔助教學法、籃中演
練法、敏感度訓練法、現場觀摩等。

二、課程教案

　　所謂「課程」即指針對特定對象，為達成既定的訓練目標所設計的
一系列教學科目與活動的結構。例如新進人員訓練課程、管理能力發展

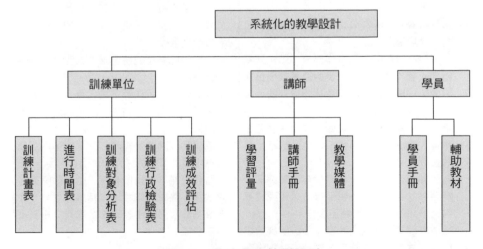

圖4-1　系統化的教學設計

資料來源：行政院勞工委員會職業訓練局（1999），《企業訓練專業人員工作手冊：企業員
　　工訓練的實施與評估》，頁31。

課程等。一個課程的時間安排，短則三小時，多者一、二週之久。

　　「教案」乃是一種教學計畫，講師得以根據此計畫來進行教學。通常教案中會包含教學目標、教學活動、教學資源及時間分配等（**範例4-3**）。

三、課程進度

　　在完成課程教案設計之後，負責訓練承辦人員可根據教案的內容及時間分配，製成一份課程進度時間表。一方面可將此表格製成海報張貼於課堂報到處，另一方面也可以將此表格附在學員手冊內頁，以供學員知悉。

範例4-3　訓練教材編製與智慧財產權

智權處之建議	人發課
1.請依聘僱合約書與同意書檢查同仁講義之著作權歸屬，若為華邦所有，請列示華邦著作權字樣。 2.若講義著作權非本公司所有，需確認本公司有使用權。 3.若講義中有引用他人著作部分，請檢視利用他人著作之比例，以及對原著作價值之影響，一般而言，應避免複印章節的大部分，乃至於整個章節、整本書。 4.講師姓名是否標示以及如何標示，注意著作權人與講師之差異性，避免造成不必要的誤解。 5.若內部講師之講義，若需保存，請連同訓練活動的企劃內容一併保存，以確認該著作為華邦企劃下之職務上著作。 6.給予外部講師簽收之收據，除說明該費用包括訓練外，亦包括該次訓練中特定份數講義之複製授權之字樣。	1.向任用課確認講師是否有簽署聘僱合約書與同意書，若無則請講師補簽。 2.若講義著作權非公司所有，需與講師確認同意本公司有使用權，並於收據上標明同意授權之字樣。 3.告知講師此訊息並檢查講義內容是否符合著作權法。 4.於講義封面標示講師之姓名時，應注意著作權與講授人之差異性，以免造成不必要之誤解。 5.內部講師之講義歸檔時，應連同國內訓練辦理申請表等相關資料一併保存。 6.若著作權非本公司所有時，給予講師簽收之收據，除說明該費用包括講師費外，亦應註明該次訓練中特定份數講義之複製授權之字樣。

資料來源：范祥雲（1999），《88年度企業人力資源作業實務研討會實錄：第二十八場華邦電子公司》，行政院勞工委員會職業訓練局編印，頁224。

四、學員手冊編印

編寫學員手冊的目的，是讓學習者能在學習進行時及課程結束後，有一書面的資料來輔助其學習。

學員手冊不應以頁數多寡或印刷精美與否來考量，而需要考慮手冊是否協助達成教學目標，是否考慮到學員程度與教學原理搭配為重點（行政院勞工委員會職業訓練局編著，1999b：31-41）。

第三節　課程行政作業

一項訓練計畫的執行，首先必須做好訓練事宜的安排。安排訓練事宜通常包括「人」（誰來上課）、「資訊」（上課教材）、「物」（上課教具設備）等，而這些事項也隨著訓練的不同需求隨時做調整。

課程行政要執行規劃中的事項，包括開課工作進度控制、學員的報名與遴選、開課通知、課程進行（如課前準備、課中進行、課後檢討、訓練檔案管理）（**範例4-4**）。茲說明如下：

一、開課工作進度控制

為了使每一個課程都能順利地進行，訓練承辦人員於課程規劃完畢後，就應針對該課程擬定開課工作進度控制表，逐一列出與開課有關之各項工作，並設定完成日期，使能確實掌握進度，期以實際開課時有最好的呈現（如**表4-3**）。

二、學員的報名與遴選

課程規劃所擬定的訓練對象，是泛指受訓的組群而不是特定的人

科技是忙出來的，文化是閒出來的。（余光中）

培訓管理

114

範例4-4　員工教育訓練中心學員須知

壹、報到：學員請攜帶調訓通知單及職員證或身分證件至本中心報到。已登記住宿學員，由本中心統一安排住宿床位。

貳、每日上課時間：上午九時至十二時，下午一時三十分至四時三十分，計六節課，每節上課五十分鐘，休息十分鐘；另視需要，彈性安排第七節課或夜間課程。

參、差勤：

　　一、學員因故放棄訓練時，應至遲於開課前一日通知調訓單位之輔導人員；候補人員於開課前，如未被調訓單位通知遞補，請勿前來報到。

　　二、每日上、下午第一節課前需簽到（不可代簽，中心不定時抽查），以作為出勤之依據，因事不克到課者請於開課後至課程結束前（不可事後補請）由學員本人親洽輔導人員辦理。未請假者以缺課記錄之。

　　三、開訓後第一節上課前先行推舉一名學員擔任學員長；學員請假填寫請假單後，連同證明文件，送由學員長轉陳核准，方得離去。

　　四、學員請假之類別及事由如下：

　　　　(一)事假：學員確因重大（特殊）事故，必須親自處理者。

　　　　(二)病假、喪假：依公務人員請假規則之規定辦理。

　　　　參訓期間如遇不可抗力之特殊情事發生而逾時返班者，得補辦請假手續，無正當事由逾假者以曠課論。

　　五、學員在研習期間請假，有下列情事之一者，該次訓練不予登載個人研習時數或發給研習證書：

　　　　(一)訓期一週以下者，請假及曠課超過上課總時數四分之一。

　　　　(二)訓期超過一週，在二週以下者，請假及曠課超過上課總時數五分之一。

　　　　(三)訓期超過二週，在四週以下者，請假及曠課超過上課總時數六分之一。

　　　　(四)訓期超過四週以上者，請假及曠課超過上課總時數八分之一。

　　六、准假權責：

　　　　(一)三小時以內者，由輔導員核准。

　　　　(二)超過三小時，在六小時以內者，由輔導組長核准。

　　　　(三)超過六小時，在十二小時以內者，由中心副主任核准。

　　　　(四)超過十二小時者，由中心主任核准。

　　七、學員研習期間於正課時段所請之事、病、喪假，由本中心彙整後函送受訓學員之服務機關併入勤惰登記。

　　八、參訓之學員，其研習期間，本中心已提供膳宿，其所屬服務機關應依「各機關派員參加各項訓練或講習報支費用規定」辦理補助相關費用。

　　九、請假未逾規定時數者，本中心於課程結束後二週內將學習時數上傳至行政院人事行政局一「公務人員終身學習入口網站」個人學習時數資料庫。

肆、用餐：

　　一、學員用餐時間為：早餐－08:00~08:30；午餐－12:00~12:40；晚餐－18:00~18:40。

（續）範例4-4　員工教育訓練中心學員須知

二、學員於研習期間本中心全日供膳，放假日不供膳。

三、開訓日原則不供應早餐。

四、用餐方式請依本中心相關規定辦理。

伍、住宿：

一、本中心提供住宿，若不需住宿者，請於報名時註明（惟依規定仍不得請領住宿補助）。

二、每星期一至星期四晚上由本中心提供住宿，但遠道需於星期日晚上先行住宿者或一週以上之訓練，應事先申請並經核准，始提供之。

三、非上班時間如遇緊急事情須處理時，請洽本中心警衛室（分機○○○）辦理。

四、請遵守本中心住宿相關規定事項。

陸、休閒設施：

一、本中心一樓設有交誼廳（桌球、撞球）、籃球場、文康中心（附設卡拉OK）等各項休閒設施，供學員免費使用。欲借用各類球具，請於上班時間至輔導組辦理借用手續。

二、桌球、撞球等使用時段為上午：六時至八時；中午：十二時至下午一時三十分；下午：四時三十分至六時三十分。卡拉OK使用時段為每日（例假日除外）下午六時至九時三十分，並由學員長向輔導員提出申請後使用。

三、中心陳列之各種期刊、雜誌及書報，閱畢後請歸回原位。

四、使用休閒設施請依規定登記，並著適當服裝。

柒、學員配合事項：

一、請注意服裝儀容，教學區、餐廳嚴禁穿著內衣、拖鞋。

二、學員於研習期間請配帶學員證，證件套於結訓時繳回。

三、如有特殊飲食習慣者，請於報名時登記。

四、上課時間，學員之呼叫器、行動電話請關機；研習期間如有會客或電話，由本中心人員通知。

五、為顧及個人衛生及配合環保政策，研習期間請自行攜帶水杯，並自備袋子，俾攜回講義。

六、教室內除茶水外請勿進用食物；研討室內置有電腦設備，勿將杯子及飲料置於電腦桌上，以免污染桌面及損壞機器。

七、貴重物品請自行妥為保管，遺失恕不負責。

八、本中心研討室備有電腦，學員應向輔導員登記後使用。

九、本中心因車位有限，請多加利用大眾運輸工具。

十、學員在研習期間，如有緊急事故、生病或其他不明白情事，請隨時洽詢輔導人員或警衛室協助解決。

十一、學員所屬之服務單位有事須聯絡學員時，請利用本中心聯絡電話代為傳達，學員下課時請查看教室門上留言條。本中心一樓大廳備有公用電話。

（續）範例4-4　員工教育訓練中心學員須知

捌、其他事項：
一、教室使用時間為08:30~17:00，受訓學員請於上述時間內使用，其餘時間均不開放，以維護教室安全。
二、各訓練班期如有學員須特別注意事項，另詳各班期調訓通知單。
三、本訓練中心及宿舍聯絡電話及住址：
訓練中心
電　　話：02-2666-XXXX（代表號，六線）
主任分機：XXX；副主任分機：XXX
警衛室分機：XXX；辦公室分機：XXX
傳真號碼：02-2666-XXXX
住　　址：臺北縣新店市新烏路〇段〇〇〇號。（新店客運烏來線「龜山路」站下車後前行五十公尺即達）
宿舍
電　　話：02-2666-XXXX（代表號，四線）
輔導員分機：XXX
地　　址：
四、本中心配置圖及交通示意圖如附件。（略）

資料來源：行政院農業委員會林務局員工教育訓練中心（2008）。

員。所以，在開課之前，還需進行學員的報名與遴選。敘述如下：

1. 由訓練單位設定受訓者之資格條件，符合該條件的所有人員都將被列為是受訓對象，例如新進人員職前訓練。
2. 由訓練單位設定受訓者之資格條件，符合該條件者需經由其直屬主管核准後提名來受訓，例如職能別專業訓練。
3. 由訓練單位設定受訓者之資格條件，符合該條件者，除經由其直屬主管核准外，尚須通過測驗使具備參加受訓之資格，例如內部講師訓練、語言訓練。
4. 由訓練單位公告課程舉辦之目的、內容、對象、講師等開課訊息，再由希望參加受訓者自行報名，例如電腦操作課程（如**表4-4**）。

表4-3　為訓練者打分數

	很好	好	尚可	不好	很不好
訓練者					
• 訓練者能否保持你的興趣？	☐	☐	☐	☐	☐
• 訓練者在訓練主題上是否具有專業性？	☐	☐	☐	☐	☐
• 訓練者是否具有回答問題的能力？	☐	☐	☐	☐	☐
• 訓練者是否具有集中注意力在課程重點上的能力？	☐	☐	☐	☐	☐
• 訓練者是否使用適當的例子說明？	☐	☐	☐	☐	☐
• 訓練者是否鼓勵學生互動？	☐	☐	☐	☐	☐
• 整體而言，訓練者是好是壞？	☐	☐	☐	☐	☐
• 你對訓練者的其他看法？＿＿＿＿＿＿＿＿＿＿					
環境器材					
• 教室的座椅是否舒適？	☐	☐	☐	☐	☐
• 教室的溫度是否適中？	☐	☐	☐	☐	☐
• 教室的燈光是否適中？	☐	☐	☐	☐	☐
• 整體而言，訓練環境是好是壞？	☐	☐	☐	☐	☐
• 你參加這次訓練的主要原因為何？＿＿＿＿＿＿					
• 你是否有其他建議？＿＿＿＿＿＿＿＿＿＿＿					
課程內容					
• 課程是否具有結構？	☐	☐	☐	☐	☐
• 課程中教授的想法和技能是否實用？	☐	☐	☐	☐	☐
• 課程中提供的資訊夠新嗎？	☐	☐	☐	☐	☐
• 課程是否達到訓練的目的？	☐	☐	☐	☐	☐
• 課程是否能夠保持你的興趣？	☐	☐	☐	☐	☐
• 課程中是否使用適當的例子說明？	☐	☐	☐	☐	☐
• 課程教授的速度是否適中？	☐	☐	☐	☐	☐
• 你是否會建議其他人接受這個訓練課程？	☐	☐	☐	☐	☐
• 整體而言，訓練的內容是好是壞？	☐	☐	☐	☐	☐
• 訓練中教授的哪些內容最有用？＿＿＿＿＿＿					
• 訓練中教授的哪些內容最沒用？＿＿＿＿＿＿					
• 你將如何把這些所學應用在工作上？＿＿＿＿					

資料來源：編輯部（2002），〈謀殺訓練的十一個兇手〉，《EMBA世界經理文摘》，196
　　　期，2002年12月，頁143。

表4-4　訓練前的評估表

（受訓者主管的意見） 如果針對以下問題，填表者出現「不同意」的答案，就代表一種警訊： 主管並不瞭解或喜歡這次的訓練。	同意	不同意
• 我相當瞭解此次訓練的內容與方向	☐	☐
• 我瞭解此次的訓練將滿足我對部屬工作的需求	☐	☐
• 此次的訓練將提供一些實際的方法讓部屬做好工作	☐	☐
• 此次的訓練將提供一些實際的方法幫助我的部門	☐	☐
• 我瞭解為什麼公司提供此一訓練	☐	☐
• 我可以從績效評估上，看出員工從這次訓練學習了多少	☐	☐
• 我對這個訓練主題相當瞭解，因此當員工回來工作後， 　我可以支援他們	☐	☐
• 課程中談到的工具和科技，我們都有	☐	☐
• 我很高興部屬參與此次的訓練	☐	☐
• 我曾經與部屬討論過此次的訓練	☐	☐
• 部屬們知道我很在意此次的訓練	☐	☐

（受訓者的意見） 如果針對以下問題，填表者出現「不同意」的答案，就代表一種警訊： 員工並不瞭解或喜歡這次的訓練。	同意	不同意
• 我覺得此一課程很有幫助	☐	☐
• 我知道如何將訓練所學應用在工作上	☐	☐
• 此次的訓練將提供一些實際的方法，讓我把工作做得更好	☐	☐
• 此次的訓練將有助於我的部門	☐	☐
• 我相信所受的訓練可以充分應用在工作中，並且反應在績效上	☐	☐
• 我的主管瞭解此次的訓練主題	☐	☐
• 這次課程的重點討論的是對我很重要的問題	☐	☐
• 我很高興有機會學習更多和這次訓練主題有關的課程	☐	☐
• 我的主管很在乎我是否從這次訓練學到些東西，以應用在工作上	☐	☐
• 訓練完成後，我會有工具來運用所學的東西	☐	☐

資料來源：編輯部（1997），〈教育訓練為什麼不管用〉，《EMBA世界經理文摘》，135
　　　　　期，1997年10月，頁131。

三、開課通知

　　訓練單位在開課前對相關人員的聯絡通知是非常重要的工作項目，
尤其是對講師、學員及學員的主管。

　　講師的聯絡是為了再次確認上課日期與時間，而學員與學員主管的聯絡，則影響著整個訓練學習效果（如是否報名後缺席），訓練承辦人員一定不可忽視。

四、課程進行

　　為了使訓練之實施能更順暢，課前準備、課中進行、課後檢討及訓練檔案管理都是相當重要的。分述如下：

(一)課前準備

　　課前準備的項目有：教材的準備、設備器材及教具的準備、場地布置、學員的膳宿安排、講師聯絡與相關支援人員溝通、課程問卷設計等。

(二)課中進行

　　訓練開始時，訓練承辦人員需儘量使學員舒緩緊張的情緒，並隨時注意課程之進行，並於必要時協助講師的教學。

　　課中進行的工作項目，包括學員報到、開訓儀式、課程介紹及環境介紹、自我介紹、講師介紹、時間控制、播放光碟片（錄影帶）及結訓儀式等。

(三)課後檢討

　　課後檢討，包括訓練設備器材資料之收拾與整理、實施過程檢討、謝函（講師及協辦單位）、給講師回饋資料（將學員對此次課程的建議、感想或收穫回饋給講師）、學員後續追蹤、課後行政檢討及學員受訓登錄等事項（如**表4-5**）。

表4-5　教育訓練工作規範

分類	辦事細則
會場布置	1.桌椅應於前一天排列整齊。 2.書寫歡迎標語海報並張貼。 3.黑（白）板放置在適當位置，粉筆（白板筆）及板擦備妥並試用。 4.講桌前掛上講題及主講人姓名。 5.上課前半小時，預開冷氣。 6.學員的茶水、紙杯準備充足。 7.擴音機、麥克風先行測試（頻道及電池、音量等），麥克風須架設兩支以上。 8.錄音機事先操作並試錄。 9.準備備用電池。 10講義放在學員桌上左上角。 11.講師茶水放在講台右邊，每小時添換乙次，茶水溫度須控制適當，紙巾放在講台左邊。 12.準備響鈴以控制上下課時間。 13.指定學員擔任班長。
教學媒體	1.螢幕試測定位。 2.電腦（投影機）及指揮棒事先操作測試。 3.準備投影機備用燈泡。 4.幻燈機事先操作測試。 5.錄放影機、電視機事先操作測試。
講師接待	1.由飯店接講師到會場（或至大門口迎接）。 2.在會客室略作休息。 3.介紹講師與主管認識。 4.上課前向學員介紹講師之學歷／經歷及本課程目的、授課重點（介紹人由公司適當主管擔任，須先聯絡及呈閱講師資料）。 5.講師休息時接待（休息室之準備及茶水）。 6.鐘點費放進信封袋，載明： 　(1)每小時金額×時數＝總金額。 　(2)代扣所得稅金額。 　(3)實付金額。 7.講師鐘點費於上課前奉上，並請講師在收據上簽寫： 　(1)姓名。 　(2)身分證字號。 　(3)詳細地址（含里、鄰）。 　(4)若為外籍講師則填寫護照字號及臨時住所地址（如旅館住址）。 8.影印講師身分證。

（續）表4-5　教育訓練工作規範

分類	辦事細則
	9.若代購機票、車票應索取收據或購票證明。無購票證明或收據，應請講師寄回票根，否則應請講師簽寫交通費收據（支出證明單）。 10.奉上講師回程車票、機票。 11.講師用餐，請先聯絡會餐人員及訂席。 12.送講師回飯店、機場或車站。
會場收拾	1.所有器材歸回原位。 2.清點器材，若有耗損或缺失立即補充。 3.黑（白）板擦拭乾淨。 4.電器插頭拔起，燈光熄滅，冷氣關閉。 5.會同管理（安全）人員做最後巡視，共同關門，並開啟防盜系統。

資料來源：行政院勞工委員會職業訓練局編著（1999），《企業訓練專業人員工作手冊：企業員工訓練製造業案例》，頁65-66。

(四)訓練檔案管理

所有的訓練器材（包括教材、教具、問卷、檢討記錄、學員簽到簿等）均需要加以登錄及整理。訓練單位須設立一些內部作業流程或規則來管理，以避免有人事異動時，資料銜接或重建上的困難（行政院勞工委員會職業訓練局編著，1999b：42-69）。

第四節　訓練的風險分類與防範

訓練作為一項重要的人力資本投資，與其他的資本投資一樣，既會有收益，也會有風險，因為風險與收益是共存著（如表4-6）。

一、訓練資源浪費的原因

訓練後人才流失，一方面使投入的訓練經費和時間無法收回，另一方面，會嚴重影響組織成員的士氣。

培訓管理

表4-6　培訓的風險分類

風險分類	風險	具體表現
內在風險（由於企業沒有對培訓進行合理規劃和有效的管理而導致培訓的質量不高）	培訓觀念風險	高層領導或者受訓員工對培訓沒有一個正確的認識和定位而可能對企業造成的不良影響和損失。如一些企業高層領導存在著對培訓的不正確的認識，如認為「培訓會增加企業的營運成本」、「培訓會使更多的員工跳槽，造成大量人才流失」、「企業效益好無需培訓」等。
	培訓技術風險	培訓需求不明確，培訓需求調查不深入，沒有與企業遠期、近期目標結合起來，企業沒有明確的素質模型或崗位需求，培訓沒有與員工的「短板」相結合，培訓內容選擇、形式選擇、培訓師選擇偏離真正需要，培訓缺乏針對性。
外在風險（由於各種外在因素導致企業遭受各種直接或間接損失）	人才流失的風險	經過培訓後，員工的能力和素質得到提高，受訓員工對知識和自我實現的追求更高，產生了更換工作環境的需求。企業投資培訓是為了增加企業人力資本存量，為本企業創造經濟效益，而培訓後的人員流出，必然使得本企業的這部分培訓投資無法收回，造成人力物力的巨大損失。
	專業技術保密難度增大的風險	專有技術必須要透過具體的人員去操作和管理才能使之轉化成生產力和具體的產品。這就得透過培訓使參與這一工作的人員掌握，顯然，掌握的人越多保密難度越大。
	培訓收益的風險	培訓效益的體現總是具有一定的時滯性，如果此時企業進行戰略調整，如轉產、工藝改造等就會使培訓完全沒有回報。如果是企業進行技術更新，工藝調整或同產業新產品的開發，就可能使正在培訓或剛培訓完的知識和技術過時，回報期縮短。

資料來源：諶新民主編（2005），《員工培訓成本收益分析》，廣州：廣東經濟出版社，頁86。

造成企業訓練資源浪費的原因，有下列數項：

(一)訓練目的不明確

訓練的最終目標是為了企業現在和未來的發展，不抓住這一點，訓練最終成為無的放矢。訓練目的不明確體現在無法對訓練需求進行分析。

(二)重視技能訓練，忽視態度訓練

　　一般企業辦理訓練時的觀念都落入在提升員工的知識與技能兩方面的投資，但往往忽略了對訓練在其他方面的作用，如企業文化的傳承、企業凝聚力的加強、員工工作熱情的激發等認識不足。因此，一旦員工技能得到長足的提高，但又缺乏正確的工作態度和良好的敬業精神，結果員工離職他就。

(三)訓練後的激勵制度不配套

　　訓練激勵制度主要包括公平競爭的晉升原則和以能力、業績為導向的分配原則。對於經過系統訓練、知識和技能都有明顯提高的人員，企業不僅要及時、適當地加以任用，而且要適時地承認其新的價值，否則很難要求他們長期抵擋其他企業高薪的誘惑。

(四)沒有建立訓練風險管理制度

　　在訓練之初，企業應與受訓者簽訂訓練合約，明確雙方的權利義務和違約責任。本著誰投資誰受益的原則，考慮訓練成本的分攤和補償，並根據員工學習成績的好壞，以獎懲的性質調整企業和員工各自承擔的比例。當然，這種風險管理制度只能作為事後給企業的一種補償，如果前面三項工作沒有到位的話，很多受訓員工寧肯支付違約金也會離職。所以不能把違約金作為降低員工離職率的唯一手段。

二、人才流失的風險

　　企業在從事訓練時所面臨的難題是——訓練後的員工離職了，使得企業訓練投資的資源白白浪費掉，更讓企業主驚恐的是，這些訓練後的離職員工竟在競爭對手的企業服務，使得企業要繼續人力投資嗎？停辦訓練嗎？造成「魚與熊掌」取捨的困擾。

三、訓練風險的防範

受訓員工流失的方向，大都是本企業的競爭對手，由於對本企業所掌握的情報和受訓後新知識技能的應用，對本企業無疑是一種潛在的威脅，這就是訓練產生的人才流失風險。所以，企業要規避訓練風險中的人才流失，有下列幾點可供參考：

1. 建立人才流失危機預警系統。
2. 要將企業核心的價值觀、經營目標、企業文化等納入訓練體系，同時也將職業生涯規劃納入到訓練管理系統中，這樣員工才能真正成為企業的人。
3. 緊扣企業目標進行訓練。
4. 完善企業的訓練制度。
5. 根據具體的訓練活動，考慮與受訓者簽訂訓練合約，明確企業和受訓者各自負擔的成本，受訓者的服務期限、保密協定和違約補償等相關事項。
6. 為了避免員工流失到競爭對手那裡洩漏企業的技術秘密和商業秘密，企業還應與關鍵崗位的受訓員工簽訂競業禁止協議，規定員工在離開企業後的一定期間內，不得在生產、經營同類產品，且有競爭關係的其他企業任職，或自己生產、經營與原單位有競爭關係的同類產品或業務。

危機管理一定要預防重於善後的處理。在具體的處理過程中，要以員工利益為重，堅持與員工積極溝通，樹立以人為本的理念，制定具有吸引力的薪酬制度，在物質上用待遇留人，在精神上尊重人才、關心人才、愛護人才，並建立技術保密、違約賠償和訓練賠償等有形約束機制，以及運用經濟和法律的手段約束員工行為，用以保障企業各利益主體的合法權益，減少人才流失對企業帶來的負面效應（何輝、胡迪，2005：43-48）。

第五節　訓練外包作業與管理

　　企業將員工訓練項目外包，運用企業外部專業化的理念和知識為員工提供訓練服務，已蔚為現代企業人力資源管理的發展趨勢之一。但企業訓練項目外包是一個複雜的系統，所涉及的事項繁多，必須遵循企業、訓練項目機構（承包商）、組織所處環境三方的實際情況和客觀規律，對於訓練項目外包可能帶來的風險進行有效防範和規避，這樣才可能達成利用「他山之石，可以攻錯」（借助外力，改自缺失）的美好初衷。

一、訓練項目外包的好處

　　利用外部訓練資源的好處，是可以把新思想、新概念、新方法直接引入，容易瞭解本行業或相關領域的發展現狀與前景。外部訓練資源的利用，相對於企業內訓來講，能夠提高員工對內容的可信度，尤其是專業講師現場演講技巧的嫻熟運用，更能提高受訓人員的參與性以及提高訓練的水準。

　　訓練項目外包的益處約可分為三項：(1)使降低訓練成本成為可能；(2)使訓練效果更加明顯；(3)使人力資源部門專注於核心業務。分述如下：

(一)使降低訓練成本成為可能

　　美國的人力資源專家曾對三百二十三名訓練經理和負責人進行了相關訓練項目外包的調查，結果表明：有29%的公司透過訓練項目外包節約了成本。這種節約成本具體體現為三個方面：

1.透過對外部訓練資源的整合與利用，避免了伴隨訓練專案的實施而產生的相關服務費用和管理成本。
2.外部訓練機構比企業具有相對資源優勢，企業可以藉此克服自身的

劣勢。

3.訓練承包商提供的訓練項目存在某種程度的規模經濟，可以把部分節約成本讓渡給企業。

(二)使訓練效果更加明顯

訓練項目外包就是根據企業實際需求提供訓練專案，建立一種以客戶為中心的服務模式。訓練項目外包整個過程由專業訓練承包商（顧問）完成，為員工能得到優質高效和靈活多樣的訓練提供了條件。而且由於訓練承包商作為第三方參與實施，與傳統的組織內部訓練相比，更具專業性和權威性，更易受到企業內部人員的普遍重視，這也容易使訓練效果更為明顯。

(三)使人力資源部門專注於核心業務

透過訓練項目外包，可以使企業在激烈的商業競爭中將有限而寶貴的資源和精力投入到績效管理、人力資源規劃等核心業務中。訓練項目外包為提升人力資源管理部門的生產力，增強企業核心競爭優勢提供了可能。而且，訓練項目的外包也改變了人力資源部門的原有運營方式，使其工作更有效率。

二、訓練外包的策略規劃步驟

一般企業在訓練項目外包的策略規劃採用如下的步驟：

(一)決定訓練是否外包

一項訓練方案從需求評估開始到執行訓練方案及進行訓練評估，一連串有關訓練的問題必須決定，其中之一項是關於訓練方案是由組織內部自行辦理，或是向外採購教材，或是委託外面承包商來辦理訓練（如**表4-7**）。

表4-7　委外訓練的考慮因素

- 組織內沒有設計或執行訓練方案的專家
- 組織管理人員沒有時間或能力設計或執行訓練方案
- 組織內部沒有訓練部門或相關人員
- 向外採購或委託辦理訓練比自己辦理訓練更節省成本及更具成效
- 組織缺乏訓練場地、設施、設備、教材、講師等
- 訓練具有時間性及急迫性者
- 考量訓練品質時，即向外採購訓練或委託辦理訓練比自己辦理訓練更具品質

資料來源：游慶生（2001），〈公務人員訓練委外可行性之研究：策略規劃的觀點〉，私立
　　　　　東海大學公共行政學系碩士論文，頁86。

　　一般而言，組織的訓練業務價值分為核心價值與一般性價值兩種。
愈屬於策略性及獨特性的核心類的價值性工作愈不宜外包；反之，愈屬
於操作性及一般性的工作愈適宜外包，如果介於二者之間，則可進一步
研究是否外包。

(二)決定訓練外包的項目

　　訓練項目外包可分為下列三種：

1. 全盤式訓練外包：組織將全部的訓練功能外包。外包項目從訓練設
   計到訓練執行、訓練評估等工作外包，但公司仍享有掌握訓練方向
   的權利，例如杜邦公司即是將訓練工作全部外包。
2. 任務式訓練外包：這是一種有限度而控制式的訓練外包模式，其範
   圍可能僅限於特定的範圍，或僅將一項課程或訓練功能外包。例如
   某公司因地處偏僻且公司規模不大，為了成本考量及訓練資源取得
   困難的需求，故將該一課程外包。
3. 選擇性訓練外包：此類型的訓練外包是介於上述二者（全盤式和任
   務式外包）之間，組織同時將多項訓練功能外包。

　　一般而言，組織可先從任務式訓練外包開始嘗試一段時間後，取得
經驗後再依需要逐步推廣至全盤式訓練外包。

(三)訂定選擇訓練項目外包標準

組織一旦決定訓練項目外包，除應對外包的需求列出外包的益處外，並應制定選擇承包商的標準（如專業能力、人力、設備、經驗、技術、品質、功能、商業條款或價目等），以作為評選委託外部訓練機構（承包商）之依據。

(四)選擇訓練項目承包商

選擇委外訓練承包商的作業，除了建立委外訓練承包商選擇的標準外，並應確認可能委託的訓練機構名單（如非營利組織、企管公司、教育機構、專業社團、政府訓練機構、企業教育訓練機構等），然後再決定委託訓練的機構。

公部門（政府機構）的委外訓練事項須依循相關法令，如「政府採購法」、「行政程序法」、「特別採購招標決標處理辦法」等規定辦理。

(五)簽約訓練外包合約內容

簽約外包合約內容至少應包括：委外訓練課程名稱、時間、參加人數、地點、費用及標準、食宿安排、測驗需求及爭議處理、合約終止解除及修正規定，以及其他個別規定（如付款方法、驗收）等事項（**範例4-5**）。

(六)督導管理評估訓練外包

訓練項目外包是一種合夥關係，它需要有專人負責督導管理外包的運作及一套監督與測量的制度。評估訓練課程外包是否符合計畫的組織目標（如學員滿意度、評估成本效益及價值等）。

訓練項目外包的價值，應是組織從委外承包商接收到的成本、速度、創新、品質、效益與滿意度的總體感覺（游慶生，2001：86-95）。

範例4-5　建教合作合約書

　　國立台北商業技術學院（以下簡稱甲方）茲承○○股份有限公司（以下簡稱乙方）之委託及協助，願合作培育流通管理人才，茲經甲乙雙方協議同意，依據建教合作實施辦法、建構多元學習型組織——促進大專校院與校外學習型組織之教育夥伴關係實施方案及甲乙雙方建立教育夥伴關係合作計畫，甲、乙雙方組成建教合作小組，依照下列各項辦理：

一、甲、乙雙方共同之職責：

(一)甲、乙雙方共同辦理招生（限高中職畢業），並須對外公開招考，考試科目及方式共同商訂。6月30日以前錄取75名為乙方培訓人員，並於7月1日起到8月31日止到甲方推廣教育中心每週上課一天，先修4至6學分流通管理及職業道德相關課程，同時須至乙方實習2個月，最後依據學分成績及實習成績各占50%，擇優錄取50名，取得甲方「企業管理科流通管理組」新生資格。前項學分班於8月底期滿前經考試及格者，甲方發給學分證明，並承認日後專科進修學校之學分。

(二)經甲方正式錄取之學生，每學期於上課以外時間均須依規定赴乙方現場實習（已申請抵免並獲得學校採計者除外），進行三明治教學，每學期修習3學分，3年共須修習18學分，實習成績計算以乙方50%（技術檢定，從業精神，團隊合作等），甲方50%（按實習報告等）計算之。

(三)學生實習期間宜派專人負責指導與考核。

(四)研究改進現場實習課程內容。

(五)負責督導學生實習與生活管理。

(六)學校教學與公司教育訓練配合之溝通與協調。

(七)甲方得依規定聘請乙方之專業技術人才至甲方兼任專業科目教學，必要時得由甲方及乙方專業技術人員合作教學。

(八)其他有關建教合作實習協調事項。

二、甲方之職責：

(一)協助乙方辦理新生考試命題、製卷、試場安排、監考、閱卷、成績統計、成績單寄發等試務工作。

(二)協助乙方研擬實習相關教學及提供成績考核資料。

(三)負責約束其選派之實習生，切實遵守乙方所安排實習單位及作息規定。

(四)學生在入學前經甲方核可，從事與流通管理課程相同或相近之工作經驗、工作成就、教育訓練、研究發展並符合課程要求者，得申請抵免或採計學分。經採計、抵免學分達甲方規定者，得提前畢業或提高編級，最高以一學期為限。審查學分採計及抵免之組織、標準及程序由甲方訂之。

(五)學生於3年內修畢（含抵免）至少80學分者，由甲方核發二專畢業證書。

(六)甲方對於乙方之捐贈與支援，除依規定協助減免稅金及獎勵外，得報請教育部依捐資教育事業獎勵辦法獎勵之。

三、乙方之職責：

(一)乙方應轉型為學習型組織，訂有人力資源發展策略，建構完善的教育訓練體系，有員工任用、升遷、進修及考核制度，願意配合甲方的課程特色，培養優秀的流通管理人才。

(二)乙方應提供學生工作見習、工作實習及參與研究發展之機會，並提供甲方教師進修實務、研究發展之機會。

（續）範例4-5　建教合作合約書

> (三)乙方得支援學校經費、教學設施及人力資源，以提升甲方教學品質。
> (四)學生取得甲方畢業證書後，乙方須認可學生之學習成就，優先晉陞為管理幹部。
> (五)乙方得應甲方教學之需提供有關流通管理專業課程師資培訓與訓練教材。
> (六)乙方應提供明確之實習訓練計畫與學生就業後之職場生涯規劃。
> (七)實習期間乙方須負責學生之生活管理與賣場實習成績考核，並於每學期結束一週內將成績送交甲方。
> (八)負責安排各種實習課程及技能訓練，唯不使學生擔任粗重或危險的工作。
> (九)培訓期間實習由乙方發給訓練津貼18,000元（每週工時40小時，勞健保費另扣除）。正式錄取人員實習期間，乙方須為實習學生辦理健保、勞保、個人退休金提撥，起薪及福利均比照正職人員。
> (十)實習期間乙方應給予學生比照一般職員休假制度，並設專屬部門充分照顧學生身心學習狀況。
> (十一)為鼓勵學生進修，在學期間之全部學分費均由乙方負擔，但超修與重修除外。乙方得與學生簽訂服務契約，期間為3年，中途解除契約或遭退學者，須歸還乙方已繳之學分費。
> (十二)其他有關實習事項，應符合「勞動基準法」之規定。
> 四、本合約自核定招生日起生效並實施之，至招收之學生依規定修滿學分數畢業為止。
> 五、本合約如有未盡事宜，或變更事項，由雙方協調修訂之。
> 　　合約簽訂單位
> 　　甲方：合作學校：國立台北商業技術學院
> 　　　　　代　表　人：○○○
> 　　　　　職　　　稱：校長　　　（簽章）
> 　　　　　學校地址：台北市濟南路一段321號
> 　　乙方：合作機構：○○股份有限公司
> 　　　　　代　表　人：○○○
> 　　　　　職　　　稱：董事長　　　（簽章）
> 　　　　　公司地址：台北市○○區○○路○○號
> 　　　　　○○年○○月○○日

資料來源：國立台北商業技術學院；引自邱繼智（2007），《建構學習型組織》（*Building the Learning Organization*），台北：華立，頁383-385。

三、訓練外包的風險

　　企業利用外部訓練資源亦有其弊端。諸如外部訓練講師不具備本系統、本公司產品及技術的深層知識，也不可能進行充分的訓練效果追蹤。同時，企業也不能對訓練之講師的訓練內容進行充分的控制，尤其

老驥伏櫪，志在千里，烈士暮年，壯心不已。（魏·曹操《步出夏門行·龜雖壽》）

第四章 訓練行政作業實務

131

是訓練進行時，如果外部訓練資源過多注重於課程本身的愉悅性而失去訓練本身的訓練目的，這樣一來，訓練的投資報酬率就無法進行考核（關彤，2003：49）。

訓練項目外包活動流程的雙向性和環境的複雜性，不可避免地為訓練外包工作帶來了風險。因此，訓練項目外包工作不只是簡單的「包出去」而已。它應由一系列連貫、科學的步驟組成。企業要考慮一系列相關的戰略問題，以保證訓練項目外包的順利實施。

(一)訓練外包風險歸類

在訓練項目實施過程中，承包商和企業作為訓練項目外包的雙方，資訊不對稱和自身條件的約束勢必導致風險的存在。來自訓練外包雙方的風險，大體可以歸納為兩類：一類是能力風險，包括訓練外包雙方是否有足夠的能力完成訓練項目，最終達到提高企業績效的目標；另一類是合作風險，即訓練外包過程中企業和承包商之間不合作的風險，以及在外包過程中，企業可能面臨的承包商機會主義行為所帶來的風險等（如**表4-8**）。

(二)訓練項目外包風險預防

任何事物都是一體兩面的，訓練外包也並非解決企業訓練難題的靈丹妙藥，它是一把雙刃劍。訓練委外的風險預防有：

◆訓練項目外包前的決策

企業訓練項目外包之前，首先要對企業訓練需求、訓練成本效益、建立整體風險監控管理機制做出科學的分析，以決定是否開展訓練。這一步驟可以透過使用優勢（strengths）、劣勢（weaknesses）、機會（opportunities）與威脅（threats）的SWOT分析的方法，對企業訓練內外部條件進行綜合敘述，明確企業外包訓練的可行性和必要性，從而對外包訓練的三個重要問題進行科學分析決策，即是否外包（whether），外

表4-8　訓練外包風險列表

類別	說明
環境	• 訓練市場不成熟，比較混亂 • 政府缺少相應法律法規來規範訓練市場 • 相關理論和方法發展速度較快，存在市場反應滯後性
承包商	• 承包商信譽壁壘，承包商刻意隱藏某些訊息和行為 • 承包商經營狀況發生變化，影響其所提供的服務質量 • 與承包商的溝通壁壘，尤其是企業文化這類獨具企業特色的訊息
企業內部	• 訓練外包觀念壁壘，它將直接影響訓練外包的動機和效果 • 訓練需求分析與比較是否到位，將影響訓練外包工作的成效 • 對承包商和外包市場的調查與評估是否科學 • 溝通是否到位，包括員工和承包商兩方 • 訓練外包工作是否存在完善的監督和回饋機制，以及快速反應能力 • 對訓練外包的理論知識瞭解是否到位 • 訓練外包能否得到企業決策者的支持 • 訓練外包合約是否明確清晰 • 訓練外包是否過分依賴外包商，影響企業自身發展能力

資料來源：宋春岩（2006），〈步步為營，化解培訓外包的風險〉，《人力資源‧HR經理人》，總第236期，2006年9月，頁39。

包哪些專案（what）和外包給誰（who）。訓練外包之前決策的科學性和客觀性將直接影響到最終的訓練成效，也將決定風險發生的概率。

◆外包訓練專案計畫書

　　企業做出訓練項目外包工作的決定後，就要根據訓練需求擬訂訓練專案計畫書。計畫書中應包括所需訓練的具體類型和水準、參加訓練人員的特點、試圖達到的訓練效果，以及要求訓練承包商提交的材料等。

◆選定承包商步驟

　　這一步驟包含在初步圈定合適的承包商中，寄送外包訓練專案計畫書、評價並答覆承包商專案計畫書、審查並與承包商洽談、選定承包商等幾個步驟。重點在於考察承包商的聲譽、財務穩定性、從事訓練的經驗、是否認同企業價值觀，以及是否能在企業要求的時間內完成訓練計畫（如**表4-9**）。

表4-9　選擇委外訓練承包商的標準

項目	說明
聲譽	委外訓練的承包商必須在訓練領域內享有卓越的聲譽（口碑）。
財務穩定	如果委外訓練的承包商沒有穩定的財務，將使訓練工作陷於混沌狀況。
經驗	委外訓練承包商的經驗，須符合組織的訓練需求。
證件	委外訓練承包商必須具備專業證書及長期績效的證明文件。
訓練人員的甄補及訓練能力	委外訓練承包商人員的更迭在所難免，承包商必須保證訓練人員充足並具有訓練職能。
共同價值	委外訓練承包商必須瞭解組織的價值與文化，其教學理念與組織的價值一致。
相關資料	要求委外訓練承包商提供訓練的相關資料，可以瞭解委外訓練承包商的專業水準及實務經驗。
及時與熱忱	委外訓練承包商對於訓練時間及數量必須滿足組織的需求。
其他	委外訓練承包商過去類似訓練之表現、專業地位（領域）、講師資歷、設備、管理、報價的合理性、風險的評估、個案的瞭解程度、訓練方法及理念、訓練企劃書之具體性、完整性、前瞻性及可行性等。

資料來源：Mary F. Cook (1999)；引自游慶生（2001），〈公務人員訓練委外可行性之研究：策略規劃的觀點〉，私立東海大學公共行政學系碩士論文，頁91-92。

◆ 簽訂訓練合約書

　　為確保承包商訓練的有效性，雙方（企業與承包商）必須簽訂清晰且具體的訓練承攬合約，這是降低訓練外包風險必要的法律手段。所以，應在合約中明確各方的責任和義務，根據企業實際情況和風險發生的可能性，訂立包括外包項目預期效果、階段考核、資訊安全、損失賠償等方面明確而詳細的條款。例如，為降低訓練項目承包商提供服務能力的風險，可根據訓練目標，將訓練費用的交付分為若干期，在確認達到既定目標後再交付最後一期。

◆ 企業內部溝通

　　這是影響訓練項目外包工作順利實施的關鍵步驟。透過溝通，可以讓員工瞭解訓練項目外包的資訊，尤其是那些與員工切身利益密切相關的訓練服務資訊，以儘早獲得他們的認同和支持；透過溝通，還可以破

培訓管理

除訓練項目外包的觀念壁壘，獲得公司自上而下的重視，從而達到降低訓練項目外包風險的目標。

◆ 監控訓練專案的實施

企業在訓練外包專案實施過程中，要根據在訓練外包之前制定的風險衡量標準，實施訓練外包風險的全程動態管理，將會大大降低訓練結束後企業要求退款的可能性。

◆ 評鑑訓練外包的結果

訓練項目外包專案結束後，要對訓練品質、訓練費用、訓練效果進行科學的評議。其中，訓練成效是評估的重點，主要應包括是否公平分配了企業員工的受訓機會、透過訓練是否提高了員工滿意度、是否節約了時間和成本等（宋春岩，2006：38-41）。

 ## 結　語

要使訓練辦得有績效，依據美國摩托羅拉企業大學比爾・魏格宏（Bill Wiggenhorn）校長的實務經驗，提出下列建議，可作為參考。

1.全公司由上到下都要有一致的信念和參與，不論是老闆或員工都明瞭訓練的重要性。

2.訓練的目標與課程實際和公司的目標與策略相結合。

3.既定訓練的策略與目標能確切實施，並明確列入年度的預算比例中。

4.參與訓練者皆具備應有的基本或專業知識技能，換句話說，適當員工遴選是訓練成功先決條件。

5.訓練課程能有系統的整合，使學員的學習相連貫，換言之，課程應有統整性和連續性，而不是漫無目標的進行訓練。（李聲吼，1996：120）

5 員工在職訓練

說給我聽，我會忘記；秀給我看，我記得一點點；問我問題，並讓我與他人討論，我才開始瞭解；讓我將來所學運用於實務上，我才真正獲得知識與技巧。

～積極學習信條～

訓練是實現人力資源開發、提升人力資本價值的重要途徑。訓練的一項直接目的就是達成組織內部「人崗匹配」，即實現人的知識、技能和能力素質與工作內容要求之間的匹配，尤其是新進員工，是企業訓練體系中不可或缺的重要組成部分，其知識、技能和能力素質需要經過訓練，才能達成崗位的要求；同樣地，員工在個人職業生涯轉型時期，也需要接受訓練，以適應新的崗位或是晉升、角色轉換做好準備；外部經營環境變化和科技進步，也使工作崗位逐漸發生著變化，跨國性企業的興起，駐外人員的遞增，企業內舉辦跨國文化訓練課程，以適應海外工作（如**表5-1**）。

 ## 第一節　新進員工職前訓練

新進員工職前訓練（orientation training）指的是將組織、部門及職務介紹給新進員工的過程，可以由在職員工或組織來執行。若是由員工執行職前訓練，這種非正式的職前訓練可能將不正確的訊息傳給新進員工而誤導，因此，有必要由組織辦理正式的職前訓練。而職前訓練若要辦得好，應該要根據組織與新進員工雙方的需求來規劃課程，才能持續對新進員工產生正面影響，以提升日後的績效表現（**範例5-1**）。

一、職前訓練的目標

新進人員的職前訓練通常具備以下幾項目標：

表5-1　企業內訓與外訓定義及優缺點比較

項次	企業內部訓練（OJT）	企業外部訓練（OFF JT）
定義	又稱「在職訓練」，可透過非正式方式進行，是最常被使用的訓練方法。可使員工在實際的工作情境中邊學邊做，使員工由實際工作經驗、交接、同仁教導或觀察中學習需要技術、知識和能力，對於無法模擬或可經由邊看邊做而學會的知識或技能至為有效。常見方式有工作輪調、師徒制訓練等。	係指工作場所外的集中調訓：組織外講習或派至國內外研習等皆屬之，常見的模式為演講、錄影帶教學、圖片展示、模擬練習等。
優點	1.成本費用低廉，可在正常工作中進行，不影響工作時數。 2.受訓者熟練後即可實際使用設備，較無學習移轉問題。 3.可幫助結構性失業者接受第二專長再就業。	1.由專業講師擔任，品質較穩定。 2.可針對個別需求選擇訓練課程，學習績效應較佳。 3.可使用特殊設備，必要時設備還可以簡化調整。企業不必自備貴重訓練設備。 4.受訓者在初期即可學到較正確的方法。
缺點	1.教導者未必是好老師，亦可能缺乏充裕時間予以訓練學習，故可能學到不良的方法。 2.可能會浪費材料，產生廢工或廢料。 3.貴重設備有遭破壞之可能。	1.學員由訓練的設備儀器轉換到生產設備時，較會有學習移轉的困難。 2.成本較高，故唯有在定期招收大量受訓人員時，才能使價值較高場地、設備及講師費較合理。

資料來源：葉玟廷（2005），〈中小企業人才培訓策略之研究——以台中地區為例〉，逢甲大學經營管理碩士在職班碩士論文，頁30。

範例5-1　新進人員訓練

企業簡介
先進科材股份有限公司（Advanced Technology Materials, Inc., ATMI）為半導體產業中極具創新能力的材料與材料包裝相關技術供應商，於一九八六年成立於美國康乃狄克州（Connecticut），亞洲區區域總部設於台灣新竹市。
新人報到流程（On-boarding Process）
新人在接受錄用通知（offer letter）前後，該公司會寄發一套On-boarding Kits給新人，內容涵蓋了總公司總裁的歡迎信函、公司策略的簡介、學習與發展簡介、行事曆、福利計畫說明、人事資料表格、員工手冊等。 　　所有繁複的紙上作業在報到前就必須完成寄給人資單位，如此可節省報到當天填寫表單的時間，員工也可把進入公司後的所有時間及精力都放在認識同事、瞭解公司資源的事情上。

（續）範例5-1　新進人員訓練

人資單位在報到前並將所有新人工作所需的物品準備妥當，以避免新人報到後沒有電腦、E-Mail帳號可用的窘境。甚至是名片、識別證、停車證、文具等，也在新人報到的第一天就交到新人手上，讓新人在加入公司的第一天就可以向客戶或供應商介紹自己，展現公司講求速度及效率的一面。

為協助新人更瞭解公司，在On-boarding Kits中也會請新人參與ATMI University（企業大學）的線上e-learning課程「Welcome to ATMI」，課程內容包含公司歷史、產品、客戶、工安、品質政策以及公司內部網站介紹。這樣做的目的，是讓新人在加入公司前就能對公司有更深一層瞭解，減少報到前的不安全感；同時也希望這成為吸引新人堅定加入公司信念的拉力，讓新人在還沒進公司前，就能體會公司是個重視員工培育與發展的公司。

新人護照（關鍵90天的指引）

在寄發給新人的On-boarding Kits中，還包括一份「新人護照——Passport to Success」，裡面明列了新人加入公司後三個月的學習任務清單。除了規劃傳統的新人訓練課程（包含公司內各部門的簡介課程），以及指引新人到何處尋找公司資源外，還包括了與主管的對談，以瞭解部門的目標、績效指標以及新人的工作該如何與組織結合等事宜。

任務清單中包括工作滿一個月後，員工必須進入績效發展系統（Career Tracker System），建立其中個人的工作目標，同時還必須建立與主管討論過後的個人發展計畫。

與CEO對談（瞭解企業策略願景）

在新人護照中有一項是參加與總公司總裁（CEO）對談的課程（Dialogue with CEO）。這是一個全球同步進行的課程，透過電話會議系統聆聽總公司CEO即時的線上簡報，分享公司的策略及對員工的期望，同時，每個人都有機會在線上對CEO發問。

獎勵學習（完成護照的喜悅）

為協助新人減少焦慮，在新人報到前，人資單位便會與新人的直屬主管討論，邀請公司內一位熱心主動的同仁擔任新人的導師（Mentor），人選通常不會是該位新人的主管，而是不同部門的同仁。這麼安排的理由，是讓新人較無壓力地去尋求Mentor協助，也讓新人能夠從其他部門同事的角度認識組織。

在Mentor的協助下，當新人完成護照上的任務後，人資單位便會利用季溝通大會的時間，表揚完成護照的新人與Mentor，禮物除了新人特有的T-shirt外，人資單位更會貼心地為這「一對」新人及Mentor準備屬於他們兩個獨有的小禮物，例如小盆栽、馬克杯、勵志相框等。藉此創造獨特性及榮耀感，讓員工認為完成新人護照及協助新人學習的工作，是非常重要且榮譽的一件任務。

在新人加入公司完成新人護照後，人資單位主管也會與新人面談，瞭解新人對於公司的想法、有沒有任何的適應困難，更藉此機會瞭解新人對於這九十天的學習任務的感想，尋求持續改善的方案。

資料來源：先進科材公司；引自胡雯雯（2006），〈美商先進科材實務分享 新人訓練 掌握
　　　　　關鍵90天〉，《人力資本雜誌》，2006年7月，第3期，頁42-43。

1. 讓新進員工融入企業的文化（價值觀與行為規範），減少新進員工對陌生工作環境的壓力、焦慮，以提高工作的滿意度（**範例5-2**）。

2. 減低新進員工融入組織的前置費用（如適應工作、減少工作錯誤、節省時間等），以提高公司整體效率。

3. 減低因為新進員工不瞭解公司工作規則或組織文化而產生的抱怨或離職，進而降低新進員工的流失率。

範例5-2　新進人員訓練原則

紀律規範的建立
紀律的建立以無形的潛移默化更勝於書面上的條文規定。為達到潛移默化的效用，就必須利用指導人的以身作則來感化。因為一位新進人員對工作環境仍未熟悉之前，周遭同仁的行為方式，都是新進人員模仿的對象。所謂「近朱則赤，近墨則黑。」如果讓少數有抱怨習慣的同仁來教導新進人員，則會產生負面影響，所以委派一位稱職的指導人員，有助於建立新人的認真負責工作態度。
工作標準的要求
對新進人員來說，要養成其良好的工作標準習慣，以建立對每一件工作確實做到符合時間性的要求，符合品質的要求以及工作程序的遵守。
訓練課程的進度安排，必須配合相關工作的分派執行
根據人腦的記憶能力運作方式，最有效率的記憶是輸入腦中後，在未忘記前取出使用後，再輸入才能建立永久的知識，而第一次輸入腦中的知識，通常在五天之內沒有應用的話，便會忘得一乾二淨。所以，對新進人員的訓練，即使對其工作有間接關係的知識，安排訓練也必須慎重，若有需要或者就實際委派相關的間接工作，當作正式任務處理。
儘早規劃完善的學習過程
新進人員多半懷著極高的衝勁，對於新知的吸收欲望如同海綿一般，什麼都想學。所以除了一般學習能力為考量之外，也需考慮到有些學習能力特別強，這些人也多半是極具潛力的優秀人才，若施與的訓練規劃不足，則當此新人已學會所規定的技能有可能因自滿而降低了學習熱忱。故訓練規劃一定要跑在學習程度之前，以滿足新人對新知的渴望。
團隊合作精神的培養
不論明星或凡夫也好，團隊合作精神是必須確實的從新進人員入職時開始培養，此種團隊合作精神更可延伸為培養好管閒事的精神，對相關周邊的工作也能保持關切，提供建議，甚至支援。

資料來源：台灣國際標準電子公司訓練暨發展部經理林添豪（1995），〈新進人員訓練原則〉，《工業雜誌》，302期，1995年5月號，頁51-52。

4.縮短員工融入組織的時間，增強新進員工對企業的責任心，幫助新進員工更快地勝任本職工作。

5.使員工更快地調適工作團隊與工作環境，建立良好的人際關係，逐漸被一定的團體成員接納，增強員工的團隊意識與合作精神。

無論新進員工出身的背景，來自什麼樣的公司，透過規劃完備與執行良好的職前訓練計畫，讓新進人員很快適應企業的組織文化，大家用同一種語言說話，必然就會符合公司的最佳利益，這才是新進員工訓練最重要，也是最核心的一個目標（**範例5-3**）。

二、職前訓練的層次

新進人員的職前訓練，通常包括三種層次依序進行：

(一)自我介紹

為了讓每位新進人員快速融入跟其他成員的相互認識，不會感到陌生，創造出一種輕鬆、友好的氣氛，生動、活潑的自我介紹不可免（**範例5-4**）。

範例5-3　福特六和汽車的新生訓練

> 　　福特六和的教育訓練從「新生訓練」（orientation）就開始了。不同於其他企業新生訓練的冰冷生硬，福特六和兩天的新生訓練中，只安排三小時的工業安全衛生與基本法令課程，其他時間都在協助新人快速融入企業。
> 　　新人常對陌生環境有莫名的恐懼，因此福特六和特地安排國內知名劇團「甘棠劇場」老師，在新生訓練第一天就安排「職場人際關係互動新體認」課程，以戲劇方式由受訓學員一起演出職場人生，不僅讓學員能瞭解職場與學校的不同，也利用肢體活動讓學員很快認識同梯次受訓的新人。
> 　　就像男生當兵一樣，這套課程的好處，是讓受訓學員快速打破陌生感，建立起「我們是同梯次」的革命情感，這不僅讓之後兩天的新生訓練更加活潑順暢，日後這批新人分散到各部門時，也能因同梯次之間互相鼓勵而不致感到孤單。

資料來源：福特六和汽車；徐舜達（2006），〈向亞洲最佳雇主取經　福特六和全方位珍惜人才〉，《人才資本雜誌》，2006年7月，頁25。

範例5-4　培訓遊戲：相互認識一下

> **目的：**
> 　　透過這個精心設計的練習，幫助與會人員相互認識一下。
> **所需的材料：**
> 　　空白的姓名標籤。
> **步驟：**
> 　　1.在整個團體第一次集會時，給每人發一個空白的姓名標籤。請每個人都填寫下面各項內容：
> 　　　•我的名字是……。
> 　　　•我有一個關於……的問題。
> 　　　•我可以回答一個關於……的問題。
> 　　2.給與會人員幾分鐘的時間來對這些陳述做出思考，然後鼓勵整個團體的人員聚在一起，使每個人與盡可能多的人打交道。
> **小竅門：**
> 　　•要想加快這一活動的節奏，可以在與會人員簽到時就發給他們姓名標籤，請他們當場在姓名標籤上按要求填寫上述內容。
> 　　•事先印好列有上述三項內容的姓名標籤，在與會人員簽到或等待會議開始時請他們填寫。

資料來源：《遊戲比你會說話》；引自《企業研究月刊》，總第232期，2003年11月下半月刊，頁68。

(二)一般性組織介紹

　　一般性的職前訓練是由人力資源部門負責，向新進人員提出並說明與所有員工有關的議題。一般而言，新進人員對組織感到興趣的是公司的獲利、為顧客及委託人提供好的服務、滿足員工的需求與福祉，以及承擔社會責任。另一方面，新進員工通常對個人切身有關的事項，最感到興趣的是薪資、福利及聘僱的特定期間和提供的勞動條件（如**表5-2**）。

(三)部門及工作介紹

　　一般性的部門及工作介紹，則由新進員工的直屬主管為之。它必須根據部門的特定需要及新進員工的技能與經驗而定。之後，再由主管帶領新進員工到各部門進行簡單的拜訪與介紹，將可加速新進員工融入工作團隊（如**表5-3**）。

表5-2　組織介紹的內容

介紹辦公室環境
• 在公司內，包括廁所、飲水機、餐廳、自動販賣機、個人置物櫃、辦公文具存放處、信件收發室等的位置。此外，公司餐廳營業時間、火災的逃生路線等資訊。 • 在公司外，包括公司附近的公車站及停車場、餐廳、郵局、銀行、托兒所及自動提款機等的位置。
介紹每位員工都需要知道的公司訊息
• 公司介紹，包括公司的歷史、組織圖、重要產品及策略、企業文化等。 • 工作時間及薪資的有關規定，包括員工的上下班時間、午餐時間，以及公司是否允許其他的休息時間；加班費如何計算；特別休假及病假的天數，沒有使用的天數，能否累計順延至明年使用？請假的程序（如請特別休假或事假需要在幾天前提出）；薪資何時支付以及如何支付；其他的金錢獎勵（如獎金、佣金）如何計算以及何時發放；員工出差的花費如何計算以及報帳的程序。 • 工作績效評估，包括公司評估員工績效的方法、年度評估的次數、評估結果與升遷、加薪之間的關係。 • 其他的工作基本資訊，包括公司電腦、電子郵件、語音信箱的使用方法。如果公司訂有員工接聽電話的標準程序及用語，則需給予員工書面的資料。
介紹新進員工工作需要知道的訊息
• 員工所在部門介紹，包括部門主要的職責及目標、組織圖和重要成員的姓名與其他部門的關係、在公司結構及策略中扮演的角色、運作的方式、重要的客戶、最近完成的工作，以及目前的重點工作等。 • 員工職務介紹，包括工作內容（給予新進員工一份公司對該職務內容的定義）、工作的重要性、在部門中的角色與其他同事的關係、部門對他的行為及工作表現的期望、目前他工作的優先順序和完成時間表、公司為新進員工規劃的培訓課程，以及他在公司的可能事業發展等。

資料來源：編輯部（2003），〈掌握員工關係的關鍵時刻：給新進員工好的開始〉，《EMBA世界經理文摘》，204期，2003年8月，頁129-130。

　　職前訓練對新進員工來說，是職前的一種暖身活動，透過課程設計，協助新進員工建立正確的工作價值觀，降低期望與現實的落差，對以後工作的展開有很大的助益。在新進員工訓練時，播放一些以往企業內舉辦的員工戶外活動（曾舉辦過的運動會、遊園會、登山活動、旅遊活動等）影片，或是年終晚會現場的紀錄片，可以讓新進員工很直覺地感受到公司一股活躍的文化氣息，在不知不覺中受到感染。例如在英特爾（Intel）公司，新進員工訓練基本上不涉及技術內容，很大部分是介

表5-3　組織的職前講習計畫的可能主題

1.公司概述	□退休計畫及選擇權
□歡迎致詞	□在職訓練機會
□創立、成長、趨勢、目標、優先考慮	□諮詢服務
及問題	□員工餐廳
□傳統、慣例、準則及標準	□娛樂及社會活動
□組織目前的特定功能	□提供給員工的其他公司服務
□產品或服務以及服務的顧客	**5.安全與事故預防**
□將產品或服務送達顧客的步驟	□緊急資料卡的完成
□活動的範圍及多樣性	□保健與急救診所
□組織及結構以及公司與分公司的關係	□運動與娛樂中心
□主要管理人員	□安全預防措施
□社區的關係、期望及活動	□危險的報告
2.主要政策及程序的回顧	□火災預防與控制
3.報償	□事故程序及報告
□薪資比率及幅度	□職業安全與健康法案的要求（檢視並
□加班	說明主要部分）
□假日薪資	□體能測驗的要求
□班次差異	□工作時酒精及毒品的使用
□薪資支付方式	□避稅的選擇權
□扣除額：要求的及可選擇的，以及其	**6.員工與工會關係**
特定的數額	□聘僱期間與條件的檢視
□購買受損產品及其價格的選擇權	□指派、再指派及升遷
□折扣	□試用期與所期望的在職表現
□加薪	□工作怠惰及遲到的報告
□從信用工會借款	□員工的權利與責任
□工作費用的償還款項	□管理者及督導者的權利
4.員工福利	□與督導者及工會工廠代表的關係
□保險	□員工組織及選擇權
□醫療或牙科	□工會契約條款及（或）公司政策
□人壽	□績效的督導及評核
□殘障	□懲誡與訓誡
□職災補償	□申訴程序
□假日及假期（例如國家節慶、宗教	□聘僱終止（辭職、暫時解僱、解僱、
的、生日）	退休）
□休假：個人疾病、家族疾病、喪親、	□人事記錄的內容及檢視
懷孕、兵役、陪審團責任、緊急事	□溝通：溝通管道（上行及下行），建
件、延長假期	議制度、公布欄張貼資料、分享新觀念

道雖邇，不行不至；事雖少，不為不成。《荀子·修身》

培訓管理

（續）表5-3　組織的職前講習計畫的可能主題

□衛生與清潔	□停車
□穿戴安全裝備、徽章及制服	□急救
□帶物品進公司或自公司攜離物品	□休息室
□政治活動	□供應與設備
□賭博	8.經濟因素
□謠言的處理	□為求平衡而選擇規定銷售額項目的損
7.實體設備	失成本
□設備參觀	□邊際利潤
□飲食服務與餐廳	□勞工成本
□員工入口	□設備成本
□限制區域（例如汽車）	□曠職、遲到及事故成本

資料來源： W. D. St. John, "The Complete Employee Orientation Program", *Personnel Journal,*
　　　　　 May 1980, pp.376-377. Reprinted with the permission of Personnel Journal, Costa
　　　　　 Mesa, California. 引自Lloyd L. Byars & Leslie W. Rue著，鍾國雄、郭致平譯
　　　　　 （2001），《人力資源管理》（*Human Resource Management*），台北：美商麥
　　　　　 格羅·希爾國際公司，頁207。

紹英特爾公司的文化，並詳細介紹英特爾公司的發展方向與發展戰略，
透過這種薰陶，給新進員工灌輸正確的觀念，讓新進員工認同公司的價
值觀與企業文化後，就能很快地將個人價值觀與公司價值觀融為一體，
創造績效（何輝、胡迪，2005：47）。

三、職前培訓資料袋

　　每一位新進員工都應該收到一份職前講習資料袋（organization
kit），藉以補充口頭說明的一般性組織介紹內容之不足（如**表5-4**）。這
份資料袋通常由人力資源部門準備。在資料袋內文的設計時，不僅應確
保提供了主要訊息，也要確定沒有提供過多的訊息（恰到好處）（**範例
5-5**）。

表5-4　職前講習資料袋

- 公司組織圖
- 組織設施分布圖
- 政策與程序手冊
- 假日與福利表
- 績效評估表格、日期與程序
- 其他表格（如費用支出表）
- 緊急及意外事故預防程序
- 公司簡訊或刊物樣張
- 公司內部電話分機名錄
- 保險計畫

資料來源：Leslie W. Rue & Lloyd L. Byars著，林財丁譯（2000），《管理學：技巧與運用》
（*Management: Skills and Application 9/e*），台北：美商麥格羅‧希爾國際公司，
頁328。

　　有許多組織要求員工在表格上簽名，以表示他們已收到、已閱讀過職前講習的資料，一旦未來發生訴願及員工聲稱不知道公司的政策和程序時，要求員工閱畢後簽名的表格，可以保護公司不敗訴，尤其面對日益增多的非法解僱訴訟案件，在已閱讀後的表格上簽名，更凸顯其重要性（Leslie W. Rue & Lloyd L. Byars 著，林財丁譯，2000：328-329）。

四、增強新進員工歸屬感的作法

　　一個規劃與執行良好的職前訓練講習計畫，必然會符合公司的最佳利益。下列是一些管理者總結出來的用於增強新進員工歸屬感的一些作法：

1. 舉辦一個招待會，備好咖啡茶點，邀請公司的每一位員工前來與新員工見面。
2. 幫助新進員工做好工作準備，看看其辦公桌上的辦公用品是否齊備（如電腦、文具、名片、電話）、工作上需要的密碼，以及他將接手的相關資料等。

範例5-5　主管指導新進人員清單

員工姓名Employee's Name：　　　　　　　部門Department：

_____　　　　_____

職務名稱Job Title：　　　　　　　　　　日期Date：

_____　　　　_____

歡迎新人
Section I: Welcome the new employee：
_____ 介紹同仁 Introduce the employee to their co-workers
_____ 認識工作環境 Tour the departments
_____ 說明飯店內各部門 Explain the various departments within the hotel
_____ 領班帶領新人共進午餐／晚餐 Supervisor and employee have lunch or dinner together
_____ 解說工作說明書內容如工作項目責任範圍及工作關係等 Review job description, including duties, responsibilities and working relationships

介紹工作需知及工作夥伴
Section II: Introduce the new employee to the job and to "BUDDY"
_____ 確定新人工作時間的用品及工具皆齊全 Ensure that the employee's work equipment, tools and supplies are ready and available
_____ 說明私人電話、公事電話使用規則 Explain use of telephones (personal / company calls)
_____ 提供新人各部門電話號碼 Give the employee the department's telephone number
_____ 說明工作時數及休假事項 Explain hours of work and days off
_____ 說明用餐及休息事項 Explain meals and relief period
_____ 說明部門工作規則 Explain in detail the departmental rules
_____ 說明請假手續 Explain absence procedure
_____ 說明員工儀容標準、制服及名牌 Explain to the employee the standards of personal grooming, uniforms, dress code and name badge
_____ 討論顧客服務守則 Discuss the guest relations policy
_____ 建立員工技術訓練表 Enter employee's name on skill training matrix
_____ 解說訓練課程內容及討論對新人工作表現之期望 Review training program and discuss job performance expectations together with employee
_____ 說明訓練所需時數之長短 Explain length of skill training to complete

工作夥伴之簽名　　　　　　　　　　　部門訓練員簽名
Signature of the "BUDDY"　　　　　　Signature of the departmental trainer

_____　　　　_____

員工簽名Signature of the employee　　經理簽名Signature of the manager

_____　　　　_____

資料來源：台北希爾頓大飯店（1997）；引自《台灣省企業訓練成功案例彙編第八輯》，台灣省政府勞工處編印，1997年5月，頁94。

3.在顯著位置上放一個歡迎新進員工的條幅。

4.送給新進員工一件公司的紀念品（如果有的話），如印有公司標誌的水杯、T恤、鋼筆或小計算機等。

5.在新進員工上班第一天大家與他一起共進午餐。

6.寫一封歡迎信送給新進員工。

7.請同事自我介紹並相互認識。

8.指定工作團隊中的一名員工，擔任新進員工的臨時小老師（大哥、大姐制），主動瞭解新進員工的工作狀況，並且為他解答問題。
（諶新民主編，2005：238-239）

　　新進人員訓練是一項持續的過程，需要有愛心、耐心去澆灌。新進人員的職前訓練能否達成目標，並不只是人力資源管理單位或新進人員的努力即可，更需要全體員工以迎接新朋友的態度接納新進者，共同加入工作行列。因而，職前培訓廣義而言，是全體員工共同的工作，屬於工作環境的一部分，更是企業文化的一部分。因此，一個規劃完備、妥為執行的職前訓練，可以帶給公司最大利益，也會影響新進人員未來在崗位上的工作績效表現（如**表5-5**）。

第二節　工作教導訓練

　　多數的員工訓練活動都是配合工作現場的需要，由領班等第一線主管依據工作需要而給予及時指導，這種訓練稱之為工作教導訓練，是「做中學」的一種型態（**範例5-6**）。

一、使用工作教導的時機

　　依據工作需要直接提供必要訓練（工作教導）的時機有：

表5-5 部門主管接待新進人員步驟與內容

步驟	內容
準備工作	・先瞭解新人的性格、興趣及出身學校、出生、家庭狀況等背景 ・先瞭解新人過去的工作經歷及培訓等紀錄 ・準備新職務的工作說明書 ・準備使用的工具（含電腦）及工作場所的桌椅
親切地歡迎	・親切地接待，表示非常歡迎他來參加工作行列，使其輕鬆、愉快 ・親切地與新人面談，增加彼此的瞭解 ・鼓勵他多提出問題、分配工具與工作場所
表示真誠的關心	・說明公司對新人的待遇，以表示對他的關心 ・說明並協助對新人的衣（工作服）、食（素食或葷食）、住（宿舍）、行（交通車、停車場使用）的問題 ・說明公司的使命、沿革、方針、目的及工作現狀等
說明工作的內容	・說明本單位內工作的全體概況及與其他單位的關係 ・說明新人的工作內容及其上司、同事之間的關係 ・說明新人在組織內的地位及將來升等與加薪的機會 ・強調安全衛生的規則及工作場所的安全維護
介紹有關場所	・引導並介紹與工作有關係的各部門 ・指引新人認識餐廳、洗手間、打卡處、更衣室、衣物室、飲水機、休息場所（含抽菸室）、停車場的位置 ・引導到工具用品借用單位並介紹有關借用的手續
介紹給有關人員	・把新人及職務介紹給本單位及有關單位的同事 ・將本單位及有關單位的同事及其擔任的工作介紹給新人
指導訓練	・選定適當的指導者 ・做成訓練預定表、訓練用作業表交給指導者 ・新人接受有關的一切訓練（指導）資料 ・訓練開始及訓練期間，指導人觀察新人的受訓實況及進步狀況，以作為輔助指導的參考，並決定是否正式僱用或終止試用的佐證
連續指導	・酌情做必要的指導 ・連續指導，直到能在通常監督之下工作且開始有業績產生時為止

資料來源：康耀鈺（1999），《人事管理成功之路》，台北：品度，頁93-94。

1.對新進員工之工作介紹與訓練時。

2.引進新的工作技能時。

3.簡單的改正員工績效時。

4.新人加入一個新團體時。

範例5-6　主管指導部屬

　　許多年以前，我曾經應某家公司要求，主管樓面安全事宜。有一天我和一位警衛一起進行例行巡邏工作，並確認所有的安全程序都正確無誤。我們一邊走著，警衛一邊向我說明他應該做哪些事情。

　　當我們經過倉庫的進貨門時，他向我解釋檢查這幾扇門是否鎖好是一件很重要的事，因為這關係著倉庫內許多高價存貨的安全。

　　我詢問他如何檢查，他表示自己通常都看看進貨門兩側的鎖是否鎖住。接著我再問他：「是否曾用力拉過門鎖，看看是否確定鎖上。」他說：「沒有，但是這個主意不錯。」於是他彎下腰，用力拉了第一扇進貨門的鎖，結果出乎意料之外，門竟然開了，他不可置信地喃喃自語，接著一一去拉所有門鎖。他做完這件事後說：「從今天開始，我每次都要這麼做」。

　　接著我又問他，是否曾經試著拉抬上鎖的門，看看門是否真的打不開。他說：「沒有，因為這麼做等於多此一舉，但是如果我要求他，可以一試。」於是他走向下一扇門，彎下腰，試著把門向上拉開，而讓他大吃一驚的是，門竟然整個打開了。等我們兩人都從這場驚嚇中回過神後，我們才發現門雖然鎖上了，但是並沒有和地面的鐵扣拴在一起。

　　這並不是警衛的錯，他只知道自己負責哪些事情，卻從來沒有人告訴過他，該如何去做才算是善盡職責。

資料來源：Ferdinand F. Fournies著，駱秉容譯（2000），《績效！績效！——提升員工績效的16個管理秘訣》（*Why Employees Don't Do What They're Supposed to Do and What to Do About it*），台北：美商麥格羅‧希爾國際公司，頁47。

5.員工面對新的工作時。

6.員工需要協助安排工作優先順序時。

7.員工績效平平或下降時。

8.員工接受訓練之後的跟催時。

9.員工需要加強工作績效以達卓越時。

10.員工想成為優等表現者時。

11.正式或非正式績效檢討時。

12.員工面對未來新工作挑戰時。

13.員工面對新的職業生涯前程發展時。

14.員工需要加強信心時。

15.當團隊遭遇權力和控制的衝突而想維持團結時（如**表5-6**）。

表5-6　在職訓練戰術與實例

在職訓練戰術	實例
製造「說明」機會	・工作目標或內容之說明 ・部屬閱讀指導手冊有疑問時
製造「見習」機會	・實例示範 ・讓其跟著資深人員學習 ・讓其列席工作負責人之例行會議
製造「實習」機會	・讓其擔任前輩之助手 ・進行說明會之排練或角色扮演
製造「分擔」機會	・讓他負責日常工作的一部分 ・讓其負責會議進行之司儀
製造「代理」機會	・讓其代表接見某家廠商代表 ・讓其代為出席某個會議
製造「經辦」機會	・讓其負責某個專案工作 ・讓其負責某件職務之全程處理

資料來源：陳光超；引自丁志達（2008），「員工招聘與培訓實務研習班」講義，中華企業管理發展中心編印。

二、工作教導訓練的步驟

工作教導訓練可分為下列四個步驟循序漸進的完成教導任務（如**表5-7**）：

(一)第一步驟：準備

1.造成輕鬆學習的氣氛。

2.告訴他將教導的工作。

3.詢問他是否曾做過這項工作。

4.強調認真學習的重要。

5.調整正確的教導位置。

(二)第二步驟：展示

1.做給他看，將步驟講給他聽。

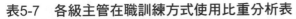

天下古今之庸人，皆以一惰字致敗。（清．曾國藩）

表5-7　各級主管在職訓練方式使用比重分析表

在職訓練方式	基層管理者	中階管理者	高階管理者
工作會議	○	○○	○○○
授權	○	○○	○○○
工作代理	○○	○○○	○
工作輪調	○	○○○	○○
工作見習	○○○	○	－
任務編組	○○○	○○	○
提案	○○○	○○○	○○○
討論	○○○	○○	○
閒聊	○	○○	○○○
經驗公開傳承	○	○○○	○○
批示公文	○	○○	○○○
工作的觀察	○○	○○○	○
示範	○○	○○○	○
一起出席	○	○○	○○○
工作報告	○	○○	○○○
提醒、警告	○	○○	○○○
斥責	○	○○	○○○
稱讚	○○○	○○○	○○○
附註：○：略使用；○○：多使用；○○○：常使用			

資料來源：姚正聲（1996），〈OJT運用經驗談〉，《工業雜誌》，1996年7月號，頁52。

2.做給他看，將要點講給他看。

3.做給他看，將理由講給他聽。

4.耐心地解答問題。

(三)第三步驟：試作

1.讓他做做看，改正錯誤。

2.請他再做一遍，說出主要步驟。

3.請他再做一遍，同時說出要點。

4.請他再做一遍，說出要點的理由。

5.鼓勵並確認已徹底瞭解。

(四)第四步驟：追蹤與複習

　　1.請他加入工作。

　　2.指定協助他的人。

　　3.常常檢查與指導。

　　4.鼓勵發問。

　　5.逐漸減少指導（如**圖**5-1）。

　　培育部屬最重要的並非依賴別人而是管理者。管理者要在工作場所以工作本身為教材實施訓練。管理者不是企圖教部屬會什麼，而先要使部屬從內心產生自我提升的意願、自我啟發的自覺。唯有部屬本人具有一定的學習意願，才能有效地吸收一切所教導的工作技巧（如**表**5-8）。

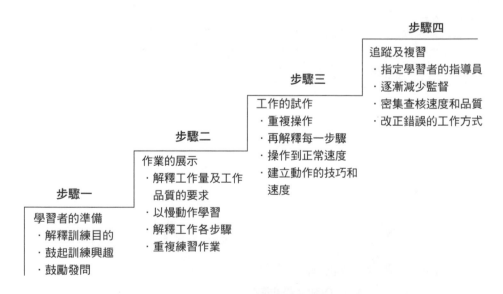

圖5-1　工作教導訓練步驟

資料來源：李長貴（2000），《人力資源管理──組織的生產力與競爭力》，台北：華泰，頁229。

表5-8　實施在職訓練的著眼點

重點	方法
發覺部屬的成長可能性並引發動機	・透過自我分析、自我評估及自我申告等方式，以掌握部屬意願和需求 ・透過性向測驗和勤務態度，以發現部屬的優點及才能 ・賦予挑戰性的課題及工作，讓部屬展現潛能 ・透過直接的指導與接觸及會談的機會，掌握部屬個性與才能 ・喚起部屬自我成長的自覺意識，並使之提高
協助部屬增進工作能力	・派給需要自我啟發的工作 ・管理者應以身作則 ・透過日常接觸實施個別指導，就生涯規劃與啟發計畫與部屬對談 ・讓部屬參與工作場所會議、小組活動並授予主持（領導）的任務 ・賦予挑戰性課題及工作 ・賦予工作改善的任務 ・讓部屬自我評估並告訴他管理者評估的結果
提供機會讓部屬發揮自己的能力	・賦予讓部屬能有效運用其優點的特別課題，或讓他領導專案小組 ・積極進行職務輪調及組織改革 ・盡可能授予自由裁量權限，強化其責任 ・做職務充實之職務分配 ・考量工作分配方法，使部屬能發揮獨立性及創造性
讓部屬嘗到完成工作的喜悅感	・明示部屬提升能力是與業績和工作成果直接關連的 ・適切評估成果 ・激勵、信賴和期許

資料來源：財團法人日本產業訓練協會事務局長野邊二郎編輯，中國生產力中心MTP教材
　　　　　翻譯小組譯（1997），《MTP（管理研習課程）講義集一》，第10次修訂版，
　　　　　台北：中國生產力中心出版，頁90。

第三節　管理才能評鑑法

　　管理才能評鑑中心（assessment center）的概念起源於一九三〇年代，最早始於軍事用途，但直到一九五〇年代左右才真正商業化。第二次世界大戰時期，德國軍方為培育出最優秀的情報員，會將情報員單獨關在一個裝有監視器的房間，再透過各種模擬情境測試。學有專精的社會學與心理學家，在另一個房間透過監視器即時觀察該名情報員面對不

同情境時的反應而得從中挑選出最優秀者擔任情報員（胡釗維，2006：132）。

目前管理才能評鑑法已被認為是「組織發展」（organization development）的一項干預技術，因為它可增進組織成員的管理才能及工作績效（如**表5-9**）。

一、管理才能評鑑的目的與用途

管理才能評鑑的主要目的是在發掘個人才能特質的多元鑑定。如針對溝通協調、計畫與組織、領導統御等不同的能力特質進行測驗／模擬，可以作為企業招聘、甄選、培養各類人才的參考依據。

管理才能評鑑是經由工作分析，將某一標竿的職位所需的能力、技能及個人特性等確定清楚，然後設計或選擇數種測驗或模擬演習，讓受評人實際參與，並由多位訓練有素的評鑑員觀察、評鑑受評人的實際行為表現，以鑑定受評人具備哪些能力、技能及個人特性，最後透過共同討論或某種統計方法得出每位受評人的總評報告，以供培訓、發展、考核及升遷參考（吳定，2000：1）。

二、實施管理才能評鑑法的要素

管理才能評鑑法具有工作分析（job analysis）、行為分類（behavioral classification）、評鑑技術（assessment techniques）、模擬演習（simulation exercises）、評鑑員（assessor）、評鑑員訓練（assessor training）、行為記錄（behavior record）及資料整合（data integration）等八項基本要素。

(一)工作分析

就標竿的職位從事各種相關行為的工作分析，以決定做好該項工作

表5-9　評鑑中心活動日程表　　　　　　　　　　　　　　　　　（第一天）

活動時間 \ 人員	受評人（assessee）						評鑑員（assessor）		
	1	2	3	4	5	6	甲	乙	丙
8：00 / 8：50	領導問卷調查及評鑑中心簡介						準備活動		
9：00 / 10：10	主管籃中演練			口頭報告演練（含準備）			評鑑口頭報告演練	評鑑口頭報告演練	評鑑口頭報告演練
10：30	同上（自我鑑定部分）			問題分析					
10：45 / 12：00	同上（面談部分）			同上（小組討論）			主持「主管籃中演練」面談	主持「主管籃中演練」面談	主持「主管籃中演練」面談
12：00	午			休					
14：00	口頭報告演練（含準備）			主管籃中演練			評鑑口頭報告演練	評鑑口頭報告演練	評鑑口頭報告演練
15：10	問題分析			同上（自我鑑定部分）					
15：30 / 15：45	同上（小組討論）			同上（面談部分）			主持「主管籃中演練」面談	主持「主管籃中演練」面談	主持「主管籃中演練」面談
17：00 / 18：00	主管籃中演練（小組綜合討論）						參加「小組綜合討論」	參加「小組綜合討論」	參加「小組綜合討論」

（第二天）

時間	受評人						甲	乙	丙
8：00 / 9：20	無主持人小組討論（LGD）演練（Leaderless Group Discussion）						評鑑LGD	評鑑LGD	評鑑LGD
9：30 / 10：00	撰寫小組討論書面報告								
10：10 / 11：30	填答反應意見及座談						參加座談		
11：30 / 14：00	結束						午休		
14：00 / 18：00							綜合討論撰寫評鑑報告		

資料來源：吳復新著（2003），《人力資源管理：理論分析與實務運用》，台北：華泰，頁233。

所需的重要構面、屬性及績效，並確認何者應由評鑑中心予以評估。工作分析亦有工作導向與人員導向兩種途徑。前者著眼於實際工作內容，後者則分析任職者應具備的條件。因此，管理才能評鑑法所採用的評量向度亦可分為兩大類：一為工作任務向度（如主持會議、排定時程、人員管理等）；二為人員屬性向度（如領導、溝通、協調等），但在實務上這兩類向度經常混合使用（孫本初、江岷欽，1999：306）。

(二)行為分類

將受評者的工作行為分為不同類別，包括構面、屬性、特徵、性向、特質、技能、能力、知識或職務等（如**表5-10**）。

(三)評鑑技術

利用各種技術提供評鑑構面所需的資訊，包括測驗、面談、問卷、社會計量工具（socio-metric device）及模擬演習等。

(四)模擬演習

利用多種與工作有關的模擬演習，觀察受評人所展現的構面行為，其中以籃中演練（in-basket exercise）、團體討論、個案分析及模擬晤談的使用頻率較高（如**表5-11**）。

(五)評鑑員

依年齡、性別、種族及專長等因素慎重遴選評鑑員。

(六)評鑑員訓練

評鑑員應經過嚴格的訓練，使其具有充分的評鑑能力。

表5-10　管理才能之分類與向度

大類	管理才能分類
成就與行動	成就導向（Achievement orientation）
	品質意識（Concern for order and quality）
	積極主動（Initiative）
	資訊搜尋（Information-seeking）
助人與服務	人際敏感（Interpersonal understanding）
	顧客導向（Customer service orientation）
人際影響	影響說服（Impact and influence）
	組織敏感（Organizational awareness）
	關係建立（Relationship building）
管理能力	人才培育（Developing others）
	指揮統御（Directiveness）
	團隊合作（Teamwork and cooperation）
	團隊領導（Team leadership）
認知能力	分析思考（Analytical thinking）
	概念思考（Conceptual thinking）
	專業技能（Technical / Professional / Managerial expertise）
個人效能	自我控制（Self-control）
	決斷自信（Self-confidence）
	彈性應變（Flexiblity）
	組織承諾（Organizational commitment）
	其他個人特徵與才能

資料來源：Spencer & Spencer (1993). *Competence at work*；引自劉兆明（2005），〈93年度考選制度研討會會議實錄：從能力評量概念看國家考試未來發展方向〉，台北：考選部編印，頁126。

(七)行為記錄

評鑑員必須使用一套系統方法記錄所觀察到的特定行為。

(八)資料整合

經由全體評鑑員的集體討論或其他統計方法，將評鑑員所觀察到的行為資料，予以彙總綜合計算，編成評鑑報告（吳定，2000：1-2）。

表5-11　籃中演練案件與評量向度關係矩陣表

案件編號	案件內容	評量向度							
		主動性	敏感性	計畫與組織	授權	行政控制	問題分析	判斷	決斷力
#1	副理的歡迎就任留言		★	★		★			
#2	電話留言通知開會			★					
#3	內部公文——產品品質事宜			★	★		★	★	
#4	電話留言通知開會			★	★				
#5	客戶來信要求更換產品		★		★	★	★	★	★
#6	部屬對媒體抱怨公司性別歧視	★	★		★	★	★	★	★
#7	銀行徵信函（員工貸款）				★		★		
#8	上司要求處理災害責任事宜	★		★	★		★		
#9	組成全面品質管理（TQM）專案小組		★					★	★
#10	裝設安裝會議	★			★	★	★		
#11	員工對領導方式的抱怨信函	★	★	★	★	★			★
#12	上司的歡迎信函及工作提示	★	★	★			★	★	★
#13	上司交下部屬請調要求	★	★		★	★	★		
#14	副理的請假單		★		★			★	★
#15	部屬抱怨福利不公	★	★			★	★	★	
#16	政府單位合約審查	★		★				★	
#17	品質不良責任歸屬	★			★	★	★		
#18	要求回電討論某位部屬		★		★		★		
#19	上司通知參加公司策略會議	★		★	★			★	★
#20	公司電腦化事宜	★					★	★	
#21	上司要求員工就財務糾紛提供意見		★		★	★	★		★
#22	生產線再製率報告			★			★		
#23	廠商展示會副理表示想代為出席	★	★				★	★	

資料來源：Organizational Performance Dimensions (OPD)；引自黃一峰（2004），《T&D飛訊論文集粹第三輯：人力資源發展的新思維：籃中演練之應用與評分》，台北：國家文官培訓所，頁71。

三、評鑑工具

　　管理才能評鑑中心是針對多種來源的行為所做的標準化評估，其須運用數名受過訓練的觀察者（評審）及評鑑技巧。一般評鑑中心所採用的評鑑工具有如下數種，在實際評鑑時，可視需要採用兩種以上的工具。

(一)客觀的測驗

　　客觀的測驗（objective test）又稱為紙筆測驗（paper-and-pencil test），大致可分為普通能力測驗及人格測驗。前者如學校能力測驗中的計量部分及概念熟練測驗（concept mastery）；後者如採用高登氏（Gordon）的人格測驗及領導意見問卷等。

(二)投射測驗

　　投射測驗（projective test）為人格測驗的一種，其特徵為利用各種曖昧不明的刺激（如圖片），使受測者自由反應，以投射出其隱藏在內心的動機、欲望或感情。常用的測量工具為主題統覺測驗（thematic apperception test）等。

(三)同儕評量

　　同儕評量（peer rating）又稱為社會評量（socio-metric ratings），即要求每位受評人對團體內其他成員的特質予以評量。

(四)面談

　　管理才能評鑑中心法所使用的面談（interviews）方式有：個人背景面談、籃中演練、面談回饋及面談模擬等四種。

(五)情境演習

情境演習（situational exercises）又稱模擬演習，主要目的在評鑑受評人的「實作能力」（ability to do）。管理才能評鑑中心法與傳統評鑑法的主要差異之一即在於模擬研習的使用（如**表5-12**）。

表5-12　常用的模擬演習方法

方法	說明	評鑑範圍
公文盒演習法 （in-basket exercise）	公文盒演習法又稱籃中演習法。受訓者在一假設情況下，個別就手邊公文盒內僅有的備忘錄、公文資料、報告、通訊錄等來做決策，包括回信、提出解決方案等。	評鑑受評人的決策、組織、計畫、授權、判斷能力。
無主持人小組討論 （leaderless group discussion）	即由全體受評人針對一項個案共同討論，並提出皆認可的方案。因此種討論係由一小組人參與，且未事先指定主持人，故稱無主持人小組討論。它又可分為指定角色與無指定角色兩種方式。	評鑑受評人的決策能力、自信心、分析能力、果斷力、影響力、領導力、進取心及溝通技能等。
管理賽局 （management game）	管理賽局又稱為企業演習（business game），類似軍事沙盤演習。所有參與者均發給一份模擬公司的有關資料，如財務、行銷、生產等狀況，並分成若干小組，各小組分別扮演不同管理角色「經營」該公司。進行演習時，一面做決策，一面採取行動，然後以獲利能力為依據，計算最後的結果。	評鑑受評人的策略規劃能力、團隊合作、分析能力、領導能力、口頭溝通技能等。
問題分析 （problem analysis）	設計各種問題情境，由受評人以書面方式分析並解決問題。	評鑑受評人的分析能力、判斷力、自主性、溝通能力、對環境的察覺力、組織與計畫能力等。
適時搜尋演習 （fact-finding exercise）	給予受評人簡單的書面資料，描述一個問題或事件的背景，要求受評人限時（如二十分鐘內）向資料提供人（由評鑑員擔任）挖取更多的相關資訊，然後提出書面建議，並向評鑑員做口頭報告，評鑑員再就若干問題逐一質問受評人。	以發問蒐集資料與分析問題的能力、運用資訊做成決策的能力、對自己觀點或立場提出辯護的能力。

（續）表5-12　常用的模擬演習方法

方法	說明	評鑑範圍
口頭報告演習 （oral presentation）	類似「即席演說」，即由受評人就所指定的題目先做十分鐘準備，然後發表五分鐘演說，最後由聽眾（由評鑑員擔任）發問。	評鑑受評人的口頭溝通技能、組織計畫能力、分析能力、壓力下的表現及自信心等。
面談模擬 （interview simulation）	即由受評人擔任面談者，就所提供的情境資料與被面談人（由評鑑員擔任）舉行十至二十分鐘的面談，然後交換角色，由評鑑員與受評人舉行面談，以瞭解受評人所表現的各種行為的動機與理由。	評鑑受評人的口頭溝通技能、敏感性、計畫與組織能力、說服力、影響力、判斷力、管理控制能力等。

資料來源：吳定（2000），《2000年海峽兩岸人力資源管理訓練與發展學術交流研討會文集：評鑑中心法在主管管理才能發展上的應用》，中華海峽人力資源訓練發展學會出版，2000年4月1～10日，頁6-7。

　　評審主要依據受測者在評鑑（模擬）演練中行為表現加以判斷，再由評審員在評審會議中加以彙集（整合）或以統計方法彙整得出評鑑結果。

　　在人才儲備方面，透過人才評鑑，參考員工個人條件、個人發展意願及績效評估結果，可製成部門內乃至於全公司關鍵職位人才遞補圖，依建議順序及培育結果做好接班準備。

第四節　國際化人才的培育

　　為了在全球市場上成功地競爭，越來越多的企業將人力資源作為其核心競爭力的關鍵和競爭優勢的源泉，尤其對一家跨國性的企業而言，問題在於如何保持和影響自己所擁有的人力資源，使其成員受到適當的訓練成為國際型的人才，從而隨時可以支配企業戰略的實施，並能為其核心競爭力做出貢獻。然而，派遣駐外人員（expatriates）若沒有經過適

當的訓練，可能在異地他鄉，不僅才華無用武之地，且有時因對國外生活特質瞭解不夠做出有損企業利益的事。所以，駐外人員的訓練就顯得格外重要。

一、國際化人力培育的目標

國際化人力培育的目標人選通常分為三類，其職務及訓練重點如下：

(一)海外地區（分支機構）之主管

對於高階人員的培育重點，目的在培養更完整的能力。因此，除了強化異文化管理能力的研修外，提升派任海外時所需的語言能力也是培育的重點。

(二)國際業務擔當人員

對於日常必須與海外分支機構接觸，或到海外地區從事業務活動的人員，其語言能力、異文化理解力、溝通技巧等是研修的重點。

(三)國際化儲備人員

國際化儲備人員的培訓屬於長期培育工作。研修課程除了外語是必修外，學員可配合自己需要，決定應加強的選修課程。

目標人選一經決定，訓練單位應輔導各指定派外人員完成訓練計畫。通常高階主管可以安排密集語言訓練及海外進修或觀摩，以提升全球化的管理視野，挑戰跨國界的管理；中階主管部分除了語言訓練、跨文化訓練外，職務輪調、專業或管理知能的強化、海外分支單位的實習等都是訓練的重點（李隆盛、黃同圳，2000：387）。

二、駐外人員訓練課程設計

　　企業在形成駐外人員訓練發展模式時，必須考量企業本身因素、環境因素及派駐國別的文化背景因素等（如**圖**5-2）。駐外人員常常面對著特殊的環境條件和承受著各種壓力，因此對駐外人員的訓練，必須針對這些問題來設計安排。例如：

1. 在駐外之人員出發之前，對員工本人和其家屬成員進行前往地區的風情人情介紹和有關的訓練（如食、衣、住、行、保險、治安等）。
2. 保持員工的持續發展意願，具體的作法是將駐外人員各種新增技能作為員工職業發展計畫和企業培養使用計畫的重要參考因素。
3. 進行回任訓練和工作安置準備，以便　　方面使駐外人員做好回任和重新適應本國文化習慣方面的準備，另一方面使駐外人員的新部屬和新上司在有關方面做好應有的準備。

　　擔任駐外人員行前訓練課程的講師，最好具有在國外至少有工作過一段時間的經歷，曾經因為彼此文化背景的不同而經驗過「文化震驚」（culture shock）；對於當地的風土人情、價值（道德）觀、宗教及政治等有深入的瞭解，能清楚當地與本地的文化在領導、激勵方式及時間觀念方面的不同，對於體驗新的文化、結交新朋友與接受新的價值觀等，抱持一個正向的態度，以及能夠針對學員不同的需求與狀況進行個別的諮詢與輔導等（張裕隆，1995：41）。

　　派駐前的訓練項目的組成，會因任職地區、任職期限、調動目的以及訓練項目提供者的不同而不同，但基本上以工作環境和當地文化介紹、語言訓練、敏感性訓練為訓練重點。

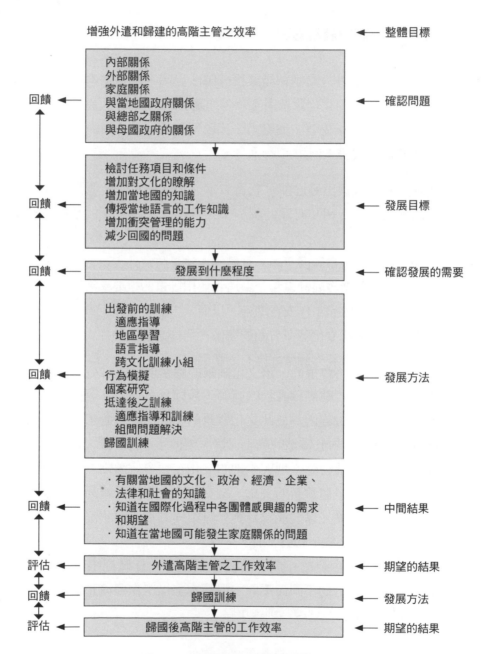

圖5-2　駐外人員訓練發展模式

資料來源：Briscoe (1995)；引自李漢雄（2000），《人力資源策略管理》，台北：揚智，頁364。

三、三個尺度的訓練項目

威廉・門登霍爾（William Mendenhall）和奧都（Oddou）對文化意識訓練提出了用三個尺度來指導如何決定合適的訓練項目。三個尺度分別是訓練方法、低中高的訓練嚴密度，以及與相互作用的文化新穎性相關的訓練時間。例如，如果相互作用期望水準低，而駐外人員本國文化和所在地區文化之間的相似性高，訓練的時間可能在一週以內。例如在地區或文化簡介方面，可以採用講座、錄影或書籍等方法，可以保證訓練有適當的嚴密度。

另一方面，如果駐外人員將被派到國外工作兩個月至一年期間，並預計與所在地區文化中的成員有某種程度的相互作用，訓練的嚴密性則應該提高，訓練時間要更長（一週至四週不等）。除了提供訊息以外，訓練方法中可以採用文化吸收和角色扮演的方法。如果駐外人員將被派駐一個非常不熟悉，而且文化環境與本國截然不同的地區工作，那麼期望的相互作用程度將會很高，跨文化訓練的嚴密度則要求更高，而且訓練也要持續到兩個月時間。

除了上述討論的嚴密性高低的訓練方法外，敏感性訓練、實地經驗和兩種文化實驗討論都是較為適合的訓練方法（趙曙明等，2001：125-132）。

四、派駐前的訓練

根據學者Tung（1981）的研究指出，原來在總公司表現優異的駐外經理，並不代表駐外工作的必然成功。其失敗的原因，最重要的兩項為「管理者本身無法適應不同的心理或文化環境」與「管理者的配偶無法適應不同之心理或文化環境」。出國前對駐外人員和其家庭成員進行國情分析與介紹的訓練，可大大有助於駐外人員成功地完成海外的工作任務。

派駐前的訓練科目包括：接受任務前、執行任務、結束任務後之訓練與家眷在赴國外依親時、在國外生活期間、返國後之指導和訓練。

(一)跨文化的訓練

跨文化訓練（cross-cultural training）著眼於培育派外人員對於當地文化之瞭解、尊重，因而能夠適當地、有禮貌地應對。其目的在創造文化差異的認知，瞭解影響行為的文化因素，發展跨文化調適的技能及促進不同文化的融合。

課程的內容要教導派駐人員學習尊重不同文化、歷史、種族、宗教、語言的差異。以顏色為例，義大利人、中國人偏好紅色，德國人、法國人就不喜歡紅色；藍紫色全球通行，但義大利人就是不喜歡藍紫色，因為它代表著死人花的顏色。又以各國對腳踏車的需求為例，歐洲人就常帶著腳踏車露營，因此要強調可攜式；美國人喜歡騎腳踏車探險，因此鋼骨的強度要夠；日本人較常利用腳踏車做短程的接駁工具，像買菜、上班、上學換捷運等，因此同樣一個產品在行銷時，要懂得因地制宜，這都是行前訓練課程規劃的重點（如**表**5-13）。

由於駐外人員必須適應所在地區的環境並且沒有孤獨感，只有這樣的工作才會有效率。設計精良的文化意識訓練項目大有裨益，它可以培養駐外人員並使其欣賞所在工作地區的文化。

(二)語言訓練

在現代的日本語和漢語中，有很多意義完全不同。例如在日常用語中，「走」在日本語是「跑」的意思，在漢語裡則是「步行」；「手紙」在日本語裡是指「書信」，在漢語則是如廁用的「衛生紙」；「東西」在日本語是指「東、西兩個方向」，在漢語裡則一般指「物品」（松本一男著，李玉芬譯，1994：24）。所以，語言的提升必須要靠企業長期的培育及員工的自我啟發。通常許多企業會安排員工在公司或公司外學習外語，甚至把外語的檢定列為升遷、國外訓練或駐外人員的必

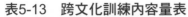

表5-13　跨文化訓練內容量表

項目	內容
溝通訓練	・公司有教導我大陸簡體字的書寫嗎？ ・公司有提供我有關台灣與大陸之間的習慣用語之差異用法嗎？ ・公司有提供我外派當地話的禁忌嗎？ ・公司有教導我當地的方言嗎？ ・公司有提供我個人彈性與處世態度的敏感度嗎？ ・公司有提供我與母公司取得良好溝通之方法嗎？ ・公司有提供我與大陸當地人民、職工與政府的溝通方法嗎？
當地文化理解訓練	・公司有提供我外派地區當地的風俗習慣嗎？ ・公司有提供我外派地區現階段政經情勢嗎？ ・公司有提供我大陸的生活基本條件與常識嗎？ ・公司有提供我重要法令規章（如勞動人事法規）嗎？ ・公司有提供我遇到壓力困難時可向「誰」諮詢的管道或資訊的提供嗎？ ・公司有提供我保有政治警覺性的方法嗎？
工作技能訓練	・公司有提供我工作災害的防治方法嗎？ ・公司有提供我維護自身生命和公司財產安全的方法嗎？ ・我對自己的專業技能與知識非常有信心嗎？ ・公司有提供我工作相關專業知識與技能嗎？ ・公司有提供我赴任新職前的相關教育與訓練嗎？ ・赴任新職前公司有提供我專業知識的相關新資訊嗎？

資料來源：陳春霖（2003），〈跨文化訓練實施對台商外派人員於工作適應上之影響〉，私立大葉大學國際企業學系碩士班論文，頁59-60。

備條件。很顯然地，有能力以當地語言進行溝通，可改善派外人員之效率和談判能力。同時，更能擷取當地地區之經濟、政治、社會與市場資訊的能力（**範例5-7**）。

(三)實地體驗

　　外派人員赴任前，先到派駐地區實地體驗數週，藉以訓練其適應不同文化的能力，確認能夠習慣之後，接著要到各地的工廠學習（生產單位），瞭解公司產品的製作過程，訓練完成後才派往指定地點工作，才能勝任外地工作。

範例5-7　各地區民情風俗不可不知

地區	見面時	雙手	其他姿勢
阿根廷	保持目光的接觸。	避免使用手勢。	通常站得很靠近，有時會有整理對方領口或碰觸肩膀的動作。
澳洲	站得筆直，握手的動作謙虛、謹慎。	握拳而拇指向上是粗鄙的姿態。	對女性擠眉弄眼是不端莊的行為。
奧地利	使用正式的聲調。	談話時要避免把手插口袋裡。	訪問或會面時不可嚼口香糖。
加拿大	總是直接對整個團體發表意見。	避免用手指做手勢。	用手指頭指著頭部側面，代表神經病；不要盯住女人的眼睛。
英國	避免提及政治；信任、親密、關懷的氣氛，能夠達成最好的結果；準時開始集會。	很少使用手勢。	誇張的動作如用力拍打背部，或是以手抱肩膀應該要避免。
法國	談話時手不要放在口袋裡；避免政治話題。	美國人的「OK」手勢在法國代表「零」；法國人以拇指向上表示「OK」。	玩弄雙手手指，並以手掌向下拍打拳頭，帶有粗鄙的意思。
德國	講詞必須善加組織，解說情況時，很少舉例說明。	談話時，將雙手放在口袋裡是不禮貌的。	在商務會議上嚼口香糖是不適當的；不要把腳放在任何桌子或椅子上。
日本	不論是坐或是站著，姿勢都是很重要的。注重禮貌。	在召喚別人時，手掌向下揮手。	跪坐時要保持挺直的姿態。
美國	會議通常準時開始，有時會比預定的時間延長，但只要訂出明確的結束時間，大家都會遵守的。	拇指和食指圍成一圈，其餘三指伸出代表「OK」或「沒問題」，談話時經常使用手勢。	美國人不習慣於「接觸」別人，特別要避免密切的接觸。

資料來源：Vincent A. Miller原著，羅耀宗、劉道捷譯（1987），《有效的教育訓練規劃》（*The Guidebook for International Trainers in Business & Industry*），台北：哈佛企業管理顧問公司，頁52-58。

五、保持駐外人員繼續發展

　　對企業來說，將駐外員工始終納入職業發展計畫和公司員工訓練計畫，是十分必要的。企業必須設法保證並使駐外人員確信他們在國外的

工作經歷將既有利於企業，又有利於今後自己的事業發展。

六、派駐人員的生涯規劃

　　為了「人才當地化」及進一步考慮當地聘僱員工的發展機會，派駐人員終究要返回「母公司」再就業。因而，任期屆滿回國的駐外人員，可能面對著一攬子特殊報酬的取消，其實際收入將會下降，因此，返國人員需要使自己適應相對低一些的收入。此外，返國人員還必須使自己重新適應與其他員工頻繁接觸的近距離工作關係，和上下級的隸屬關係。這些問題都必須納入派駐人員的生涯規劃範圍，以減低駐外人員對未來前途缺乏信心（Robert L. Mathis & John H. Jackson著，李小平譯，2000：295-296）。

　　總之，工欲善其事，必先利其器。透過專業的甄選來拔擢「適性」的駐外人員，然後再輔以適當的訓練，將可「縮短」其在海外工作的適應、摸索時間，進而提高其工作效率與工作滿足，如此一來，有助於企業的「開疆闢土」不缺「將帥」，員工個人獲得「多元文化」管理的洗禮而「功成名就」。

 第五節　企業大學

　　由於有愈來愈多的企業將人才培育工作視為企業永續經營的主要行動之一，因而為了有系統的展開員工訓練活動，較大規模的企業更在企業內部設置了「企業大學」的訓練體系。在此類訓練體系下，企業會依據不同職等、職務，規劃不同的訓練課程，並以完成必要的訓練課程為職等晉升的基本條件，激勵員工主動參與各式訓練活動（李吉仁、陳振祥著，2005：340-341）。

一、企業大學的定義

　　企業大學這一術語，是二十世紀五〇年代由華特·迪士尼（Walt Disney）公司首先採用的。優秀的企業離不開對優秀人才的培養，而卓越的企業一定會透過建立企業大學來促進人力資源戰略和企業發展戰略的實現。根據美國管理協會對企業大學的定義是說：「企業大學實際上是一個教育實體，也是一項策略性的工具。設計目的是協助母體組織完成企業任務，並且帶領三項企業活動：培養個人與組織的學習、知識與智慧」。

　　企業在建立企業大學時，最需要注意的問題是，務必使企業大學和組織的經營戰略目標直接聯繫。真正規範意義上的企業大學，籌建之前就必須考慮它與企業戰略目標之間的關係，並將為這種目標的服務自始至終地貫穿在企業大學的整個運行過程中。從這層意義上看，企業大學並非純粹的訓練實體，它必須依托於組織的長遠戰略並始終為其服務（陳燦、胡宏峻、王寒，2006）。

二、企業大學的發展史

　　珍妮·梅斯特（Jeanne C. Meister）是全球公認的企業大學專家，她認為通用汽車（General Motors Company, GM）公司是第一家在公司內開設大學的企業。通用汽車公司的查理·史坦梅茲（Charles Steinmetz）博士早在一九一四年就提倡建立企業學校，只是當時通用汽車公司沒有考慮將它稱為企業大學（企業大學這一術語當時也不存在），但他們試圖把訓練和學習帶到工作中去，一直等到一九二七年，通用汽車才創建了設計和管理學院，其基本原則是透過人力資本發展來提高生產力，這一原則成了當今建構企業大學的基石。

　　奇異電氣公司（General Electric Company, GE）於一九五五年成立的克羅頓威爾（Crotonville）管理學院。該管理學院成立之初，也僅為了滿

足有潛力的公司管理者的需要，採取的主要作法是為這些有潛力的管理者提供為期十三週的「經理人員開發項目」，其中包括為期一個月涵蓋奇異電氣公司員工職業生涯中管理部分的三門課程。而隨著實踐的發展，克羅頓威爾管理學院開始進一步拓展其訓練對象和方式，將更多的員工以及價值鏈相關成員的訓練容納進來。傑克‧威爾許（Jack Welch）說：「奇異（GE）的宗旨是為每位員工提供最好的訓練，提供大量增進個人成長與專業技能的機會。奇異公司會盡一切努力讓每一位員工擁有『終身就業的能力』，而非『終身就業的機會』。」從這個角度看，摩托羅拉大學（Motorola University）與克羅頓威爾管理學院的作法不謀而合。摩托羅拉大學也隨著一段時間的發展才延伸訓練對象，以至最終提供「訓練的全面服務」，即訓練整個價值鏈上的所有成員，從內部員工和團隊到外部客戶和供應商，甚至包括新型市場上的潛力客戶。

　　實際上，最初企業大學的訓練大都為適應公司的戰略而設置具體的內部訓練內容和方式。隨後，各企業在發展中逐漸認識到訓練價值鏈相關成員的重要性，於是便將適當的訓練內容向供應商、客戶等展開，以確保他們成功地完成工作所必須掌握的技能、知識和能力。這樣做的依據是，如果價值鏈上的所有關鍵成員都明確企業的願景、價值觀、使命，都瞭解並支持企業核心競爭力的獨特優勢，那麼企業就能更好、更快地實現其經營目標。

三、企業大學的特質

　　企業大學成功與否的標準並不在於有多少硬體，關鍵在於其是否有高效能的訓練管理體系、健全的課程開發能力和優秀的講師隊伍。企業大學絕不等同於傳統的訓練中心。珍妮‧梅斯特認為，企業大學與傳統訓練中心區別的焦點在於從一次性訓練活動（這種活動用於培養個人的技能）轉向建立持續學習的文化（員工互相學習，分享創新和最佳實踐，並著眼於解決實際的經營問題）。換言之，企業大學的訓練已經

超越了個體員工轉變成為組織培養學習能力。當個體學員參加課程時，整個工作團隊就轉向為學習者團隊，而且幫助這個學習者團隊的教材不再是哈佛商學院的案例，而是該團隊日常工作中面臨經營的問題（如**表5-14**）。

從學習者的角度來看，企業大學期望的結果不再是完成一項正式的課程，而是透過行動學習培養員工的學習能力，並在以後的工作中繼續這一過程。實際上，這種從訓練向持續學習的轉變，已經從實地參與的學員擴展到企業大學的整個學習功能（陳燦、胡宏峻、王寒，2006）。

四、企業大學的類型

以企業運營的核心競爭優勢和企業大學的主導教學內容，可將企業大學劃分為生產技能型、服務溝通型和科技創新型三種類型。

表5-14　傳統訓練中心與企業大學的差異

傳統訓練中心	企業大學
• 被動的接受員工需求	• 主動的提出整體人才訓練策略
• 分散式的資源與管理機制	• 集中式的資源與管理機制
• 針對課程招攬不特定的學員	• 針對部門的需求提出制式化的解決方案
• 與功能部門的核心業務關係較淺	• 與功能部門的成長策略息息相關
• 屬於戰術層次	• 屬於戰略層次
• 著重於教室環境的課程模式	• 善用不同的訓練工具和環境，提供實體訓練及數位學習（e-learning）的整合學習環境
• 與企業文化無關	• 與改善企業文化的過程有很大關係
• 課程形式較為固定	• 提供員工終身學習的機制
• 以技術訓練為主	• 強化各種高階人才訓練的課程，如領導能力、創意思考、解決問題能力
• 其他單位的認同度與配合度不高	• 管理者與員工全體支持
• 著重於個人技術的提升	• 著重於整體部門工作績效的提升
• 屬於員工層次的支援部門型態作業	• 以事業單位（SUB）的模式獨立營運

資料來源：廖肇弘（2003），〈企業大學的關鍵成功因素〉，《管理雜誌》，353期，頁63，2003年11月號。

(一)生產技能型企業大學

這類企業大學多為傳統製造企業創辦，以基本的專業技能訓練為主，訓練內容和訓練時間不固定，特點是提供即時性、實用性的技術訓練服務，按照市場需求設計課程。

(二)服務溝通型企業大學

這類企業大學主要集中在大型或中等規模的公共事業和餐飲百貨，以及銀行、保險、酒店、旅遊等服務性行業。服務溝通型企業大學訓練內容的技術含量不高，主要是宣傳和建立自己的標準化服務規則，貫徹企業品牌文化，特別強調以人為本的服務理念。教學內容以一對一為顧客提供產品和個性服務為基礎，學習學會傾聽、溝通的技能和團隊合作的精神，從而形成規模行銷，贏得市場。教學方法主要是透過觀點呈現、情景模擬等方式讓學員從實戰演練中自我發覺問題，共同分享成功。這一類企業大學包括麥當勞（McDonald's）的漢堡大學（Hamburger University）、迪士尼學院（Disney Institute）等。

(三)科技創新型企業大學

這類企業大學高科技含量高，規模巨大，主要集中在高新企業、製造業、電信業等，大多由超級跨國公司創辦，它們的產品銷到哪裡，企業就跟到哪裡，企業大學也開辦到哪裡。這類企業大學的訓練課程比較完善，技術訓練對外開放，建有相對完善的價值鏈訓練服務體系；大多採用獨立決策和分散決策相結合的組織形式，便於針對市場、產品出現的問題及時研究和處理。它們的特點是注重新技術的研發和創新，注重新產品開發，捕捉市場動態，融合當地文化。由此而產生的企業文化，特別注重強調技術創新精神、品質第一的服務精神和終身學習的學習精神。因此，這類企業大學的教育訓練及課程都是圍繞著公司的企業文化而展開，比如惠普（Hewlett Packard, HP）商學院中職業經理人必修課的

核心內容「惠普之道」（HP Way）。這類企業大學有摩托羅拉大學、惠普商學院（HP Business School）、西門子大學（Siemens University）、通用汽車大學（General Motors University）、通用電氣管理發展學院（General Electric Management Development Institute）、甲骨文大學（Oracle University）、戴爾大學（Dell University）等（李湘玲，2007：28-29）。

五、企業大學的訓練對象

傳統的大學教育體系無法完全滿足企業在實務上的需求，企業想要量身打造自己所需的人才而不再是將此任務完全交給培養傳統的大學。因此為企業培養人才，是企業大學當仁不讓的基本使命。企業的中、高層管理者是企業大學最初、最純粹的訓練對象，原因在於訓練這一部分人群，更有利於實現公司的經營目標，訓練的資金投入也顯得更有價值；同時對中、高層管理者的關注也與企業大學興起的背景相關，即多數企業大學都是企業面臨組織變革時籌建的，它們希望企業大學使中、高階管理者成為組織變革的參與者和實踐者。

跨國公司的企業大學，最初都旨在培養具有潛力的高級管理者。像奇異電氣公司的成立的「克羅頓威爾管理學院」時，將它定位於「滿足有潛力的公司管理者」的需要；摩托羅拉大學也是以訓練中、高階層管理者為起點。

六、企業大學的師資訓練

國外知名企業大學通常由高階管理層甚至執行長（Chief Executive Officer, CEO）來擔任其主要師資，即所謂的「用自己的人講自己的事」。其優點有：

1.高階管理者相當明確訓練的關鍵需求，使訓練的效果更有針對性、

更有價值。

2.高層管理者來擔任企業大學的師資，可以將自己在日常工作中的經
　驗進行轉化，聯繫實際，強調運用，並給出結果。高層管理者親身
　參與到教學中，既增加了高層管理者與員工的溝通，又改善了員工
　的管理技巧，使他們更全面且深入地瞭解企業的業務。

3.由企業的管理者擔任師資，而不是從外面聘請專業講師，具有明顯
　的經濟優勢與傳承意味。

4.高層管理者擔任師資，更容易傳播企業的文化、價值觀及願景。

5.高層管理者參與學習實踐中起到「行為榜樣」的作用，很大程度地
　鼓舞和激勵員工積極學習和創新，最終使其工作得到持續的改進。
　（陳燦、胡宏峻、王寒，2006）

　　人力資本投資是收益率最高的投資，這一理論已經被人廣為接受，
建立企業大學作為一種新興的企業內部人力資本投資方式，只要能夠給
予它正確的定位，充分把握其成功的關鍵，建立適合本企業的企業大
學，相信學習型組織的建立將不再是一句空話，企業將會從中獲得超乎
想像的豐厚回報。

 結　語

　　管理者是否稱職，主要係依據其部屬的工作成果予以評估。此項
意義乃是表示培育部屬、提升其工作能力，是管理者責無旁貸的責任。
所以說，管理者有將經營上最重要資源的人，培育成有能力的人才（人
財）的責任。

6 多元化的教學方法

哈佛大學的問題是在如何教，而不是教什麼。

——美國哈佛大學校長Eliot

　　人才是企業的資產，也是競爭力所在。每家企業都應該重視人才訓練與發展，但訓練是需要完整的計畫，針對不同職業生涯發展需求及個別職能差異加以設計。一項好的企業訓練方法，不但能提升員工的專業技能與涵養，更能為企業培養營運上所需具備的各種人才。縱使訓練目標多麼正確、教材多麼充實，若訓練方法不當，訓練後的成效必大打折扣（如**表6-1**）。

第一節　訓練教學方法的選擇

　　企業如何選擇適合的訓練方法，常常困擾著訓練機構的承辦人員。沒有任何一種的訓練方式可「放諸四海皆準的」，只能說對於不同的訓練目標、內容和對象而言，某種訓練方法是最合適的（如**表6-2**）。

　　基本上，選擇訓練方法運用時，可依其訓練性質、學員背景、教材內容、訓練時間長短、訓練場所與設施等做不同組合，它不一定限制哪一種訓練方法（**範例6-1**）。

一、訓練目標與本質

　　通常企業的訓練目標有：更新知識、培養能力（包括工作技巧、工作技能和經營決策能力等內容）和改變態度（行為）。訓練目標如為認識或瞭解知識主體，則多種訓練方法均可採用；如為應用特殊技能，則模擬、示範等方法將比單純的口語講授或討論更有效（如**表6-3**）。

表6-1　各種培訓方法的比較

	演示法			傳遞法							團體建設法		
	講座	錄像	在職培訓	自我指導學習	師帶徒	仿真模擬	案例研究	商業遊戲	角色扮演	行為示範	冒險性學習	團隊培訓	行動學習
學習成果													
言語信息	是	是	是	是	是	否	是	是	否	否	否	否	否
智力技能	否	否	否	是	是	是	是	是	否	否	否	是	否
認知策略	否	否	是	是	否	是	是	是	是	是	是	是	是
態度	否	是	否	否	否	否	否	否	是	否	是	是	是
運動技能	否	是	是	否	是	是	否	否	否	是	否	否	否
學習環境													
明確的目標	中	低	高	高	高	高	中	高	中	高	中	高	高
實踐機會	低	低	高	高	高	高	中	中	中	高	中	高	中
有意義的內容	中	中	高	中	高	高	中	中	中	中	低	高	高
反饋	低	低	高	中	高	高	高	高	中	高	中	中	高
觀察並與別人交流	低	中	高	中	高	高	中	高	高	高	高	高	高
培訓轉換	低	低	高	中	高	高	中	中	中	高	低	高	高
成本													
開發成本	中	中	中	高	高	高	中	高	中	中	中	中	低
管理成本	低	低	低	中	高	低	低	中	中	中	中	中	中
效果	對語言信息來講效果好	一般	對有組織的OJT效果好	一般	好	好	一般	一般	一般	好	差	一般	好

資料來源：Raymond A. Noe 著、徐芳 譯（2001），《僱員培訓與開發》（Employee Training & Development），北京：中國人民大學出版社，頁148。

範例6-1　編序指導的例子

	指導語：將表的左側遮擋住，做下列題目，每做一道題，對一下左側的答案。若答案正確再繼續做下一題。
小 小步驟	1.編序指導包括幾個基本的學習原則，其中之一叫做小步驟原則。它的基本前提是一個新訊息應該按照_____步驟提出。
	2.學習者逐漸地獲得更多的知識，但是總是以_____獲得的。
主動	3.因為主動學習者通常能比被動學習者獲得更多的知識，所以編序指導的又一基本原則是主動參與。寫出這一原則的關鍵詞_____參與原則。
主動參與	4.在學習過程中，無興趣的學習者往往會進入一種被動狀態，發現自己總是記不住所學的東西，在編序指導學習中，學習者總是被提醒記住那些關鍵詞，這就是利用的_____原則。
小步驟 主動參與	5.在編序指導的這兩個技巧中，訊息是以_____提出的，關鍵詞是不呈現的，需要學習者去_____完成句子。
知識	6.第三個原則是立即瞭解學習結果。指當一個測驗完成時，學生立即能夠知道_____的結果。
立即知道 的結果	7.在編序指導學習中，一個學生做出了任何不正確的反應，都能立即地發現並在學習新知識之前，知道正確的結果，因此，編序指導中，學習者_____知識_____。
立即知道知識的結果	8.在編序指導中，「立即」指的是幾秒鐘，而不像其他學習中的「一天」，甚至一星期。學習者持續地瞭解他的進步情況，他_____。
小步驟　主動參與 立即瞭解知識的結果	9.讓我們來複習已經學過的編序指導的三個原則，透過_____學習者學習新知識，他_____學習的過程，並_____。
複習	10.第四個原則複習，其實學習者已熟悉了這一原則。由於學習的新知識會對以前學習的知識的回憶產生干擾，所以學過的知識在編序指導中要定期重複，即編序指導包括_____的原則。
小步驟	11.例如，教練教運動員某一種技術時，讓運動員看錄影，每一個動作都是以慢動作呈現，這一程序表明了_____的原則；在錄影呈現的過程中，要求運動員們對內容進行模
主動參與 立即瞭解知識的結果	仿，這一程序是運動員的_____；教練並不等到幾天之後再重新放錄影，因為運動員應_____。有時，錄影連續放
複習	兩三次，直到運動員掌握了，才學下一個技術。這一技術類似於編序指導中的_____原則。
小步驟、主動參與、立即瞭解知識的結果、複習	12.讓我們複習一下編序指導下的下列四個原則_____；_____；_____；_____。

資料來源：葉椒椒（1995），《工作心理學》，台北：五南，頁236-237。

操千曲而後曉聲，觀千劍而後識器。（南北朝‧劉勰《文心雕龍‧知音》）

表6-2　訓練方法有效性比較

訓練方法	獲得知識	改變態度	解決難題技巧	人際溝通技巧	參與許可	知識保持
案例研究	2	4	1	4	2	2
討論會	3	3	4	3	1	5
講課（帶討論）	9	8	9	8	8	8
商業遊戲	6	5	2	5	3	6
電影	4	6	7	6	5	7
程序化教學	1	7	6	7	7	1
角色扮演	7	2	3	2	4	4
敏感性訓練	8	1	5	1	6	3
電視教學	5	9	8	9	9	9
說明	排列的次序越高，這種方法越無效。					

資料來源：S. L. Carroll, Jr., F. T. Paine, S. J. Ivancevich；引自張一馳（1999），《人力資源管理教程》，北京：北京大學出版社，頁183。

表6-3　常見的訓練方法內容說明

教學方式	說明
課堂講授法（lecture method）	它是最為普遍被採納的訓練方法。它係指講師以口語表達方式，透過單向溝通，將大量過濾過的資訊傳遞給學員的過程，由學員聽講並作筆記。
會議指導法（meeting method）	它係針對一個問題，學員一起充分交換意見，綜合整理出解決對策的方法。簡單的說，這一方法可以集合眾人智慧，得到正確結論的同時，也可以訓練要解決問題時必要的思考方法。
工作指導法（job instruction method）	它係指由受過教導訓練之資深員工直接指導工作之步驟。
個案研討法（case study method）	它是指面對一個案例（通常採用學者專家所編寫的過去發生或虛擬的經營個案），由學員針對該案例之狀況與發生因素提出一些解決方法並加以討論，以謀求最合適解決之道的訓練法。例如：醫院病歷、法院判例等。
虛擬實境法（virtual reality）	它是提供受訓學員三次元學習經驗的電腦本位科技。此一方法是利用專門的設備，或是看電腦螢幕上的虛擬模型，讓學員悠遊於虛擬的環境中並與其他組成分子產生互動，它可以讓受訓人員不必冒著危險練習各種任務。

（續）表6-3　常見的訓練方法內容說明

教學方式	說明
角色扮演法（role playing method）	它係指讓學員運用戲劇扮演的方式各扮演一個特定角色，期使在扮演別人的角色中，更能使學員體會別人之感受，增進個人之人際敏感度來處理真實的或假想的問題。
腦力激盪法（brain storming）	它是由一群不分身分的參與者，在毫無範圍界定之情況下，提供問題解決之構想，可以天馬行空，可以不拘形式，隨想隨寫，先不做判斷。當腦力激盪過後，所有的看法、意見、概念、構想一一接受他人的診斷，討論可行性、價值觀、實用性、環境背景等意義，然後決定「構想」取捨。
討論教學法（discussion method）	它係指由學員針對各式各樣的問題進行討論，並得到一個團體性的結論，取得共識，而藉此使學員獲得知識與能力的提升。
視聽教學法（audiovisual techniques method）	它是利用電影、錄影帶、錄音機、光碟、電腦等電子設備所提供的視聽教學工具效果，來傳達訓練的內容。
公文盒演練法（in-basket exercise）	公文盒演練法又稱籃中演習法，是訓練主管人員的決策能力及組織與計畫能力。受訓者在一假設情況下，個別就手邊公文盒內（籃中）僅有的備忘錄、公文資料、報告、通訊錄等來做決策，包括回信、提出解決方案等。
敏感性訓練法（sensitivity training method）	它是行為科學與人際關係的應用訓練，又稱T組訓練法（T-group method），是一項歷經其境，不斷反應的研習，故又稱為實驗室訓練法（laboratory training method）。如危機管理預防之管理訓練。
工作坊（workshop）	它指的是工作環境相同或相似的一群人員聚集在一起分享工作經驗與知識技能，用以提升個人能力，擴展專業知識或解決工作上所遭遇到的問題為之。
模擬法（simulation）	它類似角色扮演並加入許多決策點的程式化個案研讀，通常係由多個學員組成團隊，以對應真實狀況，共同謀求解決問題的訓練方法。例如：IBM市場行銷訓練的一個基本組成部分是模擬銷售角色，採取的方法是學員在課堂上扮演銷售角色，講師扮演用戶，向學員提出各種問題，以檢查他們接受問題的能力。
示範法（demonstrations）	在學員前展示動作、解釋某程序或技巧，使學員能重複相同動作或程序的訓練方法。
直接指導法（coaching）	由接受過教育訓練之資深員工直接指導工作之步驟、流程及追蹤，屬於一種個別教導法。

（續）表6-3 常見的訓練方法內容說明

教學方式	說明
體驗式學習 （adventure learning）	體驗式學習又稱為冒險式或探險式學習。它主要係透過有組織、有系統的戶外探險或體能活動，安排進行團體潛能開發並培養領導技巧發展、自我認知、衝突管理以及問題解決能力。這種教學方法安排的體能活動，就是一般所熟知的野外求生訓練（outward bound training）、戶外體能訓練（outdoor experiential training），包括登山、攀岩、滑雪、鋼索、爬梯、野地求生、射箭、泛舟、泳渡等。
團隊訓練 （team training）	它係針對一起工作的個人績效做一協調，以達成共同目標的訓練。
以問題為基礎的教學方法 （problem-based learning, PBL）	它最早應用於醫學機構的教學，以現有臨床案例的實際情境為腳本，學員在講師指導下，由案例中練習如何「發掘問題、分析問題並且解決問題」，並藉著處理問題的過程，自行搜尋資訊而學到了必要的知識。
評鑑中心 （assessment center）	評鑑中心的定義是指在標準化的條件下，讓應試者表現工作所需之技能的各種不同的測驗技術。包括：籃中演習、團體討論、口頭報告、管理博弈（management games）等方法，主要在鑑定學員的潛能以作為考選與晉升的參考，同時亦是訓練與發展管理能力的有效方法。
編序教學法 （programmed instruction method）	編序教學法又稱循序教學（programmed self-instruction）或計畫學習（programmed learning），乃以教材分配一連串細目編成一連串簡答或測驗題，然後提示學員自學，學員回答問題後，即可自行校對正誤，然後學習下一個問題，如此循序漸進，學員可依自己之速度而進行學習，以增強學習效果，進而學會全部教學。
分組討論 （buzz session）	將大群參加訓練學員劃分為五至七人的小組，並給予五至十五分鐘討論特定議題，經每位小組成員的參與，最後由主持人（講師）蒐集整理各組討論成果，再呈獻給所有學員的訓練方法。
同儕學習 （peer learning）	學員之間以輪流的方式相互擔任講座與學員，將自身專長傳授給學員，並學習其他學員的專長謂之。
座談會 （symposium）	由數人（通常最多五人）對特定議題有研究的專家學者，每人發表五至二十五分鐘的言論，然後再由學員進行討論的活動。
焦點討論法 （focus session）	它是透過引導人的專業技巧，營造輕鬆的討論情境，協助員工說出心裡的話，雖然不一定得出最終決策，卻能透過豐富的討論過程，協助團隊步調同一、凝聚共識。
心智圖法 （mind mapping）	它是協助員工增加個人的聯想力、注意力和記憶力，還能成為絕佳的溝通手法，瞬間拉近人與人的距離。

培訓管理

184

(續)表6-3　常見的訓練方法內容說明

教學方式	說明
工作崗位訓練法 （on the job training method）	工作崗位訓練法又稱為職場內訓練。由於訓練越接近工作其效果越大,尤其是管理方面的訓練,如能在工作中進行,比較具有應用性和持久性。工作崗位訓練方法約有:教導、職位輪調、特別指派、工作小組、複式管理、接替計畫、研讀書面資料、個別討論法等。
跨企業訓練 （cross-enterprises training）	跨企業訓練是一種具有前瞻性的訓練方式,其做法是企業可以透過與其具有「相同」或「類似」性質產業結盟或合作的方式,來辦理各種訓練工作。因執行訓練工作的單位大多是一群能夠在企業經營上產生互補作用或者是具有垂直水平整合之功能的組織,它不但能提升員工的專業技能與涵養,更能為企業培養營運上所需具備的各種人才。
多媒體訓練法 （multimedia training）	多媒體訓練結合了視聽教學法及電腦互動訓練,此種訓練整合了正文、圖表、動畫、音響及影像,因此學員可以和訓練內容產生互動。
遠距教學法 （distance learning）	遠距學習因不受時間與空間限制,是最為普遍運用的訓練方法之一。它是透過電腦科技,提供分布各地的學員有關新知能、政策、程序等資訊的訓練方法。

資料來源:丁志達(2008),「員工招聘與培訓實務研習班」講義,中華企業管理發展中心印行。

二、訓練的成效

　　訓練時需要學員應用不同的感官機能(如視覺、聽覺、觸覺、嗅覺及味覺等),以接受刺激。學員於學習過程中應用越多的感官機能時,其訓練成效比應用少數的感官機能為高。若以學員的記憶程度而言,當學員「讀」時,成效為10%;當學員「聽」時,成效為20%;當學員「看」時,成效為30%,當學員「聽且看」時,成效為50%;當學員「講」時,成效為70%;當學員「講且做」時,成效為90%。不同的訓練方法將使學員應用不同的感官機能,也產生不同的訓練成效。

三、講師的專長

由於訓練與個人興趣有關，所以講師需能啟發不同的學員受訓需求，如何讓學員願意學習，企業在選用訓練方法時，同時亦應考量講師的專長。

四、所需的時間

有些訓練課程需花相當長的時間準備（如多媒體訓練或遠距學習）；有的則是實施時所需時間較長（如自我學習、工作輪換），所以訓練單位應考量組織、學員以及承辦人力所能投入的時間而定。

五、所需的經費

有的訓練方式需要的經費較少，而有的則花費較大。例如講授、視聽教學、模擬或分組研討等方法，所需要的訓練經費可能不高，交通費與膳宿費將是主要的花費，但如使用多媒體訓練或遠距學習，其課程開發階段的花費相當昂貴。因此，在選擇訓練方法時，也要考慮企業本身的預算能力。

六、學員的人數

學員人數的多少會影響訓練方法的選擇。當參加學員人數不多時，分組（小組）研討或角色扮演將是不錯的方法；但是學員人數眾多時，講授或是大型的研討會可能較適當。學員人數的多少不但影響訓練方法，也牽涉到訓練後的成效。

七、因材施教

學習者所具備的基本知識和技能的程度會影響著訓練方式的選擇。例如，當學員毫無電腦操作基礎時，電腦化的訓練可能不適用；學員教育水準較低時，自我學習成效將較差；學員普遍不善於口語表達時，分組研討或討論會將難以有成效。

八、相關科技的支援

有的訓練方式是需要相關的科技知識或技術工具予以支援的。例如講授法，可能只需要麥克風及投影機即可；電腦化訓練則需要電腦的配合；網路多媒體訓練可能需要更多的聲光器材的支援（如影碟機），訓練單位能否提供相關科技與器材，將直接影響訓練方法的採用。

九、人際互動或參與

如果成人學習係以「問題為中心」，講師則退居於輔導與協助學習的角色。因此，講師與學員，或學員與學員之間的互動關係，亦為選擇訓練方法的重要考量因素。如需有較多的人際互動，可考慮採用角色扮演法或討論會的方式舉辦；反之，自我學習將適用於人際互動不多時的考量（宋狄揚，2003）。

 第二節　課堂教學法

課堂講授方式（lecture method）又稱為講述法，是一種最為人所熟知的訓練方法，能夠對所知有限或完全無知的群體迅速傳授資訊的最有效方法。講師是資料的來源，而學員是資料的接收者（receivers）。此法

最適用以傳授實務題材、觀念、原理及理論等知識。最常用到課堂訓練法為演講法、討論會、視聽法、體驗法以及電腦輔助訓練。

一、講述法的基本原則

應用講述法教學或演講時，應注意下列幾項基本原則：

1. 確定明確目標。
2. 瞭解學員的素質。
3. 講述的內容必須配合學員的知識與興趣。
4. 將資料歸納為簡明的觀念。
5. 講述內容以學員能領會貫通為限。
6. 多用範例加以解說。

二、表達方式的運用

應用講述法時，講師應利用學員的好奇心、好勝心、求知欲等誘發其學習動機，並隨時把握聽眾（學員）的注意力，採取技巧的發問，發覺學員的需要以作為適當的解釋。在講述法進行時，講師的表達技巧亦非常重要。講師要注意語言生動、措辭造句與姿態手勢等。

三、講解方法的應用

講述法並不只是做口頭報導而是要把教材加以解釋說明，使學員有所領悟。為使學員得到具體印象，必須運用解釋法、統計法、引證法、舉例法、比較法、重述法等各種方法。

灌輸給學習者知識，但無法傳授給他們應用知識的能力。所以，教學時要兼顧理論與實務較難，再加上成人學習有諸如遺忘率高的許多特性，造成「所教不等於所學」、「所學不等於所用」等情事，大大違背

了成人學習的原理，導致訓練績效難以提升。課堂講授方式，特別不適合教導已擁有豐富實務經驗及相關工作背景之中、高階主管。因而，導致其他教學方法乃因應而生，以輔助課堂講授之不足。

 第三節　角色扮演法

角色扮演法（role playing）是奧地利心理學家莫倫諾（Jacob Leevy Moreno）首先倡導的一個概念，用以治療精神類疾病。經過諸多學者對角色扮演進行了多方探討研究，現在越來越多應用在教育訓練中，二十世紀初所創。其主要內容為讓受訓學員扮演一定角色，使其身歷其境，因應各種情況而採取行動。事後再由講師予以檢討、講評，加深受訓學員的印象。其基本精神在透過學習、模仿、觀察、分析、親身經歷感受來學習，設身處地從實踐中體驗。

一、角色扮演的方法

角色扮演法首先由講師向全體學員簡要說明角色扮演的狀況（劇情），隨後學員依據各自擔任的角色將劇情演出，未參加演出之學員作為觀眾。在扮演過後，演員與觀眾對上演的情節、各個角色的動機以及何以如此演出等，加以討論。最好在觀眾發問之前，讓參加演出的學員先自我檢討，然後再由講師就有關劇情內容提出問題，加以討論，若時間許可，再讓另外一組學員重新表演一次。

在採用角色扮演法時，應注意下列各點：

1.情況（劇情）選擇必須接近小組的問題，或是小組要研究解決的問題。
2.情況（議題）需配合學員已有的經驗及其背景。
3.內容必須精簡且切合目標。

4.讓小組內表現良好的學員在劇情中扮演不愉快的角色（反串）。

5.小組內人數不可超過二十人。

6.演出時間最多不超過十五至二十分鐘。

7.參加演出之學員必須有充分時間來準備表演。

8.觀眾應瞭解其為觀察者而非袖手旁觀者，必須參加最後的檢討（如**表6-4**）。

二、角色扮演法成功實施的條件

角色扮演法實施成功與否，往往依賴於參與者的主動性。因此，必須考慮下列幾項基本條件：

1.議題容易引起興趣，學員願意積極參加。

2.學員可以獲得具體的感受，體會實際的生活（工作）情境，增加同

表6-4　角色扮演法優缺點分析

優點	缺點
• 能夠激發學員解決問題的熱情 • 可增加學習的多樣化和趣味性 • 能夠激發熱烈的討論，使受訓者各抒所見 • 能夠提供在他人立場上設身處地思考問題的機會 • 可避免可能的危險與嘗試錯誤的痛苦 • 有助於訓練基本動作和技能 • 提高學員的觀察能力和解決問題的能力 • 活動集中，有利於訓練專門技能 • 可訓練學員的態度、儀容和言談舉止 • 容易養成積極參與並向他人學習的習慣 • 演練實際的情況，遠比書面的個案更生動，更能深入，並且更能收到參與的效果	• 參與的人數有限制 • 演出效果可能受到學員過度羞怯或過深的自我意義的影響 • 如果學員不能嚴謹地扮演其所擔當的角色，而是抱著好玩的目的來參與時，將難以獲得效果 • 內向的學員不易配合得很好 • 講師講評技巧不好時，效果會減弱 • 準備不周全時，無法順利推展 • 時間如太冗長，會造成疲勞轟炸 • 會場安排、器材準備較花功夫 • 若不能讓學員產生學習動機，就有可能讓部分學員喪失信心，意志消沉 • 若不反覆訓練，則成效不彰，所以相當費時

資料來源：汪群、王全蓉主編（2006），《培訓管理》，上海：上海交通大學，頁176。趙天一（2000），〈教學方法介紹〉，88年下半年及89年度企業訓練機構（北區）教學觀摩研討會講義（2000/09/21-22），頁38。

理心的培養。

3.從活動過程中，學員可以探索個人才能，自我肯定。

4.有效地指引學員個人在認知情境及動作的學習，瞭解人際互動。

5.準備好場地與設施，使演出學員與觀眾之間保持一段距離。

6.演出前明確議題所遭遇的情況。

7.謹慎挑選演出者與角色分配。

8.鼓勵學員以輕鬆心情演出。

9.由不同組的學員重複演出相同的情況。

10.安排不同文化背景的學員演出，以瞭解不同文化的影響。（汪群、王全蓉主編，2006：174）

三、角色扮演的步驟

角色扮演法的實施步驟，約有下列數項，循序漸進（如**表6-5**）：

(一)確定劇情的目標

確定學員在此一劇情中學的是什麼。學習如何改變工作態度，抑或學習如何批評建議，是發展一種應用特殊技巧，抑或瞭解某些待人的一般禮儀，都是事先需要訂出學習的目標，達到訓練活動和過程必須與真實的情況和經驗相關連。

(二)構想演出的情況

演出劇情的結構應與希望學習成果相配合，充分說明演出內容中所包括的細節，促使每位學員都能推想到同樣的情形，如把演出情況中各細節與學員服務單位的情況與規定相配合，則學員更易於推想演出。

(三)確定角色及遴選演員

明確描述所有角色的類型，盡可能排好演員表，並指派角色讓指定

表6-5 角色扮演觀察表

編 號：＿＿＿＿＿ 主題：＿＿＿＿＿＿＿＿＿ 時間：＿＿＿＿＿＿＿＿＿

觀察者：＿＿＿＿＿ 日期：＿＿＿＿＿＿＿ 地點：＿＿＿＿＿＿＿＿＿

角 色：
　　　A：＿＿＿＿＿＿ B：＿＿＿＿＿＿ C：＿＿＿＿＿＿ D：＿＿＿＿＿＿

角色關係：　◯　→　◯　如A　B　　agreement：互動增強（相向）
　　　　　　　　　　　　　　　　 disagreement：互動減低（排斥）

行　　為		認　　同	

△姿勢：　◯ 很自然　◯ 自然　◯ 勉強　◯ 很勉強

關鍵點：　◯ agreement：＿＿＿＿＿＿＿＿＿＿＿＿＿＿＿
　　　　　◯ disagreement：＿＿＿＿＿＿＿＿＿＿＿＿

△手勢：　◯ 大誇張　◯ 誇張　◯ 恰當　◯ 不明顯　◯ 呆板

關鍵點：　◯ agreement：＿＿＿＿＿＿＿＿＿＿＿＿＿＿＿
　　　　　◯ disagreement：＿＿＿＿＿＿＿＿＿＿＿＿

△面部表情：　◯ 大誇張　◯ 誇張　◯ 恰當　◯ 不明顯　◯ 呆板

關鍵點：　◯ agreement：＿＿＿＿＿＿＿＿＿＿＿＿＿＿＿
　　　　　◯ disagreement：＿＿＿＿＿＿＿＿＿＿＿＿

△口語傳達：　◯ 清晰　◯ 不清晰　◯ 速度太快　◯ 速度太慢
　　　　　　　◯ 感性　◯ 不感性

關鍵點：　◯ agreement：＿＿＿＿＿＿＿＿＿＿＿＿＿＿＿
　　　　　◯ disagreement：＿＿＿＿＿＿＿＿＿＿＿＿

資料來源：洪榮昭（1998），《人力資源發展——企業培育人才之道》，台北：遠流，頁183。

的演員依照人物個性的特點，擬定劇情的梗概，並揣摩自己與所扮演角色之間的關係，鼓勵學員要先考慮扮演此等角色的最好方式。

(四)提示說明

當情節簡單時，講師的提示可用口頭說明，如果情節複雜則用書面說明，但仍應以口頭提示其情況並提醒學員控制表演的時間。

(五)劇情演出

把一齣劇情完整地演出一次，在演出中可加以分析，並可由所有的學員再演出一次，作為結束。如此，則學員可由劇中及分析的結果中學習到技術及原則上的實務和技巧，如果講師認為需要時，在演出之後，緊接著可做進一步講評。

(六)分析與討論

在分析討論時，要引導學員集中注意力於劇情重要的關鍵，並激發學員對一些重要關鍵和涵義用心思考，反覆觀摩（潘維熹，1979，頁5-24～5-26）。

第四節　個案研究法

個案研究法（case study）是哈佛大學企業管理研究所主任唐漢（Wallace B. Donham）於一九二〇年代為了培養優秀管理人員，參照法院判例與醫學臨床研究所設計的訓練方法。以學習者為中心，以討論為基礎，強調行動學習的模式而廣受採納運用的一種教學方法。

個案研究法是提出各種具體的、生動的與實際的例子為教材，使學員有機會處於某一種特殊情況與環境下有責任的加以思考，藉此學習機會，使他能遭遇新的情況，面對相關的或不相同的事物，以及各種錯綜

複雜的意見去「思考」、去「行動」，亦即幫助學員們去發現並確認需要解答的重要問題，隨即學習如何找出答案、如何採取行動，獲得學習上的效果。因此，個案研究對學員有發展一種邏輯思維的習慣和促進分析與判斷能力的功效。

一、個案研究的步驟

個案研究首先由個案指導者（講師）請學員研讀個案、進行小組討論、繳交小組作業，經多方彙整後，各組輪流做口頭報告，主持人負責串連，引導大家討論，最後各小組交書面報告，引導者批閱後，最後對各組提出的對策優、缺點進行評點，並對案例的解決策略進行剖析，同時還可以引用其他案例進一步說明問題（陳珮馨，2007）。

二、個案分析

由個案分析提供資料，使學員明白態度與行為的改變標準。個案分析具備下列條件：

1. 個案分析應具有真實性：個案分析應指出個案中所遭遇到的困難問題之處，並分析構成困難之原因。
2. 個案分析應具有綜合性：利用「六何」（何人、何事、何地、何時、為何、如何）蒐集資料。
3. 個案分析應富有彈性：個案分析也可以臨時提出疑問或問題，不應只準備一些固定問題來分析。
4. 個案分析應與情景之間利害關係相關：個案分析不僅以蒐集資料為主，而且應注意資料之間的關係。
5. 個案分析應與現實情景（公司目標、作業原則、採取行動方式）有關：個案討論過程係以個案為核心，進行討論、辯論、角色扮演等互動活動，如果缺乏互動討論，則無法達成個案討論的效果。

6.個案分析應儘量避免個人之偏見，習慣判斷與先入為主之觀念，學習者之過分期望與不良之意見溝通。

個案討論並不一定要達成一定的結論或共識，個案指導者也不宜主觀提出論點或強制學員接受其論點。

三、個案討論（意見交換與取捨）

個案討論沒有明顯的「對」的答案或正確的解決方案等標準答案。所以，個案討論的重點有：

1.個案討論應關心大家所共同注意的項目，並力求小團體中有清楚確實的意見溝通。
2.個案討論應儘量包含大家所想要說的話。
3.個案討論會議的氣氛應該無拘無束、自由發揮，舉凡意見之擴充與第一手經驗之證明皆應加以鼓勵，促進自由發言。
4.討論會議中也應注意反對的意見，並力求解決它，不輕視它。（潘維熹，1979，頁5-16～5-21）

四、個案研討取樣

企業訓練使用個案方式以務實為主。個案教材的取樣，可在坊間書店買到的企管書籍中找題材。例如，野中郁次郎（Ikujiro Nonaka）、竹內弘高（Hirotaka Takeuchi）合著的《創新求勝：智價企業論》（*The Knowledge-Creating Company*）這本書，每章談一家公司，節錄下來，可撰寫一個公司個案題材約二十頁；討論企業變革的個案，路·葛斯納（Louis V. Gerstner）著的《誰說大象不會跳舞》（*Who Says Elephants Can't Dance? Inside IBM's Historic Turnaround*）這本書也是活生生的個案好題材可採用。

由於一般人閱讀二十頁速度大約花半小時，如果企業只安排一整天訓練，少有機會動用多於二十頁的個案例子，最好採用選擇短篇個案，大約兩頁十分鐘便可讀完為宜。企業實施個案研討法，唯有發揮創意，結合現有素材，儘量以最少的成本達到最大功效，進而回饋於經營實務才是優先考量（如**表6-6**）。

 # 第五節　腦力激盪法

腦力激盪法（Brain Storming，簡稱BS法）又稱智力激勵法，是由美國BBDO廣告公司創始人艾雷斯・奧斯朋（Alex F. Osborn）於一九三八年首次提出，並在一九五三年他所著作的《應用想像力》（*Applied Imagination*）書中正式發表。腦力激盪法開始被各方視為一種開發創造性的技法，並以培養研習人的創造性思維，塑造創造性的工作環境為目的。如今已經形成了一種發明技法群，如奧斯朋智力激勵法、默寫式智力激勵法、卡片式智力激勵法等。

一、腦力激盪法的原理

Brain Storming英文原意為醫學用語，直譯為「精神病人的胡言亂語」。奧斯朋借用這個詞來形容會議的特點──讓與會者敞開思想，在自由愉快、暢所欲言的氣氛中相互陳述，提出和追問，自由交換想法或點子，不斷地進行思想碰撞，激發與會者創意與靈感，以產生更多創意的方法（如**表6-7**）。

腦力激盪法一般可分為直接腦力激盪法和質疑腦力激盪法，分述如下：

1.直接腦力激盪法是在專家群體決策的基礎上盡可能的激發人們的創造性，產生盡可能多的設想的一種方法。

表6-6　傳統講授模式與個案教學模式的比較

比較項目　　　類別	傳統講授模式	個案教學模式
主導者	以施教為中心	以學習為中心
學習者角色	被動學習	主動學習
教學者角色	教導	傾聽、促進、帶領與引導
學習內涵	資訊、知識與理論	思慮技巧與應用
教材	與理論相關的書本或講義	與具體實務經驗應用相關的個案與參考資訊
學習動機	外在激勵（他律）	內在激勵（自律）
對環境的假設	相對穩定的角色	連續改變假設
學習型態	定於一	多元整體
學習的思維	競爭、反應	協同合作
學習內容	一致性	多樣化
學習的思維方法	直線思維	系統思考
教學方式	權威式的、靜態的、單向傳授為主	參與式的、動態的、互動討論為主
學習機會	有限的學習機會	平等的學習機會
學習重點	重理論、記憶及知識	重實務、學習如何學習、學習如何思考並學習如何創造新的對策
互動方式	重權威、講師掌控	互相依賴、分享控制權
學習團體	大班制學習	小團體學習與大班制討論
能力認定與審查	重視考試結果，有標準答案	重視學習歷程與運用、能力沒有絕對的對錯
學習與實務的關連性	未與實務結合，難以學以致用	務實，有助於學習移轉
學習保持期間	短	長
學習責任	講師負責	教學與學習者共同負擔
施教者與學習者所需投入的時間與所需具備的知能	少	多

資料來源：游玉梅（2007），〈提升公部門訓練機構教學績效的有效策略——以學習者為中心的個案教學法的運用〉，《人事月刊》，第44卷第2期，2007年2月，頁23-24。

表6-7　腦力激盪法的基本型式

- 決定基本課題
- 參加者約十名左右，並事先挑選記錄者
- 指定時間及場所
- 準備海報紙、麥克筆、錄音機等工具
- 將討論紀錄出示給參加者，並加以補充、分類
- 從效果及可能實現的觀點評價各個點子
- 盡可能使用激發出來的點子

資料來源：日本產業勞動調查所編著，商業周刊編譯（1992），《教育訓練手冊》，台北：
　　　　　商周，頁94-95。

2.質疑腦力激盪法則是對前者提出的設想方案進行質疑，並分析其現實可行性的方法。

在群體決策中，群體成員的心理往往會受到相互作用的影響，從而導致人們的意見容易傾向權威或大多數人的一方，形成所謂的「群體思維」。群體思維不但削弱了群體的批判精神和創造力，而且也損失了決策的質量（**範例**6-2）。

為了保護群體決策的有效性，提高質量決策，腦力激盪法先後經過數次改善。在實際應用中，腦力激盪法僅是一個產生思想的過程而不是一個決策過程（李昊，2005：198-199）。

二、德爾菲法

針對腦力激盪法中的常見問題，美國蘭德公司將腦力激盪改為腦力諮詢，創立了「德爾菲法」（Delphi Method）。實施德爾菲法，首先針對要討論的問題選擇出需要諮詢的專家（一般二十人左右為宜），並與專家建立直接聯繫，聯繫的主要方式是信函諮詢。透過信函諮詢來整理每位專家的意見，經過分析整理後，再次發給每位專家實施第二輪的信函諮詢，這樣經過三、四輪的反覆，最終形成一個比較一致的意見（**範例**6-3）。

範例6-2　坐飛機掃雪的故事

美國北部某地區冬季格外嚴寒，大雪紛飛，電線上積滿冰雪，大跨度的電線常被積雪壓斷，嚴重影響了通訊。

過去，許多人試圖解決這一問題，但都未能如願以償。後來，一家電訊公司經理開始嘗試著解決這一難題。他召開了一次座談會，參加會議的包括不同專業的技術人員，該經理要求他們必須遵守以下四項原則：

第一，自由思考。

即要求與會者盡可能解放思想，不受拘束地思考問題並暢所欲言，不必顧慮自己的想法或說法是否符合常規作法和邏輯。

第二，延遲評判。

即要求與會者在會上，不要對他人的設想評頭論足，不要發表「這主意好極了！」、「這種想法太離譜了！」之類的讚譽或貶抑之詞。至於對設想的評判，留給會後組織人員來考慮。

第三，以量求質。

即鼓勵與會者盡可能多地提出設想，以大量的設想來保證有價值的設想的出現。

第四，結合改善。

即鼓勵與會者積極進行智力互補，自己提出設想的同時，注意考慮如何把兩個或更多的設想，結合成一個更完美的設想。

按照這種會議規則，大家紛紛發表意見。有人建議設計一種專用的電線清雪機；有人想到用電熱器來溶化冰雪；也有人建議用振盪技術來清除積雪；還有人提出能否帶上幾把大掃帚，乘坐直升飛機去掃電線上的積雪。對於這種「坐飛機掃雪」的設想，大家心裡儘管覺得滑稽可笑，但在會上無人提出疑義。

有一位工程師在百思不得其解時，聽到用飛機掃雪的設想後，突然奇想，一種簡單可行且高效率的清雪方法在他腦海裡產生了。

他想，每當大雪過後，出動直升飛機沿積雪嚴重的電線飛行，依靠高速旋轉的螺旋槳產生的風力，即可將電線上的積雪迅速吹落。於是他馬上提出「用直升飛機扇雪」的新設想，該設想一提出，又引起了其他與會者的聯想，有關用飛機除雪的主意，一下子又多了七、八條。不到一小時，與會的十名技術人員共提出九十多條新設想。

會後，公司組織專家對設想進行分類論證。專家們認為設計專用清雪機、採用電熱或電磁振盪等方法清除電線上的積雪，在技術上雖然可行，但研製費用大，週期長，一時也難見成效。那種因「坐飛機掃雪」激發出來的幾種設想，倒是一種大膽的新方案，如果可行，將是一種既經濟又高效的好辦法。

經過現場試驗，發現「用直升飛機扇雪」果然奏效，一個懸而未決的難題，終於巧妙地得到了解決。

資料來源：李昊（2005），《CEO管理聖經》，台北：百善書房，頁199-201。

範例6-3　架油田的例子

> 　　假定一個公司想知道什麼時候平台的水下探勘可以由機器人而不是由潛水員完成，作為德爾菲法的開始，他們可以先與若干專家聯繫。這些專家有各種各樣的背景，包括潛水員、石油公司的技術人員、船長、維護工程師和機器人設計師。
>
> 　　公司將向這些專家說明整個的問題是什麼，然後，請教每位專家他認為什麼時候機器人可以代替潛水員。最初的回答時間差距可能很大，比如說一九九八年到二〇五〇年。
>
> 　　公司將這些回答歸類總結，將結果傳送給每位專家，並詢問他是否根據別人的回答調整自己的答案。這一作法重複數次後，各種回答時間差距會逐漸縮小，比如說，已有80%的專家認為時間在二〇〇五年到二〇一五年之間，這一結果已經可以作為制定有關計畫的依據了。

資料來源：Donald Waters著，張志強譯（2006），《管理科學實務》（*A Practical Introduction to Management Science*），台北：五南，頁221。

實施德爾菲法的步驟如下：

1. 第一輪信函諮詢，主辦方主要向各位專家介紹要研究問題的背景和實際情況，不向專家設定任何約束條件，只規定最後回函期限即可。
2. 第二輪信函諮詢，要求各位專家對問題提出預測意見，專家回覆。主辦方整理後再回饋給各位專家，但不透露各種觀點的提出者之類的訊息。
3. 針對專家再次回饋的意見重新進行分析整理，再次回饋給專家。

以上步驟，一般問題重複三到五輪即可解決（薛亮，2005：62）。

 第六節　教學媒體運用

　　人類在文字及印刷發明以前，即利用圖像與聲音來進行經驗與文化的傳遞，同時也透過視覺與聽覺感官來接收訊息及學習。隨著時代的演進，電影、電視、電子工業及電腦新科技的發展、人造衛星的發明與運

用、通訊方式的革新、網際網路的使用等，使得愈來愈快的傳播技術創造出更多的資訊，而人與人之間的消息傳播，以及個人對資訊的獲得，不再以傳統印刷文字資料為滿足，因此各種類型的媒體亦應運而生。學者艾文・托佛勒（Alvin Toffler）認為在第三波的衝擊下，多樣化的新傳播工具正迅速繁衍，揭開一個屬於多樣化媒體的時代新紀元的來臨。

一、視聽教育的理論

視聽教育的理論較為著名的「經驗的金字塔」（The cone of Experience）、「教學活動的分類」與「思想傳播模式要素」。茲說明如下：

(一)經驗的金字塔

埃德加・戴爾博士（Dr. Edgar Dale）曾就人類經驗的構成加以分析，提出「經驗的金字塔」以歸納各種不同的學習經驗，並呈現由具體到抽象之各種不同的刺激物和視聽媒體（如表6-8）。

「經驗的金字塔」從具體的經驗到抽象的經驗來分類，共分為十個階級，最底層的直接經驗最具體，越往上升越抽象，由金字塔頂端往下觀察，抽象性依次遞減。

1.口述符號。

2.視覺符號（投影片、板書）。

3.錄音、廣播、靜畫。

4.幻燈片、演示文稿（power point）、電視、電影。

5.展覽。

6.參觀旅行。

7.教學示範。

8.戲劇經驗。

9.設計的經驗。

表6-8 「經驗的金字塔」中不同的「經驗」敘述

有目的的直接經驗	為教育的歷程、生活的本身；是由自己直接而有意識的活動而獲得的（如旅行、買東西、製作用品）。
設計的經驗	又稱「模型的經驗」，模型是實際事物的化身，當原物不便直接觀察時，將模型適切的設計，使所代表的事物更容易理解（如建築建物模型）。
戲劇經驗	可將真實經驗加以重編，淘汰剔除無意義的部分並強調重要的意義，較所代表的真實事物更易達成學習效果（如戲劇公演、腳本彩排）。
示範	是使學員瞭解某些事物如何進行、過程步驟的演示（如體育老師示範傳球、數學老師示範速乘法）。
參觀旅行	以旁觀者觀察他人的工作，注意於過程中的各種動作和它的意義，而對實際事物不負任何責任，亦無權干預或變更事物。
展覽	分為「現成的」與「自製的」展覽，後者由講師輔導學員計畫、製作展出，對學員手腦並用與創造能力的培養效果極大，重疊直接與間接二者的經驗。
電視／電影	具備具體、真實、顯著、戲劇、啟發及清晰的特性，且使用時可強迫學員注意、可重複放映，使學員詳細觀察後而獲得瞭解。使抽象的事物形象具體化，且將內容經適當設計和安排後，更易於直接獲取經驗而能夠瞭解其涵義。
錄音／廣播／靜畫	包括聽覺與視覺類的教學媒體，可提供學習資料，也可用於欣賞教學與比較教學，更可提供多數人學習，有強迫注意學習的效果。
視覺符號	以代表事物的抽象符號作為傳播思想的媒介（如板書、地圖、圖表）。
口述符號	所代表的事物已不再有原物所代表的事物或觀念，甚至外觀。口述符號是一般承認的意義，是由感官經驗演進到純粹符號來代表的絕對抽象經驗。

資料來源：國立教育資料館網站：http://192.192.169.108/2d/av/lesson/lesson_0301.asp

10.有目的的直接經驗（如圖6-1）。

簡言之，戴爾博士的理論著重在對學習者呈現各種經驗之產生的刺激媒體，一般講師所用的講述式的教學，是屬於最上層的，也就是最抽象的，所以學員根本不易理解，進而衍生出秩序管理的問題。「經驗的金字塔」提醒講師在教學上不要只用一種媒介物，且要妥善選擇各類教學媒體，供給各式各樣的經驗，使學員瞭解更透徹，學習更有興趣，並啟發學習動機和保持長久記憶（莊銘國，2007：12）。

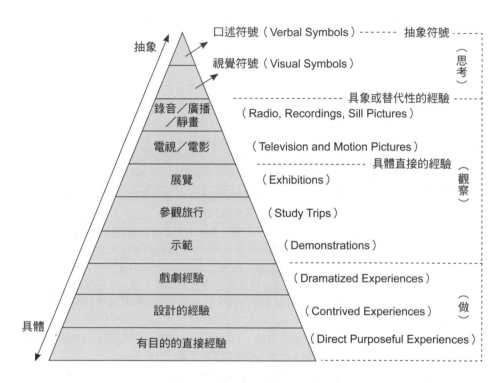

圖6-1　戴爾的經驗金字塔

資料來源：戴爾博士（Dr. Edgar Dale）；引自國立教育資料館網站：http://192.192.169.108
/2d/av/lesson/lesson_0301.asp

(二)教學活動的分類

　　當代頗富盛名的認知心理學家與教育學家傑洛姆・布魯納（Jerome Bruner）則從另一個角度來看，他把教學活動分為「從做中學習」、「從觀察中學習」以及「從思考中學習」三類，並將此三類活動對應到戴爾博士的經驗金字塔上。布魯納在討論到「教學理論」時，建議教學時最好由直接的經驗（具體的）到圖像描述的經驗（如圖畫、影片），再到象徵性的描述（如語言、文字）的順序來進行。他進一步指出，學習者接觸教材時若按上述的順序，對達成該項學習的精熟程度有直接的助

益。

(三)思想傳播模式要素

講師是思想傳播者的根源，講師對傳播的資料、通道、接受者等不能不瞭解，以達到有效的傳播。教育學家大衛‧白樓（David K. Berlo）乃提出「思想傳播模式要素圖」（A Model of the Ingredients in Communication），指出思想傳播模式與教學的關係，也就是思想傳播的歷程，教學就是思想傳播工作，以及思想傳播一方面是傳播，另一方面有一種交互作用。故教學上的應用時會產生「回饋作用」，使學習者可以學習到更多、更具體的知識和經驗（如**圖6-2**）。

由上述理論中，我們可以瞭解到多使用具體的方式來進行教學，可以減少抽象的語言、文字符號教學時所引起的困擾；多利用替代性的圖畫經驗，也就是視聽媒體來教學，將可有效地促進教學；同樣地，

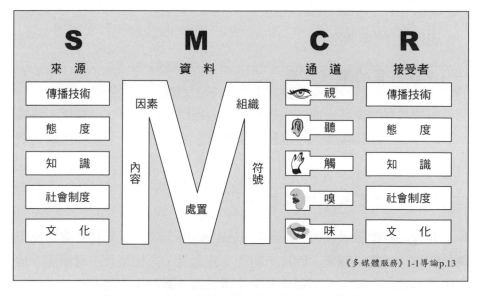

《多媒體服務》1-1導論p.13

圖6-2　白樓的知識傳布過程模式（SMCR）

資料來源：Davidk. Berlo, *The Process of Communication*, San Francisco: Rinehart Press, 1960, p.72.

學習時若能以經驗為基礎，將能使學習更加深刻、更有效率（童敏惠，1997）。

二、視聽教育的意義

視聽教育（audiovisual education）一詞，由英文「Audio-Visual Education」翻譯而來。視聽教育是指人類充分利用視覺器官、聽覺器官和其他感覺器官（如觸覺、嗅覺、味覺等）來學習的教育，也是指利用教育媒體（educational media）、視聽教材（audiovisual materials）、視聽（教具）設備（audiovisual equipment）來增進教學效率的教育。視聽教育一方面注重感官經驗，另一方面注重媒體、方法的應用，是要學習者獲得具體而真實的經驗，以達教學的最大效果。

三、視聽教育的範圍

視聽教育的範圍包括：

(一)視聽教育的學理方面

視聽教育的學理方面，包括哲學、心理學、教育學、社會學、傳播學等的基礎，以及戴爾的「經驗的金字塔」、白樓的「思想傳播模式要素圖」等。

(二)教育媒體或教學媒體方面

教育媒體或教學媒體（instructional media）方面，包括有書籍及印刷的資料、靜畫（圖畫、圖片、照片、圖表等）、幻燈片、透明片、地球儀及地圖、電影、廣播與錄音、電視、編序教材、立體教材（實物、標本、模型、立體圖型等）、板類媒體（粉筆板、絨布板、磁鐵板、各種揭示板等）、表演類媒體（戲劇、木偶戲、皮影戲、傀儡戲等）、硬

性媒體（唱機、錄音機、幻燈機、實物放映機、透明教材放映機、電影機、電視機、收音機、錄影機、影碟、電腦），以及其他示範與實驗設備等。

(三)視聽教育教學方法

視聽教育教學方法，包括講演、問答、討論、示範、戲劇表演、參觀旅行、展覽、實驗、觀察、廣播、電視、製作、編序教學、社會資源的利用，以及其他有關教學方法。

(四)視聽教育行政與研究

視聽教育行政與研究，包括行政組織之建立與管理、領導人員的訓練、經費的籌措（運用）、設備的充實與應用、媒體的設計、媒體的製作與流通，以及視聽教育問題的研究等。

四、視聽教育的功能

視聽教育的功能是能有效地控制空間、時間，能使教學生動有趣，能打破語文限制，能使學習印象深刻、具體、真實，能便於共同學習、個別學習，能促進知行合一，能學得快、記得久（張霄亭，1985：138-149）。

人類對於事務的吸收、學習大多數均需要透過視覺和聽覺。在經驗獲取的途徑中，視覺經驗占40％，聽覺經驗占25％，若視覺與聽覺兩者加以結合，則達70％。美國視聽媒體專家吳沃斯（R. H. Wodsworth）亦認為藉由視覺器官的學習約占70％，經由聽覺器官的學習則約占20％，故對於經驗的學習與留存，若透過視聽的方法，將能使習得的訊息在記憶中存留較久。因此，講師在條理清晰、精煉闡述的前提下，還要從訓練的自然環境設計（如桌椅的擺設、燈光、室溫等）和過程環境設計（如講師的語言的運用、視覺教具的使用、尊重氣氛的營造等）的角度，發覺

更多感官刺激源，來重複、強化記憶，實現其「掌握教學」的目的（胡瑋，2006：46）。

 ## 結　語

　　訓練的方法很多，就如同烹飪的煎、炒、炸、燉、燜等，為求達成訓練目的，於是就有各種不同的變化，有動態的、靜態的、單向的、雙向的、有系統的、有感覺的等各式各樣的訓練教學法孕育而生（如**表6-9**）。

表6-9　各種訓練教學方法之使用時機

教學方法	操作技能	知識	態度／價值觀	人際關係	管理／監督技術	組織發展
討論教學法	★	★	★	★	★	★
示範（附教材）	★	★				
現場參觀	★	★				
視聽教學		★	★	★	★	★
競賽遊戲	★		★	★	★	★
說明文件（附教材）		★				
公文盒演練法			★		★	
工作教導	★	★			★	
演講		★	★			
模型示範					★	★
編序教學法	★	★				
角色扮演法	★	★	★	★	★	★
模擬訓練（狀況演練）	★		★	★	★	★
個案研討	★	★	★	★	★	★
工作檢討會	★	★			★	★

資料來源：趙天一（2000），〈教學方法介紹〉，88年下半年及89年度企業訓練機構（北區）教學觀摩研討會（2000/09/21-22）講義，中華民國職業訓練研究發展中心編印，頁27。

1 成人學習與講師授課技巧

　　成人教育的最大特色在於自我導向的學習，建立一個和諧、友善和支持的學習情境乃首要任務。

　　　　　　　——成人教育之父馬爾科姆·諾爾斯（Malcolm S. Knowles）

　　成人學習理論體系的主要層面，在鼓勵學員積極參與建立學習目標，為避免個人目標與組織目標產生可能的衝突，講師的主要功能就是去幫助學習者投入心力達到學習者與組織雙方面的成長。所以，在成人學習的設計階段，講師就是每一位學員的輔導顧問。

 ## 第一節　成人學習

　　成人學習多來自行為心理學及發展心理學。雖然成人已經遠離發展階段，且成人的想法常受到經驗智能的影響。然而成人也因經驗而在學習上有所不同，當他們學習新的事物就得像未成年人一樣走過所有的發展階段，只是他們的腳步快些，那是因為他們擁有從舊有經驗獲知的智能（如**表7-1**）。這表示成人理論在理解概念時，比未成年人學習時需要較少的範例說明（William W. Lee & Diana L. Owens著，徐新逸、施郁芬

表7-1　未成年學習者與成年學習者之間的差異

特質	未成年學習者	成年學習者
學習需求	不瞭解學習需求，多只為了通過考試、升級、畢業	瞭解學習需求，其需求常為解決工作和生活上的問題
自我概念	自我概念模糊，有較強烈的學習依賴心理	有較明確的自我概念與獨立自主的學習心理
學習經驗	經驗較少，層面較窄，同質性高，對學習較無幫助	經驗較多，層面較廣，異質性高，個別差異大，為學習重要資源
學習準備	被動地形成學習的心理準備	自發地形成學習的心理準備
學習重點	各學科為主的靜態知能	以學習能解決實際問題的知能為主
學習的動機	多來自於外在因素	多來自於內在因素

資料來源：簡建忠（1995）；引自游光昭、李大偉著（2003），《網路化教育訓練概論》，
　　　　　台北：師大書苑，頁43。

譯，2003：7）。

一、成人學習理論

如果要成為小學老師，必須研修Pedagogy；如果要擔任訓練部門的人員則要修習Andragogy。「Ped」是拉丁文的字首，代表兒童（child），而「Andra」則源於希臘字「Aner」，意謂成人（man），而不是孩童。因此，「Andragogy」就是研究成人如何學習的理論。所以，成人學習的簡單定義是：「輔助成人學習的藝術和科學」（如**表7-2**）。

二、實施學習過程的相關問題

成人學習理論在實施學習過程的相關問題，有下列幾點可供參考：

(一)氣氛設定

有效的學習就是要建立學習的氣候，它包括制度的氣候（如政策、制度規章、財務及其他資源方面對人資發展的支援程度）和訓練情境的

表7-2　成人學習的原則

- 成人喜歡「積極參與」他們自己的學習「經驗」
- 達成目標是成人學習者「自己的責任」
- 成人有豐富的「經驗」，喜歡「分享」所知
- 新知識技能需與「先前的學習」整合
- 瞭解學習的「效用」會給成人帶來學習「動機」
- 學習者需要透過「練習」而學會執行技巧及解決問題
- 「自尊」是學習的關鍵元素
- 「有趣」有助於使成人學習更有效
- 專注力受能量及興趣影響
- 為提高記憶持續力，成人需要小量切斷及較多的總結資訊

資料來源：加拿大FKA管理顧問公司；引自游玉梅（2007），〈提升公部門訓練機構教學績效的有效策略——以學習者為中心的個案教學法的運用〉，《人事月刊》，第44卷第2期，2007年2月，頁26。

其急如風，其徐如林，侵掠如火，不動如山，難知如陰，動如雷霆。《孫子兵法‧軍爭篇》

培訓管理

210

氣候（有益學習的條件，如相互尊重、信任與歡樂的氣氛）。

在訓練的情境中，安排舒適的座椅、適度的休息、適量的通風與燈光、咖啡和冷飲的供應等，都是有必要的。

(二)建立一個共同規劃的機制

要規劃一個完整的訓練方案，包括課程、習作或研討會，最常見的機制就是成立規劃委員會或專案小組。

(三)診斷學習需求

訓練承辦者診斷學員的學習需求是訂定訓練方案目標的來源。

(四)將學習需求轉變成目標

一旦找出學習需求，參與者要面對的就是將需求轉成目標，也就是積極的說明成長的方向。有些學習（如機械操作）是以最終可以觀察及衡量的行為為目標；有些學習（如決策能力）則較為複雜，只能提供改善的方向作為目標。

(五)設計完成目標的計畫

這項計畫包括找出與每一目標最有關的資源，以及這些資源最有效的策略運用，很可能結合所有的團體經驗、次級團體（教學小組）經驗，以及個人學習的計畫。

(六)評估目標完成的程度

在評估研究的方面，是要找出學習對參與者真正內化的程度，以及在生活上是否有表現不同之處。

學習（learning）是一個動詞，而不是名詞，是旅程而不是目的地，而這種概念在培訓（Training & Development, T & D）方面更值得重視（李嵩賢，2001：43-55）。

三、成人學習的動機

　　成人參與學習的動機是影響成人學習的主要因素，也是設計訓練課程重要的基礎。基本上，成人學習者的學習特性偏好在解決當前問題與立即的運用性。因此，在引導成人學習者參與以科技為基礎的學習活動時，應先以學習將可獲致的結果來強化其學習動機。學習動機是潛在的學習動力，它激發人的學習欲望。

　　成人學習的動機，可分為內在動機與外在動機兩種，茲分述如下：

(一)內在動機

　　內在動機為學習者內心感覺有學習的需求，或對於學習的目的有所領悟而引起自發性學習。例如，個人的求知欲望、自我肯定或是好奇心等。

(二)外在動機

　　外在動機是來自於學習者本身之外，譬如成人為工作環境的變遷，導致必須透過學習來因應，或是為了升遷的需求，導致成人學習的行為產生。因此，舉凡是學習者本身以外的影響因子，都可歸之於外在的學習動機。

四、成人學習的特性

　　一般而言，影響成人學習的因素及障礙的特性有下列幾點：

1. 成人通常是已具有較高的學習動機及準備，清楚地知道他們所要達成的目標。
2. 成人在其個人及專業上的生活經驗，往往會帶給一個課程更廣泛的經驗背景。

3.與年輕人學習者相較，成人的學習缺乏彈性、專注性較弱。

4.大多數成熟的成人都是自我導向及獨立的（自主性意識較為強烈）。

5.對成人而言，時間是一個重要的考慮因素（具有連貫性、延續性、費時較久的學習活動不易實施）。

6.成人經常會透過新、舊經驗的比較來學習。

7.成人學習過程中需要立即的回饋，以瞭解自己的學習情形。

8.成人希望所學的是具實務性，可以馬上應用於生活與工作中。

9.成人不喜歡失敗的學習經驗。

10.成人學習的方法依個人的學習風格決定。

11.學習情境力求真實、豐富、有意義。

12.多採用啟發的教學方式。

13.積極鼓勵的學習方法較有效。

14.受學習者自己設立的目標所影響。

15.受以前學習結果的影響。

因此，在成人的學習中，其重點不只是知識的傳播而更重要的是經驗的分享（如**表**7-3）。

表7-3　學習七法則

學習法則	說明
講師法則	講師必須熟識他正在教些什麼
學習者法則	學員必須參與投入
語言使用法則	所使用的語言必須是講師與學員之間共用的
課程內容法則	經由已知的內涵學習新內容
教學過程法則	過程是令人興奮刺激的，並能指導學員個人行為
學習過程法則	學習者經由學習必須再創其個人生命的內涵
學以致用的法則	你必須確認所報導內容的實用性是可以完全實踐的

資料來源：中國石油公司訓練所（嘉義）布告欄（2005）。

五、成人學習課程設計

依據成人的學習特性，若要促進成人的學習成效，在課程的設計上，應考慮下列幾點：

1. 成人學習取向是「立即的應用」（immediacy of application），因此發展問題導向的課程，以協助解決其所面臨問題。
2. 容許並鼓勵學習者積極的參與。
3. 鼓勵學習者將過去的經驗引進學習的過程，以便藉著新的資料、新的問題重新檢討經驗。
4. 學習的氣候必須是講師與學員、學員與學員相互合作的，而不是權威取向（authority-oriented）。
5. 規劃與評估都是學員與講師之間相互的活動。
6. 評估的結果會造成需求及興趣的重新檢討，因而重新設計新學習活動。
7. 活動是經驗的而不是傳承或吸收的。
8. 善用成人的經驗，由學習活動鼓勵彼此分享自己的經驗。
9. 讓成人能夠參與課程的設計與評估。
10. 要考慮到阻礙成人學習者的相關因素（因為成人往往同時負起多重的責任，如家庭、社交角色等）。
11. 開創一個安全且令人感到受尊重的學習環境。
12. 鼓勵學習者去探索反省與培育自我導向學習的習慣。（游光昭、李大偉，2003：41-43）

 ## 第二節　講師授課技巧

就整個訓練業務工作而言，訓練方針之確立，訓練計畫之擬定，固然是一項極為重要的工作，然而，講師所擔負之責任亦極為重大。因為

不論方針如何正確，計畫如何周全，如果執行訓練工作的中心靈魂人物不稱職，則可以說整個訓練方案之執行將大打折扣，甚至產生反效果之慮。

擔當講師在教學上要達到一定的效果，需要課前的準備、教案的擬定、講課的進行方法、講師的授課態度、授課時的講法，以及訓練後檢討技巧等重點。

一、講課前的準備

《禮記·中庸》說：「凡事豫則立，不豫則廢。」（任何事情，事前有準備就可以成功，沒有準備就要失敗。）講課前的充分準備對訓練的效果會產生極大的影響力。簡述如下：

1. 講師要根據研習目的、聽講者的階層別，以及擬請講授的主題與目標，來決定講授的內容，擬定講授的計畫。
2. 講課時最重要的是講授內容的水準要配合聽講者的階層。
3. 講師必須針對主體來思考所要講的話的清晰理路，注意「起、承、轉、合」的順序。
4. 講師要針對所定講授時間來準備講課，事先以此來考慮所講的內容與進度是很要緊的。
5. 講師要多蒐集有關連的材料（資料），且能以自身體驗的經驗來講述，才具有說服力。
6. 講師為了使學員易於深入瞭解，須事先考慮要使用的教具。
7. 講師要先考慮課程中各重點項目的時間恰當分配，據此來進行授課事宜。
8. 講師要為學員事先準備講授大綱，幫助學員容易聽、容易瞭解講師所講的內容。
9. 講師事先準備教案，可以幫助講師在講課時，隨時參照講義內容來進行更深入的探討。

10.講師在授課前的一段時間內要充分調養身心狀況，不暴飲暴食、避免生病及意外事故的發生。

二、教案的擬定

教案是授課的劇本，這是講師在課堂上從頭到尾如何「演出」，按照時間的經過加以記述，要慎重的編寫。簡述如下：

(一)決定講授重點

講師在擬定教案時，首先要考慮的就是決定講授的重點，並把它做有效的排列。講授重點決定之後，就考慮各重點之相互關係，排列出幾個重點，檢查能否確保講授時的流暢。

(二)身邊話題開頭

講師在授課流程之編擬上，要活用先從大家都知道的身邊話題開頭，再逐漸進入本題的教材。例如，當月、當週、當日的新聞、雜誌報導資料與課程內容有相關性的主題來說明，以引起學員學習的動機與興趣。

(三)決定具體實例

能使授課活潑生動，引起學員共鳴的方法，可能就是要講些具體的實例。講師可以活用「歷史典故」，旁徵博引以豐富授課內容。

(四)提到自身的經驗時，成功與失敗的例子皆要提出

能被聘任為講師，相信在工作上必定都有充分的實績。如果從講師的工作經驗中擷取一些實例的話，不論是成功或失敗的例子，都能引起學員的迴響，具有激勵的作用。

(五)講授內容不宜貪多

講師授課時設定有彈性的課程項目，以及必要時可以運用的充分材料，就某項主體與學員互動，以避免「念講稿」而得不到學員的共鳴。

(六)活用教學輔助技巧

講師在講課之中也可運用促進理解測驗（concept clarification test）、講課前討論及課前個案研究等，引起學員的討論，獲得共識。

(七)事先想好在講課中要向學員發問的題目

講師在授課的過程中，將要適時向學員發問的項目，事先加以準備並放入教案之中，這樣在講課的時候就自然能和學員交流，講課內容也能充實。

三、講課的進行方法

講師授課前的控制，包括情緒控制、心理建設、自我形象控制（如建立專業形象、外在儀表）、訓練設施的控制技巧（如座次安排、各種教學工具及補充資料）、時間控制技巧等都是要注意的事項。簡述如下：

(一)提前十五至二十分鐘到達會場

無論如何準備周到而完美的講課，若無法在指定時間到達授課地點（遲到），就一點用處也沒有。講師提前十五至二十分鐘到達會場，其用意除了讓主辦人能夠安心會準時開班外，講師事先察看教室的布置、設施，並跟訓練承辦單位主管再度確認（協商）授課方向，避免離題而觸犯其企業文化。

(二)開場技巧

授課開場技巧可採用開宗明義法（直接切入主題）、小故事比喻法（引起學習動機）、自我解嘲法（消除距離感）、雙向溝通法（徵求意見找需求）、自問自答法（吸引注意）、揭示事實法（讓數據、圖表說話）及獨特創意法（破冰之旅）等。

(三)盡可能站著授課

根據一般授課經驗，坐著講不如站著講。站著講普遍地可環視學員的面部表情與互動，並容易使用黑（白）板書寫。但如屬於座談會之類的活動，則以坐著對談較佳。

(四)以自我介紹來穩定情緒

自我介紹是授課最容易開始的主題之一。自我介紹不再僅止於介紹而已，它也能成為講課的導入之開場，讓學員對講師產生親切感。

(五)授課中不要偏離主題

講師容易脫軌「演出」的情況多在講授過去經驗或趣談的時候。講師要懂得「收放自如」的要訣。除了特殊場合外，講師授課時要避免談論「政治」與「宗教」的例子，以免產生「意氣之爭」而耽誤授課進度。

(六)重要的事要反覆地講

講師在授課時，若遇到很重要的部分或觀念時，要有意地慢慢講，很清楚地講，而且還要反覆地講，以加深學員的印象、記憶，勾勒出講義的重點來複習。

(七)控制休息時間

授課時間多久後要休息一次，一般是上課一小時二十分鐘後休息十五分鐘。如果休息時間備有點心、咖啡之類供學員聯誼與交談，則以休息二十分鐘為宜。

(八)照預定時間結束課程

整個授課方案結束前，可預留十至十五分鐘，用來對有關所講授內容問題的解答或做重點整理，以加深學員對課程的印象。

四、講師的授課態度

學員對講師的「第一印象」會影響學習的動機，以及對講師一些授課內容觀點的接受或排斥有很大的關連性。簡述如下：

(一)注意儀表

「佛靠金裝，人靠衣裳」；講師在站上講台之前，應該要先站在鏡子前面，檢查自己的儀表。整齊、乾淨的外表，會使學員有好印象，並形成想去聆聽的意願。

(二)以共同學習的態度因應

成人學習就是「教學相長」。講師與學員是追求同一主題的同志。講師提出問題、提示材料，希望能再和學員共同重新思考討論，相互腦力激盪，得到「現學現用」的結論，回到工作崗位後即可付之實施的最高境界，沒有「互動」，就成為「一言堂」，學員的吸收新知是有限的。

(三)姿勢與手勢要設想好

授課除了可使用硬體設備外,講師的姿態、手勢也可以成為訴諸學員的視覺道具。講師要懂得運用這個「與生俱有」的「道具」來進行「表演」,以加深學員對課程講授的印象。

(四)突發事故要隨機應變

授課時發生大事故的場面很少,但臨時停電、麥克風失靈、單槍投影機燈絲燒掉而當機等突發情事偶爾會發生。所以,講師需要在事先對講課的進行方法好好地加以檢討,對不能順利進行的情形也要加以預測並事先考慮其對策(有備無患)。

(五)不要跟學員爭辯

講師的任務並不在表面上要去勝過學員,而是要使學員去思考、去瞭解,並且將之活用於實際業務上。講師和學員爭論會降低訓練成效,所以,講師應該考慮到以自然的態度授課,不要擺出「高人一等」的架勢才會得到好結果(反應)。

五、授課時的講法

講課主題的展開技巧有:親切討好的開場白(描述課程大綱)、身體語言的演出(姿態、手勢、臉部表情、語氣聲量)、符合學員工作需求的話題、影響學員因素的暗示(談到未來發展、趨勢、流行等)等,要善加運用。簡述如下:

(一)課堂氣氛的調節

課堂氣氛的調節要注意眼神運用(交替巡視)、音調(高低搭配、快慢結合)、手勢(配合形體,善用肢體語言)、板書(突出主題、重

點）等。

(二)負面效益的排除

授課中常見的負面影響及排除方法有：注意力分散時，可加重語調、故意停止講授、穿插小笑話或小故事；有人打瞌睡時，可直呼其名回答問題、叫起鄰座學員回答問題等。

(三)結訓結尾技巧

結訓結尾技巧可採用餘音繞樑結尾法，重申課程重點，以祝福語結束（范揚松，2007）。

六、訓練後檢討技巧

所謂「教學相長」，講師授課結束後，必須自我檢視個人授課的進行過程中，有哪些需要改進之處，否則只有「傳授功夫」而沒有「自我練功」，對自己職業生涯前程發展是會遇到瓶頸的（如**表7-4**）。簡述如下：

(一)自我虛心反省

例如自我檢查（如我已充分準備了教案嗎？）、順著講授大綱做回顧（如我所講授的內容是學員需要的嗎？）、檢查授課過程（如我有控制時間進度嗎？）等。

(二)從學員的意見調查結果來反省

訓練班課程結束時，承辦單位都會分發給學員一份「問卷意見調查表」，其中包含對講師講課的評價。因此，講師可請承辦單位將統計資料分析後，提供一份報告作為參考（**範例7-1**）。

表7-4　講師評鑑的內容及標準示例

範圍	評鑑項目	具體評鑑內容及指標
教學態度評估	品德方面	• 事業心和進取心 • 責任心 • 勤奮認真的態度 • 工作紀律情況
教學能力評估	課前準備	• 教學工作的整體計畫 • 教案的撰寫情況
	智力因素	• 思維能力，側重思維的清晰度和敏捷度 • 知識面，側重知識的運用、整合能力 • 教學經驗，側重講師的教學智慧 • 創建，側重講師的創新能力 • 判斷力，側重講師的教育觀念
	授課	• 對課程重點的把握 • 授課內容是否全面 • 能否做到深入淺出 • 能否自覺更新知識 • 歸納與總結的能力
	組織教學	• 教學的靈活性，側重利用教學方法的變化提高學員的興趣 • 課堂時間的控制，側重課時利用率 • 教學進度，側重計畫性 • 傳授一定教學技巧 • 營造良好的學習氣氛
	教學態度	• 儀表，側重講師的外在形象、氣質和精神面貌 • 語言表達能力，包括音色、音量、口齒清晰度、表達的準確度 • 表情，包括手勢、面部表情、情緒感染力 • 精力充沛度
	指導能力	• 提問水平，提問是否適度、切題 • 分析問題的能力，包括論點、論據充分、有條理、透徹、易懂 • 回答學員提問時是否切題、準確、易理解 • 指導複習是否及時、有針對性、有效性等
教學效果評估	知識訊息傳遞狀況	• 學員從講師的教學活動中獲得了多少新的知識訊息 • 可以從學員的考試分析中提煉若干指標並賦予分數來評估
	非致力因素影響	• 思想意識狀況，即學員訓練前的模糊認識、陳舊觀念和錯誤想法，哪些得到了澄清和端正，進而轉變了思想 • 情感、意志等心理品質的狀況
	操作與動手能力	• 透過教學活動，學員是否提高了動手操作能力，是否將學到的理論知識運用於工作實踐……

資料來源：汪群、王全蓉主編（2006），《培訓管理》，上海：上海交通大學，頁209-210。

範例7-1　教育訓練課程統計表

課程名稱：企業人才選育用留之方法應用　　　講師：丁志達老師
上課日期：2007/07/9、10 (17:30~20:30)
上課地點：台灣瀧澤科技　會議室
應到人數：30人　　　　　　　　　　　　　實到人數：24人
回收問卷份數：22份　　　　　　　　　　　回收比率：91.6 %

評估項目	滿意程度	非常滿意	滿意	無意見	不滿意	非常不滿意
一、講師之勝任程度						
1.專業能力&解析能力	人數	15	7			
	平均值	4.68				
2.口語表達能力&教學技巧	人數	10	12			
	平均值	4.45				
3.與學員的互動&教學態度	人數	6	12	4		
	平均值	4.09				
4.有效掌握課程內容與進度	人數	12	8	2		
	平均值	4.45				
5.授課內容與課程主題之契合度	人數	13	7	2		
	平均值	4.50				
二、教材內容						
1.講義&教材的內容／品質	人數	12	9	1		
	平均值	4.50				
2.教材內容充實與架構完整性	人數	13	9			
	平均值	4.59				
3.教材內容與課程之相關性	人數	13	9			
	平均值	4. 59				
三、整體						
1.學習內容對自我的啟發性	人數	10	12			
	平均值	4.45				
2.訓練結果與您所期望之契合度	人數	7	15			
	平均值	4.32				
整體平均		4.46				

非常滿意→ 5分；滿意→ 4分；無意見→ 3分；不滿意→ 2分；非常不滿意→ 1分

（續）範例7-1　教育訓練課程統計表

在課程中學員們最大的收穫是：
1.怎樣成為一個好主管：對部屬的選擇及管理激勵部屬的潛能、發覺才能、培訓人才，用對人公司才會茁壯成長，達到經濟效益，是公司和員工之福。
2.態度決定一切。
3.深切體認到招募優秀的部屬和留住優良人才是困難的。
4.如何選人、用人。
5.放棄的並不一定不好，態度決定一切事的發展。
6.發覺員工的潛能，並協助每位員工充實發揮，以達成員工與企業成長之雙贏目的。擁有共同的願景及目標，才是團隊合作的方法。
7.瞭解人才的重要性及方法的應用。
8.補足我之前所不懂的知識，強化將來所需的思維。
9.除了學習到丁老師專業知識，更學習到他的凡事用心與認真教學態度。
我的建議是：
1.上課內容豐富、趣味無窮，謝謝老師。
2.多以舉例的方式來表達課程內容。謝謝老師。
3.老師的專業能力及講義教材非常充實豐富，但如果老師能更活潑幽默一點會更完美。
4.講義字太小，希望能改善。
5.互動是非常的重要，能給學員更多的學習。

資料來源：三上企管公司（2007）。　　　　　　　　　　　製表：江筱筑

(三)錄音（錄影）重聽（看）

　　如果講師個人自認授課經驗有待加強，則在授課全程時間內錄音（錄影），帶回家以後再聽（再看），就更能知道自己需要補強之處。

　　如果講師不能謙虛地接受他人的評價並改正不是的地方，就不會有進步。所以掌握自己講課所缺少的及不充分之處，並累積自我訓練使其充實，是絕對需要去做的事（正木勝秋著，陳哲仁譯，1889）。

第三節　內部講師訓練與管理

「寶馬還需錦鞍配」，訓練課程的成功與否，課程的靈魂人物「講師」扮演舉足輕重的角色。講師是擔任課程中之講授、實習、演練等指導工作，為課程尋找合適的講師，是訓練課程能否發揮成效的一個重要關鍵。因而，講師人選的適當與否，直接關係到受訓學員的學習成果與意願，對訓練業務的推展上是非常重要的。

由於企業處在激烈競爭的環境下發展，需要大量的新知識來充實自己的管理、技術、營銷等知識體系，因此，企業對於訓練資源的利用，通常採用內部講師與外部講師相結合的原則安排（**範例7-2**）。

一、推行企業內部講師制度的優點

企業為了順利推展內部的人力資源發展計畫，已經逐漸重視企業內自我養成師資群的工作，其主要優勢是自我培育的內部講師對企業經營理念、企業文化、業務環境的深入瞭解，以及與學員一致的感同身受，藉由內部講師的訓練，使外部的課程內化成更適應企業文化與經營現況的教材，並鼓勵經驗相傳，有利於營造企業學習型組織的內部溝通交流氣氛，達成技術生根、培育後進，使內部講師與學員能教學相長（如**表7-5**）。

二、內部講師的遴選條件

建立內部講師制度首須制定相關管理辦法，內容應包括擔任內部講師的資格訂定、內部講師遴聘辦法、講師授課的權利義務規範，以及講師的獎勵措施等。

企業內部講師的來源，一般係由下列幾個管道，經由遴選、面談、培訓、試教後予以延聘。

範例7-2　內外聘講師之來源、培育、獎勵辦法

一、內聘講師來源及獎勵

　　鼓勵同仁貢獻所學，促進公司內部專業技術與管理實務廣泛交流，以經驗傳承方式提高全員生產力暨品質，對於擔任內部講師同仁之付出給予獎勵及肯定。

　　1.來源：

　　　(1)經部門主管申請推薦，經人事教育訓練單位複核後稱之。

　　　(2)由員工本人自薦，經部門主管鑑定核准、人事教育訓練單位複核後聘任之。

　　　(3)課長級以上主管皆具講師資格。

　　2.獎勵：

　　　(1)內部講師講授鐘點費：

　　　　A.上班時間：每小時400元。

　　　　B.下班時間：每小時800元。

　　　(2)人事部每年定期提出內部講師授課時數及明細予直屬主管，作為績效考核之參考。

　　　(3)為提升教學品質及效果，凡具內部講師資格之同仁，將優先提供下述訓練機會及資料：

　　　　A.參加與講授課程有關之訓練。

　　　　B.參加公司自辦之內部講師訓練課程。

　　　　C.提供講師手冊或資料。

　　　　D.提供相關訓練教材以供參考。

　　　(4)講師謝禮。

二、外聘講師來源及獎勵

　　1.來源：

　　　(1)政府立案之企管顧問公司。

　　　(2)學術界專業人士。

　　　(3)政府機關。

　　　(4)延聘業界專業人士。

　　2.獎勵：

　　　(1)講師費參酌市場行情支給。

　　　(2)講師謝禮。

資料來源：台灣茂矽電子公司；台灣省推動企業訓練成功案例彙編（1999），頁69。

1.高層經營、管理階層。

2.部門主管推薦在某類專業領域上表現突出的部屬（實務工作負責人），能符合開課需要者。

表7-5　推行企業內部講師制度的優點

公司觀點	擔任講師觀點
• 希望課程與公司相關制度相結合，理論與實務並重，以提升課程效果。 • 利用訓練課程來推廣公司相關制度，以落實制度推行。 • 培育幹部人才教學相長，讓公司幹部在某一職等時擔任其業務專門之課程講師，一方面在教學相長之下提升其專業知識，另一方面也可提升幹部的指導力。 • 方便企業內課程的推展，站在教育訓練的立場而言，內部講師無論在課程時間、方式、教材等方面的協調皆比較方便。 • 可累積公司經營及技能方面的know how，將這些經驗予以彙整、編成教材，除了可方便於經驗的傳承之外，也是公司重要know how的資產。 • 塑造培育部屬、指導部屬是幹部重要職責的企業組織及文化。 • 降低訓練成本，且授課的內容可製作成數位學習教材。 • 可將內隱知識留存於企業內部，避免因員工流動而造成企業的損失。	• 被指定擔任講師者，由於必須就有關課題對受訓者做有系統的、合邏輯的、易懂的說明，所以在於做課前準備時，必須對不足之處用功補充，因而可以獲得補充及整理有關知識之機會。 • 講師因為要說明自己的工作，而發現工作有部分不合邏輯，而產生了反省日常行為之機會，並做工作的改善與自我啟發。 • 因為要在受訓人員面前講話，所以他必須努力提升其表達能力與說服力，因而培養其能在眾多人之前冷靜說明事情的能力。

資料來源：草地人（1995），〈企業內講師應如何遴聘〉，《工業雜誌》，301期，1995年4月號，頁51-52。

　　3.公開甄選多年具有工作實務經驗的績優同仁，且對訓練、教導人員有熱忱者。

　　4.經派外接受專業受訓後指定擔任講師者（如**圖7-1**）。

三、內部講師的扮演角色

　　內部講師不是單純地依循某一學習途徑教學而已，其角色的重點是引導學員沿著螺旋形通路去探索學習。內部講師所扮演的角色內涵，約有下列幾項：

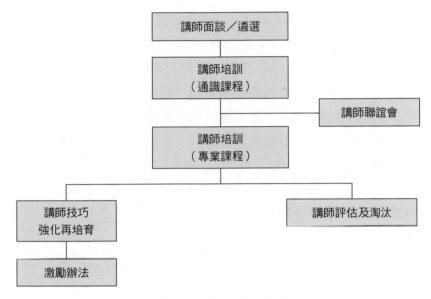

圖7-1　內部講師制度

資料來源：中美和石油化學公司；引自台灣省政府勞工處編印（1996），《台灣省企業訓練成效案例彙編第七輯：中美和石油化學公司》，頁38。

1.專業知識、技能的教導者。

2.企業文化、工作倫理、工作態度的指導者。

3.經營理念、策略、方針及經驗的傳承者。

4.建立共識、提供資訊的協調者。

5.鼓勵成長、排除障礙的園丁。

6.訓練需求、訓練計畫、訓練教材的開發者。

7.訓練績效之評估管理者。

8.發現問題、找尋對策、進行改善的問題解決者。

9.成果轉移的支持者、輔導者。

四、內部講師的職責

內部講師是員工的兼職行為，不能因為承擔訓練任務而影響本職工

作。所以需要明確內部講師的職責，讓講師清楚企業對自己的要求。內部講師職責內容，一般包括總結專業經驗，提高訓練水準和遵守約束等。

　　內部講師的職責規範可以借鑑工作說明書中工作職責描述的形式逐條列出，譬如，內部講師需要蒐集資料、總結本專業領域的管理技術或操作經驗；內部講師需要不斷學習，吸收外部訓練課程內容，提高講授水平；內部講師不應該推拖或無故缺席，若有特殊原因需調整訓練時間，應提前通知訓練承辦單位人員等（如**表7-6**）。

五、內部講師的教學使命

　　培育企業內部講師，不但可協助降低教育訓練成本，同時更兼具下列多項重要的使命，如：

1.企業文化的傳承：在課程傳授中，講師得經由授課的機會，將本身的經驗、思考的模式、做事的態度融入課程內容，而使上課的學員逐漸體會公司的經營理念與企業文化。

表7-6　企業訓練講師的功能

訓練工作項目	功能
確定訓練需求	・掌握正確的受訓對象 ・深入瞭解訓練需求 ・依訓練需求發展課程目標
擬定訓練計畫	・可配合訓練單位共同研定
實施訓練計畫	・發展課程內容 ・提供與編排撰寫學員教材 ・主持訓練課程或活動
訓練成果評估	・課程目標及內容之修正 ・訓練教學技巧之改善 ・對學員相關之評估及建議 ・後續之諮詢與服務

資料來源：丁復興（2000），《89年度企業人力資源作業實務研討會實錄（初階）：育才實例發表第一場中華汽車工業公司》，行政院勞工委員會職業訓練局編印，頁102。

2.專業經驗的教導：在各種專業課程的教導上，具有深度實務經驗的內部講師是最佳人選。例如，房屋仲介業的不動產專業課程、法務課程、稅務課程及仲介實務等知識性、技能性課程，能解決學員在實務工作上遇到的難題，迎刃而解。

3.提升教學品質與訓練績效：透過優秀的內部講師推動訓練業務，除可提升訓練績效外，更能確保教學品質。（林燦瑩、張甲賢，1995：61）

六、企業內部師資訓練方式

在企業內講師的訓練上應配合其企業訓練體系之需求，篩選適當的人選、適當的教材，著手使其快速有效的運用。企業內部師資訓練方式如下：

1.辦理內部講師訓練班，訓練講授技巧、教材編撰、教具準備等。
2.不定期舉辦內部講師相關知能研習與座談。
3.將學員評估與反應提供講師參考並予輔導。

七、內部講師培訓的內容

內部講師並沒有相當多的機會經常在授課，所以，企業應透過聘請經驗豐富的外部講師進行技術移轉，傳授教學心法與技巧課程，讓內部講師學習掌握授課、教材準備的要領。

一般來講，內部講師訓練的內容包含下列幾項：

1.教學方法（如演講法、討論法等）與基本表達技巧（如簡報技巧、上台試教、聲音的運用、肢體語言的配合、發問與回答問題的方式等）。

2.教學原理與學習心理、處理課堂中經常出現的問題（如講師與學員

的定位、學習的管道、成人的學習心理、教學的歷程等）。

3. 教材及教案製作（如教學目標確定、內容編排、教學技法運用等）。

4. 輔助教材的製作（如教學使用之投影片及教具等）。

5. 常用教學方法（如討論法、會議式指導法、錄影帶教學法、角色扮演法、個案研究等），視其專業課題再擇要運用。

6. 講師授課的技巧（如儀態、動作、語調、機智、發問等）及資源的運用（如麥克風、黑板、座位安排等）。

7. 訓練評量（如測驗、追蹤評估等）。

8. 教學演練（如配合全程錄影，以協助講師找出自己授課時的盲點，例如時間控制不當、肢體語言的不良習慣、投影片的不當製作等）。（蕭念湘，1995：46-49）

八、內部講師教學的任務

被選定為內部講師的人選，必須有能力完成以下的工作：

1. 激勵全體受訓學員。

2. 以明確的方式來說明有關的原理與觀念。

3. 將需要學習的程序或規定，理智地加以討論，並且能與學員互相溝通。

4. 示範操作並維護設備。

5. 繼續不斷評估學員的進步情形。

6. 給予明確的方向及指導。

7. 調整受訓學員之間的差異。

8. 將指導和諮詢作為受訓學員學習的一部分。

9. 能使用訓練計畫中的任何訓練器材。

10. 選用適合的訓練方法。（鄒鴻圖等譯，1983：22-23）

九、內部講師激勵措施

有鑑於企業內部講師較能有效掌握公司真正問題所在，在忙碌的工作之餘，願意花額外的時間擔任內部講師傳授知識的敬業精神，獎勵內部講師之認真教學的誘因將是重要關鍵。

獎勵內部講師教學措施的方法有：

1.講師鐘點費：依上班或下班後講課時段，給予不同等級之講師鐘點費。一般而言，講師鐘點費可參考大專院校講師級每小時鐘點費為標準，上班時段授課給二分之一的講師鐘點費，下班後授課給全額之講師鐘點費。
2.教案設計費：凡提供教材資料或編寫教案，經審核合格給予不同等級之編撰費。
3.派外訓練：有接受外部專業訓練之優先機會，學費由企業全額負擔。
4.講師證書：擔任之內部講師，頒發講師證書，給予榮譽。
5.考核獎勵：訓練單位於講師年度授課總時數與學員考評平均滿意度中，評選年度績優講師數名，並於公開場合（如年終晚會）頒獎、表揚。
6.其他獎勵：提供補休、授課時數列為績效考核指標等相關規定，均是提高員工擔任內部講師的意願。

內部講師雖然在授課技巧上不及於外部講師專業，但內部講師可以發揮「企業經驗傳承」、「課程內容務實」之效，這是聘請的外部講師所望塵莫及的。

第四節　外聘講師的遴聘

　　一般企業的訓練課程，除了自行由內部講師擔綱執教外，企業界也常會邀請外界顧問公司（承包商）師資來協助課程的舉辦（**範例7-3**）。

一、外聘講師的來源管道

　　外聘講師的來源管道可透過政府職訓機構、大專院校、財團法人（如中國生產力中心）、企業管理顧問公司、學術團體等各單位所提供的師資群，然後分別建立外部講師個人資料檔案，依據講師教學背景資料、實務經驗、經費預算、探聽同業間是否曾聘請該名講師授課的風評等來選擇合適的講師，並在開課前與講師溝通此次課程欲達成之目標、進行方式及特殊要求，並給予講師有關公司的組織、經營理念、經營使命、產品及相關策略的資料，使之能瞭解公司文化背景，確實掌握課程目標，以求課程能真正達成訓練的需求及企業文化。國內刊物《管理雜

範例7-3　講師邀請函樣本

敬愛的×老師：
　　本公司非常榮幸地能邀請到　鈞座於〇〇月〇〇日下午二時蒞臨本公司〇〇廠向公司全體幹部講授【活化人力資源的競爭力】三小時課程，謹致謝意，並煩請　鈞座於〇〇月〇〇日前將講稿寄給我們製作講義。
　　茲奉上本公司的地圖（內附有公司地址與經辦人聯絡電話）與課程表各乙份，敬請查收為禱。如果　鈞座自行開車前來，本公司已為　鈞座備妥了停車位，屆時我們會指派接待人員在門口迎接。鈞座如有任何指教，請與我們聯絡，謝謝。敬頌
教安

〇〇股份有限公司
人力資源處處長〇〇〇敬上
〇〇〇〇年〇〇月〇〇日

資料來源：丁志達（2008），「員工招聘與培訓實務研習班」講義，中華企業管理發展中心編印。

誌》，每年定期（六月份出刊）會刊載國內企業管理講師名錄，可供企業遴選外聘講師之參考。

二、授課講師的類型

在企業界授課講師約可分為以下四種類型：

(一)學術型講師

在大專院校任教，以學校授課為主，具有豐富的學理基礎，課程內容結構完整，但授課方式可能較不活潑，課程內容與實務工作有一段落差。這類講師授課的對象應以高階主管為主，課程可以個案研討方式進行，透過其豐富的學理知識與完整的系統思維架構，引導學員系統性思考。

(二)實務型講師

授課方式活潑多元，以實務經驗取勝，擁有完整的產業歷練，從基層一路做到高階主管，可以運用相同語言與學員對話，容易取得共鳴，授課內容以經驗分享為主，但課程結構可能較不嚴謹，可安排這類講師為基層營業單位員工或基層主管授課，讓學員先對課程內容產生興趣，進而達到訓練的預定效果。

(三)學術實務兼具型講師

曾有產業歷練或顧問輔導經驗，目前擔任教職或顧問，其授課特色介於學術型與實務型講師之間，課程內容理論與實務兼具，課程架構嚴謹。安排這類講師為中階以上主管授課，透過個案研討或小組討論等方式進行，以培養學員深度思考。

(四)取得某類專業認證講師

例如獲得國內、外潛能開發相關訓練的課程認證，此類課程以激發學員潛能、超越自我、突破習慣領域、挑戰更高目標為訴求，適合直銷、房屋仲介或保險業等業務工作為主的企業，或者一般企業的業務相關工作人員。

透過以上的分類，瞭解講師的類型、適合的課程與授課的對象，再進行評估和挑選，相信可以讓舉辦的訓練課程更符合企業與學員求新知的需求（盧冠諭，2007）。

三、遴聘外部講師的參考指標

基本上，能獲得企管顧問公司推薦的講師，或一些靠個人授課經驗累積而獲得學員推介到企業內授課的講師，他們在教學上都有一定的功力。因此，外聘講師的適任與否，要看該講師個人對被應聘公司的企業文化以及指導的單位、層級、聽課學員素質的瞭解程度有關，以避免因外聘講師的理念與企業文化差異太大，讓學員在受訓後產生對企業政策無法認同的現象，反而造成課後內部溝通上的困擾。

綜合歸納出下列幾項對外聘講師遴選的參考指標。

1.對主題和要點有深度的瞭解。
2.好的口語表達技巧和能力，裨與學員溝通。
3對講授的主題有興趣。
4.有組織和傳達思想的能力。
5.有引起興趣及維護學員學習情緒的能力。
6.能以口述的例子分析主題的能力。
7.有傳授資料的技巧和使學員瞭解的能力。

8.能使用不同的訓練方法，特別是選擇適合該項訓練計畫的訓練方法。

9.有能明晰解說且不會產生曲解的能力。

10.在學員面前表現良好的儀表，使學員瞭解企業所想維持的形象。

11.使用姿態、手勢以加強解說。

12.避免陳腐老套的論點。

13.耐心和瞭解，但是要有足夠的主見。

14.課程進度和控制學員的能力。

15.面對學員態度要從容。

16.適當使用幽默感的能力。

17.以合作的態度與人相處。

18.自然與自信。（鄒鴻圖等譯，1983：23-24）

 ## 結 語

韓愈說：「師者，所以傳道、授業、解惑者也。」這句話說明了傳道就是知識的灌輸，授業是技能的教導，而解惑是對態度的啟迪。企業訓練的性質要求擔任訓練講師既能組織、實施、管理訓練專案，又要熟知企業情況以完成教學活動；既學識廣博，精通訓練理論，善於專案開發，又要瞭解成人教育的心理特點；既有很好的表述能力，能夠旁徵博引，又具有創造性思維，善於設計訓練課程。

總之，企業對於訓練講師的要求是綜合性的，講師的職能在一定程度上要超越單純的「傳道解惑」，而更注重培養員工的經驗、技能（周海燕，2007：60）。

8 訓練成效評估

評鑑最重要的意圖不是為了證明而是為了改進。

——D. L. Stufflebeam

訓練是一種投資，投資講究效益，所以訓練是否達到效果，不能不重視。訓練成效評估（evaluation）並非單一事件，而是訓練各環節之間的緊密連結，必須在訓練需求調查、訓練規劃與執行時，納入訓練成效評估的先期作業。

訓練成效評估是一個完整訓練計畫中的一環，以及針對某一訓練計畫有系統地蒐集資料來評斷、修正或改善該訓練計畫，目的在於判定訓練計畫目標達成與否。

 ## 第一節　訓練評估的概念

為了證實訓練的功能與成效，必須藉由訓練成效評估來加以驗證。然而訓練成效評估並非易事，因為它並非單一事件，而是訓練各環節之間的緊密連結，並需要在訓練需求調查、訓練規劃與執行時，就要納入訓練成效評估的先期作業以及訓練後移轉（黃倩如，2007：51）。

評估（評鑑）是訓練工作最重要的一環，它可分為下列六項來探討：

一、訓練評估之定義

訓練評估之定義，係針對特定訓練計畫，採用系統性的程序，用於蒐集相關的資料並加以評鑑，以轉換為可用的資訊來衡量訓練計畫的影響，作為篩選、採用、改善訓練計畫及決定訓練品質等決策判斷的基礎（柯全恒，1999：1）。

二、訓練評估之目的

　　六階段評估模式的創始人布林克霍夫（Brinkerhoff）指出，訓練評估即為針對訓練方案進行資料確定、獲取與提供，以作為決策之參考過程。訓練評估之目的主要在於瞭解企業辦理訓練有沒有達到訓練目標，並找出訓練各環節之得失利弊（優缺點）、應加強或改進的地方。做好訓練評估，不但可據以修正未來訓練的方向，並可提高訓練的品質與績效，員工得以成長，企業組織競爭力得以提升，企業也才能達到永續經營發展的目的。

三、訓練評估的原則

　　訓練評估要設法做到有效、客觀又快捷的完成評量才能測出訓練成果，又能激勵學習。有許多因素會影響評估的信度（reliability，測試結果在一段時期內的一致性或可靠性的程度）和效度（validity，衡量或測試的工具能達成其效果的適當程度），譬如所用的評量測驗工具，實際進行評量的測驗者，評量的方法以及受測者背景、意願、態度、環境因素等。由於訓練評估者對評量之成敗居以關鍵地位，所以應該對評核（評鑑）人員進行訓練，以提升評量水準，獲得評量信度。

　　評量內容也是一項很重大的影響因素，因為有些訓練內容（技能、行為表現）是很容易評量的，而有些則否，譬如非營利事業組織的績效就較難評估，因為其員工服務績效無法以「動作及工時研究」或「人因工程分析」的結果來評定績效的高低；另外，對員工工作態度、服務觀念或思考能力、創造能力、發展潛力等評量，也有先天上的難度（如圖8-1）。

四、評量之著眼點及評核項目

　　和企業訓練有關的評量（評估）工作，最重要的是組織績效評量及訓練評量。欲評量組織績效，通常是從該組織之績效目標達成率、總產

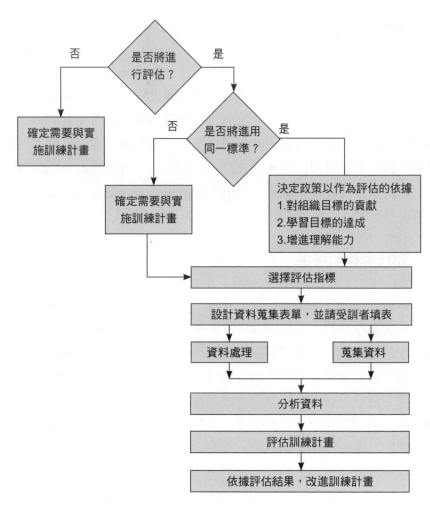

圖8-1　訓練評估程序

資料來源：Larid D. (1986). *Approach to training and development,* MA: Addision Wesley, Inc, p.268. 引自馮業達（2006），〈訓練評估之研究──以空軍航空技術學院為例〉，華南大學管理科學研究所碩士論文，頁24。

量增加、生產成本下降、作業錯誤減少、整體績效的提升、員工流動率降低來衡量；而評估訓練成效，則應著眼於評鑑學員參加訓練後返回工作崗位其工作表現之改善，亦即其個人行為對組織是否有助益，工作績效、辦事能力是否能有所提高（如**表8-1**）。

表8-1 訓練評鑑的關鍵問題

- 評鑑的目的為何？（即要透過評鑑做什麼決定）
- 誰是評鑑資訊的使用對象？（如管理部門、客戶、員工、學員等）
- 做決定或前述使用對象所需的資訊類別如何？（如為瞭解訓練方案的過程和結果、客戶意見、優缺點、效益）
- 蒐集資訊的來源為何？（如員工、顧客、客戶、文件）
- 如何透過合理方式蒐集資訊？（如問卷、訪談、文件查閱、觀察、焦點團體）
- 何時需要資訊？（影響所及是何時必須蒐集資訊）
- 哪些資源可用以蒐集資訊？（人員、紙本、網路等）

資料來源：李隆盛、賴春金（2001），《科技與人力教育的新象》，台北：師大書苑，頁259。

五、評量之方式與方法

評量和測驗一樣，最重要的是設法得到準確的結果。常用的方法有：紙筆測驗、技能操作（實作）測驗、心得報告（展示）、模擬演練（角色扮演）、觀察、記錄、績效（或觀察）考核、術科測驗、作品製作測驗、問卷調查、填寫自我評量表、訪談、追蹤考核或座談等（如**表8-2**）。原則上，評鑑人員應該並用這些評量工具的多元方法，例如先採用問卷調查快速從眾多人員蒐集大量資訊，再採用訪談從某些已填答（或未填答）問卷的人員取得較深入的資訊，接著可能採用個案研究，就特定的個案（如訓練獲益人員、未獲益人員、中輟人員）進行更深入的分析（如**表8-3**）。

六、評量的實施

評量的實施必須事先做好計畫，並且形成制度（建立企業內訓練評估制度）。訓練部門應重視評量之研究工作，辦理訓練、觀摩及訓練績效評鑑，並進行對評鑑人員的訓練，以提高評量品質。

為了確保學習成效水準或幫助講師做客觀的教學評量，訓練專責單

表8-2　訓練不同階段的調查訪談重點

所處階段	調查與訪談要點
培訓前	・你知道公司有培訓計畫嗎？ ・你瞭解公司針對你這樣的員工有哪些培訓計畫嗎？ ・你是否瞭解企業的培訓制度？對其中的培訓評估部分有何意見或建議嗎？ ・你所在崗位在勝任能力方面有哪些具體要求？該崗位的晉升標準是什麼？ ・你是否有自己的職業規劃，如果有的話是怎樣的呢？ ・你如何看待公司的此次培訓？對於目前的計畫安排有何意見或建議？ ・你對自己從此次培訓中所學到的東西有何預期？
培訓過程中某一單個項目結束後或整個培訓項目結束後	・此次培訓講師的表現如何？培訓現場、培訓氛圍如何？培訓內容如何？是否願意繼續（再次）參與？ ・此次培訓是否達成了你的預期目標？ ・此次培訓對你最大的幫助是什麼？對你績效考核或職業規劃有無直接幫助？若有的話，是哪些方面？ ・此次培訓中，是否有哪些內容是沒有意義的？或者說是可以進行簡化的？又有哪些內容需要改進或強化？
實施培訓項目一段時間後的績效考核	・參加培訓後，你（員工）的工作行為與績效考核結果是否有所改進？（對受訓者本人及其上級） ・你認為你在培訓過程中的哪些收穫對你的績效有所影響？為什麼能夠帶來這樣的影響呢？（對受訓者） ・如果企業再次組織類似培訓，你希望自己（員工）能夠從培訓中獲得哪些這次培訓中沒有涉及到的知識？（對受訓者及其上級） ・你希望企業或你的上級在哪些方面進行輔導以提高你的績效水平？（對受訓者） ・你是否瞭解公司的培訓效果評估工作？你對公司的培訓效果評估工作有何意見與建議？（對受訓者及其上級）

資料來源：徐旭珊（2007），〈五大環節　看清企業培訓「性價比」〉，《人力資源經理雜誌》，2007年8月，頁57。

位可以建立考題資料庫（含考題及標準答案），訓練期末可針對受訓員工專長領域、職級別等自題庫中隨機選題，編製多樣化的考題，以提升學習評量之準確程度（王光復，1999：72-74）。

我思故我在（Je pense donc je suis）。（法·笛卡兒）

第八章　訓練成效評估

243

表8-3　訓練評鑑之資訊的常用蒐集法

方法	目的	優點	挑戰
問卷、調查、檢核表	需快速和／或輕易從人員取得大量資訊時採用，需無冒犯之處	1.可全然匿名 2.管理上省錢 3.易於比較和分析 4.可針對許多人 5.可得到許多資訊 6.已有許多示例	1.可能得不到審慎的回應 2.遣詞用字可能造成填答者的回應偏差 3.調查時需抽樣專家 4.得不到全盤事實
訪談	欲徹底瞭解某人的意見或經驗，或者進一步瞭解其對問卷的回答時用	1.得到廣益和深入的資訊 2.能和受訪者發展友善關係 3.可彈性詢答	1.可能很花時間 2.可能難以分析和比較 3.可能很花錢 4.訪談者可能誤導受訪者的回應
文件查閱	欲在不干擾訓練下瞭解方案的運作情形時用，文件有申請書、經費表、備忘錄、會議紀錄等	1.可得綜合性和歷史性資訊 2.不會干擾訓練和人員 3.有現成資訊 4.甚少資訊的偏差	1.可能很花時間 2.資訊可能不完整 3.需相當明瞭要找什麼資訊 4.沒取得資料的彈性手段，資料受限於現有
觀察	欲精確瞭解訓練如何實際運作（特別是過程方面）時用	1.實際見到訓練的運作 2.能依事件而調適方法	1.可能難以解釋可見的行為 2.歸類觀察可能很複雜 3.可能影響學員的行為 4.可能昂貴
焦點團體	可透過小組討論深入探討特定主題（如對某一經驗或建議的反應、常見抱怨等），常見於評鑑和行銷課題	1.可快速和可靠地取得共同見解 2.可有效在短時間內取得相當寬廣和深入資訊 3.可傳達方案方面的關鍵資訊	1.可能難以分析回應 2.需有好主持人使進展順利 3.難以安排所需的6-8人集會
個案研究	欲全然瞭解或描述學員的訓練經驗，和透過個案的交互比較做綜合檢視時用	1.可完整描述學員在方案輸入、過程和結果的經驗 2.是向局外人描繪訓練圖像的強勁手段	1.蒐集、彙整和描述資料通常很費時 2.常得到縱深資料而非寬廣資料

資料來源：McNamara（1999）；引自李隆盛、賴春金（2001），《科技與人力教育的新象》，台北：師大書苑，頁260-261。

第二節 訓練成效評估的實用模型

提出訓練成效評估模型（model）的學者很多，包括針對訓練與貢獻的四層次評估法，著重成本效益分析的評估法，或偏重預測需求與訓練成效關係等方式。但一般常見的訓練成效評估模型有下列幾種：

一、柯克柏翠克模型

美國訓練與發展協會（ASTD）在一九九八年五月的全國人力資源報告（National Report on Human Resource）指出，約有90%的美國組織採用唐納·柯克柏翠克（Donald L. Kirkpatrick）的四層次訓練評估模式，因其簡單易懂，已成為最為廣泛運用的評估模式。茲分述如下：

1. 反應層次（reaction level）：主要在測定（瞭解）學員對訓練方案的滿意及喜好程度（**範例8-1**）。
2. 學習層次（learning level）：主要在測定（瞭解）學員對訓練方案（訓練課程）內的知識、技能及態度方面的瞭解與吸收程度（學習了多少以及學到哪些）。
3. 行為層次（behavior level）：主要在測定（瞭解）學員是否將學習移轉到職務上，以及訓練是否促使工作行為的改變。
4. 成果層次（results level）：主要是測定（瞭解）學員對組織經營成果有何直接且正面具體的貢獻。

學者傑克·菲利浦（Jack Phillips）建議，最好有100%的課程應用反應層次評估；70%的課程應用學習層次評估；50%的課程應用行為層次評估；10%的課程應用成果層次評估。

範例8-1　主管人員的人事管理技巧訓練心得報告

在現今邁入知識經濟的時代，「人才」已經成為企業與企業之間相互搶奪的最重要「資產」，主管如何理解「選、訓、育、用、留」，進而將這五大人事管理的功能自如地運到自己的領導部屬上，誠屬重要。主管是必須隨時自我充實的，因為部屬也在努力的自我提升其專業領域的知識，如此才能帶人，才能做出業績來。

這次參加中華企管中心舉辦的「主管人員的人事管理技巧傳授班」的課程中，個人獲得如下的學習心得：

‧透過他人之力完成任務，這是一種基本的領導能力。否則總有一天會累垮自己。
‧領導者最困難的工作之一，就是要瞭解你所扮演的角色不是自己，而是別人所認知的你。
‧一位成功的主管會以員工的角度去思考問題，解決問題。
‧找到好人才是每一位用人主管的責任，而不只是人力資源單位的責任，所以相互合作、搭配是「選對人」的重要關鍵。
‧招募人才時，要知道企業所要的目標是什麼？才知道要找什麼樣的人。不同部門、不同功能，自然有不同人選，絕對沒有「一體適用」的方法。
‧錄用一位不適合企業文化的人，反而造成團隊不合則划不來，所以認同企業文化價值觀的人，是錄用部屬最重要的考量因素。
‧求才不可捨近求遠，任何高職位出缺，應由現有的人員優先考慮，對生產力的提升與部屬的士氣激勵都有積極的鼓舞作用。
‧面談除了安排用人單位主談外，委託業務相關的單位代為面談，聽聽其他部門主管的意見，不失為一種慎重遴選員工的方法。
‧部門內的人事升遷應該視需要的職缺與人才素質而定，它絕不是「敬老尊賢」，按年資升遷的。
‧培訓的目的是使部屬獲得相關的知識和技能，以期得到更好的工作表現。
‧人才要不斷接受教育訓練，讓部屬覺得工作愉快。員工不能成長，會拖累企業。
‧培訓計畫要結合部門的人力資源現狀和公司的年度發展計畫制定。
‧績效評估最重要的是確認最好及最壞的群體，其他歸為一大類即可。
‧只降低成本而不擴大銷售量，利潤的增加是很有限的；同樣地，不降低成本而只求擴大銷售量，也不能使盈利大增。
‧想要讓員工賣力拚出績效，就應該論功行賞。給某人加薪時，也正是增加他職責的時候，對他的成績加以獎勵，他當然心情愉快，但同時不要忘記鼓勵他去做出更大的貢獻。
‧在決定哪些業務外包的同時，主管必須跳脫傳統的思考模式，逆向思考到底有哪些業務不能外包。
‧只說我所「看到」的事，只提「事實」，絕不批評我不瞭解的事。
‧任何組織要推動改革，主管與部屬的對話是不可免的。
‧員工只要想做事而做錯，不應受罰。受處罰的，應該是不想做事的人。
‧企業想要留住人才，最重要的是營造一個具有整合性、前瞻性的環境，使部屬能夠擁有充分的發展機會，也就是要部屬感受到這種氣氛。

資料來源：丁志達（2008），「主管人員的人事管理技巧傳授班」講義，中華企業管理發展中心編印。

二、Jack Phillips的投資報酬率

訓練績效評鑑有許多模式，其中經常引用的柯克柏翠克模式，包括反應、學習、行為及成果四階層評估模式。然而，除了訓練成效之外，訓練成本也逐漸受到重視，而訓練投資報酬率（Return On Investment, ROI）則是傑克·菲利浦（Jack Phillips）自一九七〇年代開始而引進，成為第五階層評估。

Jack Phillips的投資報酬率（ROI）模式係將整個作業流程有系統的分為評鑑計畫、資料蒐集、資料分析及報告等四大階段，邏輯架構相當清楚，其作法則是以績效（結果）導向，專注於衡量人力資源發展之投資報酬率，以提供組織在投資與規劃訓練方案時之參考。

三、CIPP評估模型

CIPP模式是由史特佛賓（Dan Stufflebeam）於一九六〇年代晚期所發展出來的評鑑模式。CIPP評鑑模式是背景評鑑（context evaluation）、輸入評鑑（input evaluation）、過程評鑑（process evaluation）及成果評鑑（product evaluation）四種評鑑方式的縮寫。其架構以「背景評鑑」來幫助目標的選定，以「輸入評鑑」來幫助研究計畫的修正，以「過程評鑑」來引導方案的實施，以「成果評鑑」來提供考核性決定的參考，它既適用於決策的評估（形成的評估），也適用於責任的評估（總結成果的評估）。

在CIPP模型中，評估是敘述與提供有用資訊，以判斷決策方法的一種流程。模型中有三個基本決策（目標、方法、在變革過程中與做決定的關係）以及對應的四種評估（環境背景的評鑑、投入要素的評鑑、流程的評鑑、成果的評鑑）。當CIPP模型被應用於決策的評估時，被稱為事前的（形成）評估，當被應用於責任的評估時，被稱為事後的（總結）評估（如**表8-4**）。

表8-4　CIPP四種類型的評鑑及模式

評鑑及模式	背景評鑑	輸入評鑑	過程評鑑	成果評鑑
目標	界定機構背景；確認對象及其需求之可能方式；診斷需求所顯示的困難；評斷目標是否能滿足已知的需求。	評估及確認下列各項：系統的各種能力、數種可替代的方案實施策略，實施策略的設計、預算及進度。	確認或預測程序設計或實施上的缺點；記錄及判斷程序上的各種事件及活動。	蒐集對結果的描述及判斷；將其與目標以及背景、輸入、過程之訊息相互聯繫；解釋其價值及意義。
方法	使用系統分析、調查、文獻探討、聽證會、晤談、診斷測驗以及德爾菲法。	將現有的人力及物質資源，解決策略及程序設計列出清單，並分析其適切、有效及合算的程度；利用文獻探討，訪視成功的類似方案，建議小組以及小型試驗室等方法。	追蹤活動中可能有的障礙，並對非預期中之障礙保持警覺，描述真正的過程；與方案工作人員不斷交往，並觀察他們的活動。	將結果的標準賦予操作性之定義，並加以測量；蒐集與方案有關之各種人員對結果的評斷；從質與量的分析。
在變革過程中與做決定的關係	用於決定方案實施的場所、目標與方針；提供判斷決定的一種基礎。	用於選擇下列各項：支持的來源、解決策略以及程序設計；提供評鑑方案實施狀況的基礎。	用於實施並改善方案的設計及程序；提供一份真正過程的紀錄，以便日後用以解釋結果。	用於決定繼續、中止、修正某項變革活動，或調整其重點；呈現一份清楚的效果紀錄（包括正面與負面、預期的與非預定的效果）。

資料來源：陳舜芬（1989）。〈Stufflebeam的改進導向評鑑〉，載於黃光雄主編，《教育評鑑的模式》，台北：師大書苑，頁202-203。

　　應用CIPP模型時，評鑑者必須完成三項工作。首先，必須描述需要回答的問題，並提供資訊給決策者；其次，資訊的獲得必須靠完成一些技術性活動，通常包括量度、資料處理、統計方法；最後，提供評鑑者所獲得的資訊（李孔文，2007：33）。

四、布林克霍夫六階段評估模型

布林克霍夫（Brinkerhoff）認為所有人力資源訓練課程必須要以有效率的方式產生學習的變化，因此發展訓練方案過程中的每一個關鍵決策階段，形成一個訓練發展的決策循環，包括：建立對組織有所助益的訓練發展目標；設計可行的方案、實施方案；參與者獲得新的知識技能、態度；參與者能運用新的知識技能和態度，滿足組織的需求（何俐安，2006：34）。

布林克霍夫模型係根據訓練流程，將訓練評估分為六個階段：

1. 評估需求與目標：決定企業的需求為何。
2. 評估人力資源發展之設計：依據前項的需求，輔以其他條件，設計出符合需求的訓練方案。
3. 評估作業情形：實施所設計的方案。
4. 評估學習：檢視受訓者是否學習到訓練課程中所應該習得的知識和技巧。
5. 評估學習的運用與耐久性：受訓者是否於訓練後將上述所學到之知識技能應用於日常工作中。
6. 評估報酬：方案的實施是否能產生效益與價值（如**表8-5**）。

五、IPO評估模式

Bushnell（1990）為了評估IBM的訓練方案而設計了「投入」（input）、「過程」（process）和「產出」（output）三個階段的評估模式，簡稱為IPO評估模式（IPO Evaluation Mode）。

1. 投入階段：投入階段在評估影響訓練效益的投入因素，亦即系統的表現指標（System Performance Indicators, SPIs）部分，包括：受訓者資格、講師能力、訓練教材、訓練設施、訓練預算等。

表8-5　布林克霍夫六階段模式

評估階段	主要評估問題	有用的方法
1.目標設定（訓練需求為何？）	(1)訓練需求、問題與機會的程度為何？ (2)是否可以透過訓練解決？ (3)這問題是否值得解決？ (4)訓練是否是最有效的解決方法？ (5)是否有指標可以判斷訓練是最有效的解決方法？ (6)是否透過訓練解決問題比其他方法為佳？	(1)組織的稽核 (2)績效的分析 (3)記錄的分析 (4)觀察 (5)調查 (6)研究 (7)回顧文件
2.課程設計（哪些內容會有用？）	(1)怎樣的訓練最有效？ (2)A的課程設計會比B的設計有效嗎？ (3)課程設計有什麼問題？ (4)所選擇的課程設計足夠有效嗎？	(1)教材的評估 (2)專家的評估 (3)測驗性的試辦 (4)參與者的評估
3.課程執行（這些課程可行嗎？）	(1)課程的傳授有達到預期成效嗎？ (2)課程的傳授有按進度進行嗎？ (3)課程傳授有發生問題嗎？ (4)實際的傳授狀況？ (5)學員喜歡這門課程嗎？ (6)課程的成本為何？	(1)觀察 (2)查核表 (3)講師與學員的回饋 (4)記錄分析
4.立即結果（學員有學到東西嗎？）	(1)學員有學到東西嗎？ (2)學員的學習成效為何？ (3)學員學到什麼？	(1)知識與績效的測驗 (2)觀察 (3)模擬測驗 (4)心得報告 (5)工作樣本的分析
5.運用成果（學員有運用所學嗎？）	(1)學員如何運用所學的內容？ (2)學員運用了哪些內容？	(1)學員、同事、主管的報告 (2)個案研究 (3)調查 (4)實際工作觀察 (5)工作樣本分析
6.影響和價值（結果的改變是否值得？）	(1)訓練後有何影響？ (2)訓練需求有被滿足嗎？ (3)訓練是否值得？	(1)組織的績效 (2)績效的分析 (3)記錄的分析 (4)調查／觀察 (5)成本效益分析

資料來源：Brinkerhoff (1998), An intergrated evaluation model for HRD, *Training & Development, Vol.42*, No.2, pp.66-68. 引自馮業達（2006），〈訓練評估之研究——以空軍航空技術學院為例〉，華南大學管理科學研究所碩士論文，頁34-35。

2.過程階段：此階段是落實訓練及產生價值的階段。主要在確認訓練目標、發展課程設計、選擇合適的教學策略即可獲得的訓練教材資源。

3.產出階段：此階段在評估受訓者的反應，訓練所獲得的知識與技能，以及返回工作崗位後的績效改善程度。這些資訊同時為過程階段的回饋，產出衡量的是訓練所帶來的短期效益。

4.結果（outcomes）階段：此階段是衡量訓練所帶給組織的長期效益，如獲利、顧客滿意度、生產力等。結果與產出之間雖不一定有緊密的直接相關，但其結果卻能真正的反應訓練所帶來的效益。

六、人力資源計分卡

羅伯特・柯普朗（Robert S. Kaplann）與大衛・諾頓（David P. Norton）在一九九二年第一期《哈佛商業評論》（*Harvard Business Review*）中的文章〈平衡計分卡——驅動績效的測量〉中首次提出了「平衡計分卡」的思想。

在新經濟時代，人力資本是價值創造者。研究顯示，85%的企業價值乃基於無形資產的價值。在二〇〇一年，布萊恩・貝克（Brian E. Becker）、馬克・休斯理德（Mark A. Huselid）、迪夫・烏里奇（Dave Ulrich）三位將其概念運用在人力資源當中而形成的「人力資源計分卡」（The HR Scorecard），闡述了人力資源的測量如何起著十分關鍵的作用。

貝克等人指出，人力資源計分卡能帶來的效益有六點：

1.清楚分辨人力資源例行事務與交付事項的差異。

2.控制成本與創造效益。

3.清楚掌握領先指標。

4.評估人力資源對策略推動的貢獻與對基層的影響。

5.人力資源主管可以有效管理策略職務。

6.鼓勵彈性與變革（如**表8-6**）。

表8-6 平衡計分卡作為訓練成效衡量之衡量項目

內容 構面	訓練計畫訂定	訓練計畫執行	訓練成果評估
財務構面	訓練計畫是否符合最佳投資報酬率？	訓練計畫是否依年度預算分配數執行？	預算執行率是否符合訓練計畫規劃？
顧客構面	訓練計畫是否符合組織願景與使命，並符合機關核心職能落差評估需求？	訓練計畫是否依進度執行，並於執行過程中進行顧客滿意度調查？	訓練成果是否符合各委訓機關業務所需？並定期追蹤其學習成效？
內部流程構面	訓練計畫是否與組織績效、顧客績效結合，並定期控管及監測是否按進度執行？	訓練計畫是否依進度執行，並進行目標管理及績效管理？	是否建置長期性學習成果評量機制？並做相關資料蒐集與整理？
學習與成果構面	訓練流程及師資庫等相關文件是否進行知識管理並分析萃取，作為後續修正訓練程序規劃之紀錄？	是否建置完整的、有彈性與回饋反應的訓練系統，據以不斷改善訓練品質？	是否依據訓練計畫執行績效評估進行員工內訓？

資料來源：陳國輝（2006），〈我國公務人力訓練機構轉型規劃之展望：以英國政府國家學院調整變革經驗為例〉，《國家菁英》，第2卷第4期，頁117-138。

　　不同於其他五種訓練評估模式，人力資源計分卡功能不限於訓練評估，但其卻也能協助達成訓練評估之目的。由於人力資源計分卡整合了組織的策略目標，人力資源部門能夠在一致且明確的目標下，因應適當的人力資源措施，加上其因果關係的清楚展示，不但能有效管理（包括組織管理階層關心的成本控制），也能提供適當的應變措施，甚至替組織創造效益，這些都是訓練評估的目的。相對於其他五種評估模式，都從單一訓練成效訓練課程的過程進行評估，而人力資源計分卡著眼在整個的策略面評估，提供訓練承辦人員評估時的新面向（何俐安，2006：40）。

　　以上這六種模型大體鋪陳了訓練成果評估的要素與內容，其中最常被廣泛運用的訓練成果評估之實用模型為柯克柏翠克模型。在實施訓練成果評估的過程中，還要和學員做好溝通，避免讓他們以為評估是為了監督或是為難他們。要讓學員充分暸解到，評估的最終目的，是為了在以後的訓練中改進方案，為他們提供更加適合的訓練服務，此外，要努

力取得主要負責部門的支持，這樣才可以及時獲取評估所需的各類資源
（李曉霞，2006：63）。

 第三節　柯克柏翠克的訓練評估模式

美國威斯康辛大學（University of Wisconsin）著名的訓練學者唐納‧
柯克柏翠克於一九五九至一九六○年間所發表之一系列有關〈評鑑訓練
方案技術〉的學術論文中所提出的四項效標（四層次評估模式），其中
的每一種要素都很重要，因為它提供了成功訓練不同面向的訊息，因而
在企業界迄今一直被廣泛運用（如**表8-7**）。

一、反應層次

這個層次在於評估訓練活動的參與者對課程安排的滿意度（或喜愛
程度），希望得到其對課程活動的感想，即瞭解學員對訓練計畫或有關
訓練課程的反應與感受程度。通常是由訓練承辦人員的「隨堂觀察」，
以及雙向的「學員訪談」，調查學員對課程的內容、講師能力（知識與
技能）與授課風格（態度）、課程教材、教學進度、上課地點、教室設
備、學習環境品質等方面的滿意程度。一般大多以問卷調查方式為之，
是在訓練後立即透過簡短的調查問卷來蒐集。這種測定相當直觀，有時
偶有偏見，但簡單易行，反應結果可馬上提供訓練單位參考改進。甚多
訓練單位最樂於使用此種方式評估（**範例8-2**）。

二、學習層次

瞭解受訓學員是否透過訓練學到了知識和技能是非常必要的。這個層
次在於評估學員在知識、技能、態度的遷移情形（由思考如何應用而產生

表8-7　選擇評估層次的考量重點

評估層次	選擇評估層次的考量重點
層次一： 反應	蒐集訓練內容、講師技巧、訓練實施的時機以及其他相關影響訓練的因素。
	訓練課程是否為新開發的方案？是否應該蒐集某一段時間受訓者的反映意見？
	某些關於訓練之潛在的問題是否需要被發掘與改善？
層次二： 學習	訓練中每位受訓者個別學到的內容是否趨於一致而沒有爭議性？
	以作為一種解決績效問題的方案，是否相對必要展示受訓者知識吸收或技能建構的成果？
	驗證新的訓練方法實施後是否具有效率。
	找出在訓練過程中無法學習到的部分，例如需要哪些透過工作教導或是其他訓練來補足。
	訓練的成果是否切合訓練目標，以及多數的參與者獲得的成果以及遺漏的部分。
層次三： 行為	訓練是否本於組織的需求，以及應達成效果如何？
	受訓者的工作環境是否為訓練移轉的障礙？
	是否要去解釋為何無法產生技能、知識或是行為的改變？
	訓練內容如果無法應用於工作環境中是否具有價值去加以管理或改善。
	透過訓練成效評估來判定知識與技能移轉的程度。
層次四： 成果	訓練評估成果能夠符合組織需要且應用於組織管理，證明時間與經費的投資有其貢獻與價值。
	評估的策略及成本費用是否高昂？
	區分出哪些知識或技能的建構是訓練成本中耗費最多的部分，這個訓練計畫是否為其他更大效益專案的先導計畫，以及後續完成時所需要的財務成本。

資料來源：Susan Barksdale and Teri Lund (2001). *Rapid Evaluation*. p.42. 引自黃倩如（2007），〈訓練成效評估資料之蒐集與分析〉，《人事月刊》，第44卷第2期，總字258期，2007年2月，頁52。

學習），是否學到課程所教授的內容，以評估其學習效果。通常在訓練前與訓練後對學習者做測驗，以瞭解學員對課程的吸收程度或理解程度。除測試外，也可用分組討論發表（座談會）、模擬練習或訪談方式。學習層次之評估較客觀而且可計量，但學員對測試較有排斥感，評估方法的設計也比第一層面（反應層次）的問卷調查複雜些（**範例8-3**）。

青，取之於藍，而青於藍；冰，水為之，而寒於水。《荀子‧勸學》

培訓管理

254

範例8-2　評估訓練後成效的問卷樣本

- ・課程目標是否清楚傳達？
- ・課程目標是否達成？
- ・課程能否幫助我在工作上有更好的表現？
- ・課程資料是否清楚、有系統？
- ・課程上使用的視聽資料及器材是否發揮功能？
- ・課程上使用的練習活動等是否發揮功能？
- ・課程是否適當平衡了理論及實務？
- ・課程是否容易操作使用（僅限於線上學習課程）？

資料來源：NCR科技公司（俄亥俄州）；引自編輯部（2002），〈訓練不是所有問題的解答〉，《EMBA世界經理文摘》，191期，2002年7月，頁129。

範例8-3　如何選才、育才、用才、留才測驗題

服務單位 ＿＿＿＿＿＿＿＿＿＿＿＿　姓名 ＿＿＿＿＿＿＿＿＿＿＿＿

一、選擇題（單選題，每題5分）80%

□01.主管者如　(1)望遠鏡　(2)放大鏡　(3)顯微鏡　能辨認事實，訂定方針

□02.企業人才管理系統中的培育是屬於　(1)養才　(2)用才　(3)選才

□03.管理人員愈多，工作效率反而愈低，這是
　　(1)熱爐原則　(2)墨菲法則　(3)苛希納定律

□04.任用管理是屬於人資體系分類中的
　　(1)人資的開發管理　(2)人資的維持管理　(3)人資的確保管理

□05.招募新人之際，首要任務就是
　　(1)排除內部不適任者　(2)內部升遷　(3)外部聘用

□06.「管理能力、人際能力」，它指的是這個人的
　　(1)IQ　(2)AQ　(3)EQ

□07.單位內人員膨脹的原因及後果的論述是
　　(1)帕金森定律　(2)刺蝟法則　(3)周哈里窗原理

□08.威爾許說：有經驗豐富的主管找到適任人選的機率最多只有
　　(1)55%　(2)65%　(3)75%

□09.「談談你目前這份工作的職責？」這種面談問句是屬於
　　(1)閉鎖式　(2)開放式　(3)引導式的面談提問類型

□10.「不易做、做不好」屬於　(1)工作教導　(2)工作關係　(3)工作改善的項目

□11.愈能從隱藏、未知、盲目部分邁向開放部分，就愈能改善
　　(1)人際溝通　(2)管理技巧　(3)危機處理的能力

□12.以前的管理，有的以組織系統為依憑者，有的以執掌劃分為依憑者，但今日的管理卻是以獲得　(1)人格特質　(2)工作行為　(3)工作成果　為依憑了

（續）範例8-3　如何選才、育才、用才、留才測驗題

□13.考績制度的重點在於　(1)調薪　(2)獎懲　(3)培育塑造
□14.我們要向「狼」學習的一個重要素質是　(1)速度　(2)耐力　(3)專注
□15.馬斯洛（A. Maslow）之需求層級理論的最高層級是
　　　(1)自尊　(2)自我實現　(3)愛與歸屬
□16.蓋洛普（Gallup）的調查指出，65%離職員工的真正原因是
　　　(1)公司給付薪水偏低　(2)是想離開自己的上司　(3)與同事合不來

二、簡答題（20%，每一項2分）

（一）請列出五項人事風險	（二）請列舉五項有效的留人方法
01.	A.
02	B.
03.	C.
04.	D.
05.	E.

謝謝你的作答！

一、選擇題（單選題）80%
答案

題目	01	02	03	04	05	06	07	08
答案	2	1	3	3	1	3	1	3
題目	09	10	11	12	13	14	15	16
答案	2	3	1	3	3	3	2	2

二、簡答題（20%，每一項2分）
（一）請列出五項人事風險（任選五項作答即可）

用人不當的風險	經營者突然離職的風險
集體跳槽的風險	內部員工窩裡鬥的風險
機密文件流失的風險	員工檢舉企業違法的風險
人職匹配不當的風險	資遣員工的風險
晉升員工的風險	併購人員去留的風險
監守自盜的風險	核心人才招不到的風險
離職員工的風險	職業災害的風險
調薪不公的風險	勞資糾紛的風險
職場性騷擾的風險	技術骨幹離職風險
績效考評不公的風險	

（續）範例8-3　如何選才、育才、用才、留才測驗題

（二）請列舉五項有效的留人方法（任選五項作答即可）	
根據績效考核結果，瞭解什麼樣的訓練最能達到效果才去進行培訓	會尊重、關心員工的好主管（帶人要帶心）
落實內部升遷與輪調制度	做員工前程規劃的導師
讓員工做有意義的工作（有影響力的貢獻）	與優秀的同事相處
刺激與有挑戰性的工作	工作獲得賞識
對有潛力者加速培養	不錯的待遇與福利
為員工創造個人價值	企業年年成長與利潤分享
給予員工學習的機會	提供良好的工作環境
塑造企業優良形象	容忍員工的無心之過

資料來源：丁志達（2007），中國砂輪公司幹部訓練班講義。

三、行為層次

　　這個層次在於評估學員因訓練活動而產生的技能移轉，亦即比較學員在受訓一段時間後，其在受訓前和受訓後的工作表現差異性，是否能表現在行為上（由學習而改變行為習慣）。例如於學員結訓三個月後，對學員及其直接主管做問卷調查，以瞭解學員返回工作單位後將所學應用在工作上的情形。對於許多訓練單位而言，行為層次評估是最能真實呈現出訓練活動的效率，然而行為層次的評估有一定的困難度，因為要精確知道受訓學員的行為改變何時發生是不可能的，因此需要決定何時、如何及多久做一次評估，同時，評量者應儘量涵蓋受訓學員、上司、下屬、同事以及其他熟悉這項工作的人。

四、成果層次

　　這個層次在於評估訓練活動所創造的企業成果，亦即在瞭解訓練結果是否對企業產生正面的效益（因行為改變而產生具體結果）。例如：

銷售量增加、產能提高、生產品質和數量的增加、獲利能力增加、成本降低、能對客戶提供好的服務（申訴的減少）、人員流動率的降低、出勤率的提高、事故率的降低、成本效益關係與組織氣氛（改善士氣）等，這個層次是組織最關心的部分，但也是最難衡量的部分（楊秋男，2004：116-117）。

在柯克柏翠克四個層次的評估模式中，每個層次均建立在前一層次所提供的資訊上。根據這個模式評估，應該從第一層次開始，然後在時間和預算允許之下，漸進地進入第二到第四個層次評估。因此，每個接續的層次評估皆呈現出較精確的對訓練活動的有效性，但是在同時也需要更嚴謹及更費時的分析。簡而言之，柯克柏翠克四個層次的評估即為從學員的反應中設計出一套適合學員的課程，幫助其改善工作績效，進而為企業創造更大的財富（財務效益）（李漢笙，2004：127-128）。

 ## 第四節　投資報酬率模式的運用

投資報酬率是財金經濟學界的概念。然而近午來美國人力資源學界提出將投資報酬率模式應用在訓練評估，以獲得更具體、更具經濟價值的評鑑結果。所謂的訓練投資報酬率，係指訓練成本所對應結果的金錢價值，但訓練投資報酬率的驗證則必須從訓練移轉的成效來檢視。

在企業當中，各部門的投資報酬率都相當易於衡量，唯獨訓練的投資報酬率一直都是相當具爭議的議題。當然，各式評估的工具不斷地被提出，例如，Jack Phillips提出的「投資報酬率方法論」（ROI Approach）就是其中之一（如**表8-8**）。

一、ROI訓練評估的概念

Jack Phillips（1997）提出投資報酬率（ROI）訓練評估模式。它是提

溫故而知新,可以為師矣。《論語‧為政篇》

培訓管理

258

表8-8　Jack Phillips的ROI方法論步驟

步驟	說明
步驟1	透過需求分析確定訓練標的。
步驟2	擬定評鑑計畫及設定評鑑基準,包括完成資料蒐集計畫、ROI分析計畫等。
步驟3	蒐集訓練進行中的資料,這包括第一層次學員滿意度及對訓練課程的有關反應與第二層次自訓練課程所學習知識或技巧的程度。
步驟4	蒐集訓練實施後的資料,這包括第三層次學員是否有將所學應用在工作上及第四層次應用訓練所學後對組織、業務造成的影響或收益。
步驟5	將訓練效益分離出來。
步驟6	將資料轉換成金額。
步驟7	計算解決方案的成本。
步驟8	計算訓練投資報酬率。
步驟9	確認無法量化成金額的資料。
步驟10	報告。

資料來源:謝政彥(2006),〈參與2006年ASTD年會心得報告:「訓練投資報酬——
　　　　　ROI方法論初探」〉,公務人力發展中心每月出版電子報第59期,2006年5月,
　　　　　http://epaper.hrd.gov.tw/59/EDM59-04.htm

供一個系統性訓練投資報酬率的方法,為人力資源發展人員在提出訓練報告以及進行訓練決策時提供了明確的比較基礎。透過投資報酬率(ROI)模式能較為具體顯現人力資源發展活動在組織產生的效益與影響。

　　在發展投資報酬率(ROI)評估活動時,必須要先界定評估的目的為何?此目的影響了其後評估範圍、使用的評估工具以及蒐集資料等活動。例如,評估目的為透過投資報酬率(ROI)評估下年度組織目前自辦評估課程是否外包,則此目的便影響資料蒐集的類型(歷史資料、廠商資料)、評估工具(調查報告、績效紀錄)以及評估結果的公布(企業正式評估報告)。

　　根據Jack Phillips的建議,第一層次學員滿意度及反應的評估可以100%適用在所有的訓練課程,第二層次學習程度的評估只要選擇40%～60%的訓練課程來進行即可,第三層次學員應用所學的評估為30%,第四層次學員應用後對組織所造成的影響評估為10%～20%,最後ROI的計算只要5%～10%的訓練課程即可(謝政彥,2006)。

二、評估常用蒐集資料的工具

在評估時，七個最常用來蒐集資料的工具是：調查報告、問卷、面談、焦點團體、測驗、觀察、績效紀錄。每項工具各有其特色，而所蒐集到的資料分為剛性資料（量化資料）與軟性資料（質化資料）。例如：測驗、績效紀錄主要是蒐集剛性資料，其餘工具可作為蒐集軟性資料的主要方法。

將資料轉化為貨幣價值是投資報酬率（ROI）評估模式的核心步驟。例如：當某一評估可以改善業務員簡報能力，而提升業務量為評估前的125%，就可以將增加的25%業務量視為組織提升的利潤，是為本次評估為組織所帶來的貨幣價值。透過此轉換步驟，可獲得訓練為組織提高了淨利潤為何，以及個別效益單位的價值。

三、訓練專案收益測算法

訓練項目收益評估是在訓練項目活動完成後進行的成本收益差額計算，是對訓練這項人力資源管理活動貨幣價值的估算和評價。根據淨收益恆等式，分別確定收益項目和成本項目，即可完成訓練活動的收益評估。

(一)預估與評量成本

一般來說，訓練成本可分為直接成本與間接成本。直接成本包括訓練場地、訓練設備的租金、在訓練開展前和訓練實施中相關人員（包括承辦者和受訓學員）的報酬、交通費、講義費、電話費、福利費、差旅費、住宿費、餐飲費等。間接成本包括一般的（非特別為訓練工作準備的）辦公用品、設施、設備折舊費及相關費用、與訓練無直接關係的交通費和各種支出（如訓練部門的管理人員和一般員工的薪資、受訓學員在訓練期間的生產損失成本）。根據這些項目做出預算與實際花費金額

的詳細紀錄。例如：

1. 設計及評量成本：含內部規劃、設計與發展的天數、外部設計者及成本（教材版權費、差旅費等）、控管教材之購置等。

2. 宣傳成本：含內部宣傳活動天數、外部機構宣傳成本、其他有關宣導（海報、小冊等）的直接成本。

3. 管理成本：含每一學員的行政管理時數和有關行政管理的直接成本。

4. 講師成本：講師施訓或自學、線上學習等成本。含學員人數、團體訓練時數、一對一訓練時數、自學訓練時數、講師額外時數（如備課、評核、通信時間等）、講師差旅費用等。

5. 器材成本：含每一學員訓練器材成本及使用控管教材的授權成本。

6. 設施成本：含課室、開放或自學空間成本。

7. 學員成本：視學員是利用非上班或上班時間受訓而有不同估算。就前者而言，可能只需估計差旅費用；就後者而言，除差旅費、薪資、代班成本之外，尚有機會成本（即在受訓時間損失的產值）。

(二)預估及評量收益

預估及評量收益約可分為人工成本、產能增加、其他成本節省與其他收入的產生。茲分述如下：

1. 人工成本：例如因工作重複的減免，訂正失誤時間的減少，和存取資訊的加快而獲致的金錢價值。

2. 產能增加：例如因方法改良而簡化工作，能力提升而加快工作、動機提高而增加產量。

3. 其他成本節省：例如機器故障減少而降低維修成本、員工離退率降低減輕招募訓練成本、呆帳的減免等。

4. 其他收入的產生：例如提高競爭力而增加銷售量、非銷售人員推薦的銷售機會、新構想促成成功的新產品等。（李隆盛、賴春金，

2001：269-270）

(三)訓練專案收益測算法

訓練專案收益測算法可分為「訓練專案收益測算直接法」與「訓練專案收益測算間接法」兩種。

◆訓練專案收益測算直接法

直接法的基本思路是比較訓練組和對比組（沒經過訓練的參照組）員工績效的差異，對比組或者是隨機產生的，或者是與訓練組盡可能的相近、相似而非同一組別，經過運用統計檢驗方法對訓練成效的顯著性進行檢驗後，將績效差異歸因於訓練。

根據「專案淨收益＝專案總收益－項目成本」的基本等式，直接測算法分為以下幾個步驟：

1.計算訓練總收益（TR）。一般來說，訓練產生的總收益包括以下幾個方面：

(1)提高的生產率（PI）：

生產率上升的百分比×單位員工成本×受訓員工人數

其中，

單位員工成本＝人事費用總額（包括工資、福利和其他費用）÷總人數

(2)增加的銷售額（SI）：

人均增加的銷售量×單位產品的均價×受訓人數

(3)客戶保留（CM）：

每位客戶帶來的平均收益×客戶保留淨數量

(4)員工保留（EM）：

新員工的平均成本×員工保留淨數量

其中，

新員工的平均成本＝新員工入職費用（招聘、甄選、訓練等費用）＋員工離職成本

(5)減少的差錯（FD）：

每個錯誤的平均成本×平均每位員工避免的差錯×受訓員工人數

(6)其他收益（OR）：以上計算中，生產率上升的百分比、人均增加的銷售量、客戶保留淨數量、員工保留淨數量、平均每位員工避免的差錯等指標，是透過對比受訓組和參照組的績效差異（或效果差異）得來的。由此得到訓練總收益（TR）公式如下：

訓練總收益（TR）＝提高的生產率（PI）＋增加的銷售額（SI）＋客戶保留（CM）＋員工保留（EM）＋減少的差錯（FD）＋其他收益（OR）

2.計算訓練總成本（TC）。訓練總成本一般包括直接成本（DC）、間接成本（IC）和開發成本（DeC）三個部分。

(1)直接成本（DC）

直接成本項目包括：

- 參加訓練的所有員工（受訓學員、講師、顧問、方案設計者、組織管理者等）的薪酬和福利
- 訓練項目中所使用的原材料和其他訓練用品
- 設備或教室的租賃或購置費用

　　　• 差旅費和其他費用

(2)間接成本（IC）

　　間接成本則是與訓練專案的設計、開發或者提供等沒有直接聯繫的一些費用。主要包括：

　　　• 一般性的辦公用品、辦公設施、設備以及相關費用

　　　• 無法計入某一訓練項目的差旅費和其他費用

　　　• 和任何一個訓練專案沒有直接聯繫的訓練部門管理人員和工作人員的薪酬福利

　　　• 支援性管理人員和一般人員的薪酬福利

(3)開發成本（DeC）

　　開發成本專案是對訓練專案實施前和實施後帶來的貨幣價值變化的反映，主要包括：

　　　• 訓練專案開發設計或購置費用

　　　• 對講師進行訓練所發生的相關費用

　　　• 組織支援和管理成本

　　　• 受訓者離崗期間的薪酬和福利，以及受訓後得到的薪酬福利的增加額

　　因此，

　　訓練總成本（TC）＝直接成本（DC）＋間接成本（IC）＋開發成本（DeC）

3.計算訓練專案的淨收益（NR）。按照基本等式，訓練專案的淨收益為總收益與總成本的差，即：

　　訓練專案的淨收益（NR）＝訓練總收益（TR）－訓練總成本（TC）

◆訓練專案收益測算間接法

　　訓練專案收益測算間接法基於訓練績效評估，即在對組織整體訓練

績效考察的基礎上，運用定量分析方法測算組織訓練活動開展後績效的變化，從而得出訓練收益。其基本計算公式如下：

訓練專案效益＝LT×NT×SU×PD－（AC×NT）

LT是訓練專案對工作績效產生影響的時間長度

NT是接受訓練的人員數量

SU是效用尺度

PD是未參加訓練專案員工工作績效的標準差

AC是每位受訓者的訓練成本

其中，

效用尺度（SU）＝（已受訓員工平均工作績效－未參加訓練專案員工的平均工作績效）÷（未參加訓練專案員工工作績效的標準差×績效評價的信度）

這裡，績效評價的信度是不同評價方法產生結果之間的相關係數，即為避免績效測量的可靠性不夠導致估計偏差而對績效差異值進行的統計校正（鄧今朝，2006：58）。

四、計算投資報酬率

有了訓練效益貨幣價值及訓練成本計算後，即可依據下列公式求得本次訓練之投資報酬率（ROI）。其公式如下：

投資報酬率（ROI）％＝（淨課程利益÷課程成本）×100

例如：某企業利用線上學習課程進行訓練所獲得之貨幣效益為新台幣1,690,519元，而其課程成本（直接成本加間接成本）為新台幣178,867元，結果求出其比例為1：9.45。投資報酬率（ROI）＝課程的淨收益÷課程成本＝1,511,652元÷178,867元＝9.45，而此次投資報酬率共增加了

1,690,519元的總收益，減去執行成本178,867元，剩下的1,511,652元便是投資報酬率（ROI）了（魏鸞瑩，2003：82-87）。

在企業的訓練裡，衡量訓練的結果與企業的成果有沒有結合，是否能夠達到組織所需要的是一個很重要的關鍵。例如，對於生產人員來說，訓練收益包括產品次品率的下降、避免的職災事故、產品品質良率的提高、廢料的降低、減少能源耗損（如水、電、天然氣等）以及生產率的提高等；對於服務人員訓練的收益，主要包括服務品質的提高、客戶投訴率的下降，以及客戶滿意度的提高等；對於銷售人員，訓練收益主要包括銷售額的增加、銷售成本的下降、銷售利潤的提高、服務品質的改進、客戶投訴率的下降，以及客戶滿意度的提高等。

為瞭解所舉辦的訓練是否達成預定目標，唯有透過評估來找出辦理訓練的利弊得失及應再改進之處，並據以修正將來訓練的方向，同時提高訓練的績效。

 結　語

一個全方面的訓練評估，不僅要包括對課程、師資、時間、環境等訓練方案的評價，也包括對訓練需求、訓練的短期和長期效果，以及後續追蹤情況等的考察，這是一項系統工程，需要利用多種評估工具，從訓練的各個方面細緻考慮，使克有成（如**表8-9**）。

表8-9　訓練結果類型與柯克柏翠克四層次評估模式關係表

訓練結果	內涵	學習結果	評估至何種層次	適合的評估方式
情感（滿意度）結果（Affective outcomes）	主要係指受訓者對於訓練的設施、內容、訓練者的反應	—	第一層次（反應層次），與學習及行為層次的關聯性很弱	·問卷調查 ·面談 ·觀察法 ·綜合座談
認知結果（Cognitive out comes）	判斷受訓者熟悉訓練活動中所強調的原理、原則、程序等內容的程度，即衡量受訓者於訓練活動中所學得知識的成果	口語訊息智能技巧認知策略	第二層次（學習層次）	·心得報告 ·專業測試 ·面談
技能結果（Skill-based out comes）	評估受訓者的技能、動作技巧及態度行為	動作技巧行為態度	第二層次（學習層次）及第三層次（行為層次）；即包含學得技能（學習層次）及將其遷移至工作上（行為層次）	·觀察法 ·工作樣本（訓練完進行） ·評估（訓練後一段時間評估工作表現）
成果（Results）	判斷訓練替組織帶來的收益	—	第四層次（成果層次）	·觀察法 ·利用資訊系統或績效評估結果來記錄訓練成效
投資報酬率（ROI）	評估訓練活動的成本效益	—	第四層次（成果層次）	·確認及比較訓練活動的成本效益

資料來源：改自 R. A. Noe (1998), *Employee Training & Development,* Irwin: McGraw-Hill, p.134.
引自蕭崇文（2006），〈為訓練畫下完善句點：訓練目標成效評估別脫鈎！〉，
《人力資本》，第4期，2006年9月，頁17。

9 訓練成效轉移

如果公司需要削減預算時，先刪除訓練預算準沒有錯⋯⋯反正少上幾堂課，短期之內也看不出任何負面的影響。

——呆伯特法則（The Dilbert Principle）

企業經營是以利潤為中心。訓練部門需提出有力的證據，說明訓練確實對企業績效與員工學習有幫助，才能獲得主管階層的支持。為了凸顯訓練有效，訓練單位承辦人員可以從下列的資料蒐集來進行訓練成效評估及撰寫訓練轉移報告作為依據。

第一節　訓練成效評估資料蒐集

訓練要想取得良好成效，最重要的是在訓練進行的不同階段，訓練單位應該適時開展溝通反饋工作，明確員工的訓練需求，同時對訓練項目的進展情況及時跟進，瞭解階段性成果與問題，以便及時做出調整，做好訓練成效的階段性評估工作（如**表9-1**）。

關於訓練成效評估是否能夠結案，最主要的關鍵因素便是資料蒐集與分析。通常訓練成效評估資料之蒐集方法包括：問卷調查（如滿意意度調查或其他刻度量表的評核）、電話調查、訪談（如行為、特性、人格、學習程度、意願、親和力等之評估）、焦點團體座談、測驗（如對知識、思考力、邏輯力、知能之檢驗）、觀察（如觀察學員的態度、行為、性格等之評定）、實務演練、寫報告（如對知識、思考力、邏輯力、資料情報之蒐集、整理等檢驗）、繳交訓練中作品之成果物（如證照檢定證明、照片等）、績效紀錄比對（如出勤率）等（如**表9-2**）。

其實運用何種蒐集方法都有優缺點，如何根據訓練計畫目標選擇適當的方法，並於進行資料分析時剔除無效資料，對於評估者而言是相當重要的課題。評估者必須採取各項行動，包括找出取樣的偏差、觀察時的偏差、訪談的偏差、設定資料範圍的偏差、過度集中的偏差、因情緒

表9-1　訓練不同階段的調查訪談重點

所處階段	調查與訪談要點
培訓前	• 你知道公司有培訓計畫嗎？ • 你瞭解公司針對你這樣的員工有哪些培訓計畫嗎？ • 你是否瞭解企業的培訓制度？對其中的培訓評估部分有何意見或建議嗎？ • 你所在崗位在勝任能力方面有哪些具體要求？該崗位的晉升標準是什麼？ • 你是否有自己的職業規劃，如果有的話是怎樣的呢？ • 你如何看待公司的此次培訓？對於目前的計畫安排有何意見或建議？ • 你對自己從此次培訓中所學到的東西有何預期？
培訓過程中某一單個項目結束後或者整個培訓項目結束後	• 此次培訓講師的表現如何？培訓現場、培訓氛圍如何？培訓內容如何？是否願意繼續（再次）參與？ • 此次培訓是否達成了你的預期目標？ • 此次培訓對你最大的幫助是什麼？對你績效考核或職業規劃有無直接幫助？若有的話，是哪些方面？ • 此次培訓中，是否有哪些內容是沒有意義的？或者說是可以進行簡化的？又有哪些內容需要改進或強化？
實施培訓項目一段時間後的績效考核後	• 參加培訓後，你（員工）的工作行為與績效考核結果是否有所改進？（對受訓者本人及其上級） • 你認為你在培訓過程中的哪些收穫對你的績效有所影響？為什麼能夠帶來這樣的影響呢？（對受訓者） • 如果企業再次組織類似培訓，你希望自己（員工）能夠從培訓中獲得哪些這次培訓中沒有涉及到的知識？（對受訓者及其上級） • 你希望企業或你的上級在哪些方面進行輔導以提高你的績效水準？（對受訓者） • 你是否瞭解公司的培訓效果評估工作？你對公司的培訓效果評估工作有何意見與建議？（對受訓者及其上級）

資料來源：徐旭珊（2007），〈五大環節看清企業培訓「性價比」〉，《人力資源經理雜誌》，2007年8月，頁57。

表9-2　訓練成效評估資料蒐集方法優缺點比較

蒐集方法	優點	缺點
問卷調查	• 對於訓練承辦者是相對快速及容易的方式且容易計算成果 • 以匿名的方式可讓填答者輕鬆作答並傳達出真正的訊息 • 成本較低，格式多樣化 • 便於量化統計	• 不宜作為衡量訓練成效的唯一工具 • 或許因為填答者快速完成而精確度偏低 • 回收率是否達到一定水準 • 需要填答問卷的相關說明 • 必須排除專業術語 • 回收時間不同將造成差異

培訓管理

270

（續）表9-2　訓練成效評估資料蒐集方法優缺點比較

蒐集方法	優點	缺點
電話調查	• 節省當面訪談所需要的交通費 • 提供未來辦理訓練之參考意見 • 立即得到回應 • 可以與受訓者個人直接交談	• 某一部分人員難以使用電話聯繫 • 必須建立訪談綱要 • 訪談員必須接受訓練 • 容易有所偏差，所說意見迎合訪談員的喜好 • 無法看到肢體語言 • 被訪談者可能失去耐性
訪談	• 易於意見交流 • 具有彈性 • 能夠跟隨著訪談深入得到更進一步訊息 • 可以訓練訪談員以確保資訊之正確性 • 透過良好的設計取得格式一致的資料	• 耗費交通等成本 • 費時 • 必須訓練訪談員 • 投注較多的人力 • 當面訪談容易讓受訪者畏懼而造成資訊偏差
焦點團體座談	• 與所有的學習者面對面的訪談與互動 • 快速 • 低成本 • 團體內的成員能夠獲知他人的理念 • 透過良好的設計取得格式一致的資料 • 取得質化的意見	• 當面討論可能會得出並非代表性的意見 • 蒐集到的質化意見可能難以達成 • 不易摘錄及解讀訊息 • 投注較多的人力 • 必須訓練引導討論之人員
測驗	• 筆試或口試 • 提供書面的記錄 • 強制內容的吸收 • 容易評分 • 格式多樣化	• 作答不易 • 某些人害怕測驗 • 必須成為課程設計的一部分 • 擔心測驗結果讓他人知道並且受到誤用
觀察	• 不具威脅性 • 透過格式化的觀察表取得格式一致的資料 • 衡量行為之改變	• 必須發展評估表 • 容易被干擾 • 可能獲得偏差的結果 • 必須訓練觀察員 • 可能具有威脅性
實務演練	• 可信賴的 • 與工作相關 • 具有明確目標	• 耗費時間 • 成本高 • 演練方式或相關設備不易架設

（續）表9-2　訓練成效評估資料蒐集方法優缺點比較

蒐集方法	優點	缺點
績效記錄比對	・容易被學習者的組織接受 ・具有明確目標 ・可以衡量 ・或許可能得到投資報酬率 ・學習者所屬的組織可繼續追蹤 ・可信賴 ・與工作相關	・也許並無法產出有用的成果 ・必須克服政治因素干擾 ・相關資料取得不易 ・或許需要對於資料加以詮釋 ・也許無法根據既定的時間表進行追蹤

資料來源：Donald V. McCAIN (2005). *Evaluation Basics*. pp.46-47. 引自黃倩如（2007），〈訓練成效評估資料之蒐集與分析〉，《人事月刊》，第44卷第2期，總字258期，2007年2月，頁53-54。

所造成的意見偏差等，利用科學的方法來處理評估資料，以確保評估的成果與目標互相扣合（黃倩如，2007：51-55）。

第二節　撰寫訓練成效評估報告

　　訓練成效評估後的結果要寫成書面報告，形成訓練成效評估報告，這是整個訓練成效評估過程的綜合反映。訓練成效評估的格式通常依訓練計畫不同而異，內容也各有側重，但結構形式大體上還是一致的。

一、訓練成效評估報告撰寫內容

　　訓練成效評估報告撰寫內容綱要如下：

(一)導言

　　導言要簡明扼要，篇幅不宜過長。茲說明如下：

1.說明評估實施的背景及被評估的訓練科目之概況。

2.介紹評估的目的和評估類別（即屬於哪種意義上的評估，如對教學、對學員、對訓練機構等）。

3.簡述期待得到哪些結果（訊息）、掌握哪些情況和在本報告中準備重點分析哪些問題。

4.明確說明評估的類型。評估是建設性評估、總結性評估，還是教學診斷等。

5.闡明通過統計分析是否達到預定目標。

6.說明此評估方案實施以前是否有過類似的評估。

(二)概述評估實施的過程和方法

這是評估報告的方法論部分。主要說明如何制定和實施評估方案的主要過程。包括：

1.評估工具的使用來源（自編還是統一編制，或是用試題庫等）。

2.調查內容及範圍。

3.調查測試方法，是團體測試還是抽樣測試。這一部分側重於對問卷品質進行信度、效度、難度、區分度的評估說明，以表明本次測試的結果之可靠程度。

4.簡要說明評估者的情況。

(三)闡明評估結果

這一部分的主要內容有：

1.簡要說明評估調查的結果與期待目標的關係，並將有關統計數據作為客觀事實寫出。

2.以陳述事實為主，突出強調結果的客觀性和準確性。

3.堅持定量和定性相結合的原則，對有關數據資料要求嚴格審核，注意圖表的正確格式，而且要採用一定的統計分析技術，從數量變化中揭示出事物內在的聯繫。

(四)討論、分析評估結果

這一部分是評估報告中最關鍵的部分。分析者既要解釋調查所得的結果，又要答覆導言中提出的問題。說明如下：

1. 解釋評估的結果。
2. 依據結果進行綜合分析，多重比較，尤其要注意結果與預期目標不符或相差很大，甚至出現相反結果的情況，並盡可能找出導致這種差異的原因。
3. 提出這次評估的理論意義與價值。
4. 在討論分析中指出其應用價值，以作為上級決策層做出決策的依據。
5. 客觀地分析存在的問題和局限，指出不足，並提出彌補的建議和對策。

(五)結論（報告摘要）

這是評估報告正文的最後一部分。主要概括全部評估的結果，使閱讀者對本項評估的成果有一個簡明又全面的認識。因此它必須具有客觀性，用語一般要慎重，切忌誇大事實，不能做出所謂「以小見大」式的結論。

(六)附錄

這是評估報告的末尾，主要是將評估所使用的資料附在報告正文後以備查（汪群、王全蓉主編，2006：220-222）。

二、撰寫訓練評估報告注意的事項

透過訓練評估報告，可以使管理者對於訓練項目有詳細的瞭解，不僅能夠從直觀上把握訓練的成本效益，而且能夠瞭解訓練進程中的細節

我不贊成你說的話，不過，我拚著老命也要擁護你說這話的權利。（法‧伏爾泰）

培訓管理

274

表9-3　訓練結案報告內容

大綱	內容
基本資料	包含課程名稱、舉辦時間、舉辦地點、學員基本資料、簽到表等，讓閱讀者能瞭解訓練的對象與主題。
課程內容	包含課程大綱、課程進行方式、課程中的練習和討論、產出的結果等。
統計分析	包含課程滿意度問卷、課前與課後問卷等，透過統計軟體進行分析比較，找出有意義的數據，並且透過圖表完整呈現訓練結果，透過實際數據取信於閱讀者。
講師與工作人員回饋	客觀的提出其心得與觀察現象，可供閱讀者參考。
後續建議	包含安排進階課程、調整人事制度或工作流程。
參考附件	將訓練學員所填寫的問卷，或是其他課堂上所產出的資料列為附件，提供閱讀者參考。

資料來源：盧冠諭（2007），〈訓練結案報告 馬虎不得〉，《經濟日報》，2007/07/10，A14版。

問題，為其進一步決策提供依據。對於提交訓練評估報告的撰寫需注意的事項如下（如**表9-3**）：

1. 提出訓練目標實現情況分析（如訓練投資回報率分析、績效改進情況分析等）。
2. 提出合理之解釋及論點來支持評估者的觀點，而且儘量以客觀數據為之。
3. 指出結論資料的來源及評估方法。
4. 提供一些決策工具，使核可評估結果的主管人員可以對評估所做的建議予以裁決。
5. 對於成本效益評估報告，應儘量以平易近人的方式使人理解。（吳美蓮、林俊義，2002：248-249）

　　根據評估報告，訓練單位可以有針對性地調整訓練項目。如果評估結果表明訓練項目的某些部分不盡人意，例如講師授課不當、培訓內容和教材對工作沒有足夠的影響，或受訓人員本身缺乏積極性等，訓練單位就可以考慮對這些部分進行重新設計或調整（**範例9-1**）。

女人的美麗是刀，微笑是劍。（英·培根）

範例9-1　課後問卷

親愛的先生小姐　您好：

　　這是一份關於「Cwin95（Internet）Env. / PC自我偵錯訓練」課程品質的問卷，主要目的在於瞭解您於課程結束後，對此課程的感覺，並作為日後人力發展部改善課程品質的參考依據；問卷填答約需2分鐘的時間。您的回覆，非常重要，且絕對保密，請您放心填答，謝謝您！

　　敬祝　　健康順意　　　　　　　　　　　　　　　　　人力發展部　敬上

課程名稱：＿＿＿＿＿＿＿＿＿＿＿＿＿＿＿＿＿＿＿＿＿＿＿＿＿＿

講師：＿＿＿＿＿＿＿＿＿＿　上課日期：＿＿＿＿ 年 ＿＿＿＿＿ 月 ＿＿＿＿ 日

	非常不同意	不同意	普通無意見	同意	非常同意
一、講師部分					
1.您對講師的表達技巧非常滿意	□	□	□	□	□
2.您對講師的專業知識非常滿意	□	□	□	□	□
3.您對講師的實務經驗非常滿意	□	□	□	□	□
4.您對講師的時間控制非常滿意	□	□	□	□	□
5.您對講師的敬業態度（如課前準備、教學熱忱）非常滿意	□	□	□	□	□
6.您對講師營造的學習氣氛非常滿意	□	□	□	□	□
7.您對講師教的選擇與使用非常滿意	□	□	□	□	□
8.您對講師回答問題的技巧非常滿意	□	□	□	□	□
二、課程內容部分					
1.您對課程教材內容非常滿意	□	□	□	□	□
2.您對課程進行的方式（如演講、小組討論）非常滿意	□	□	□	□	□
3.您認為課程時數安排非常滿意	□	□	□	□	□
4.您認為課程與實務工作直接相關	□	□	□	□	□
5.您認為課程內容與您學習期望完全相符	□	□	□	□	□

6.您認為課程程度　太簡單□　簡單□　深淺適中□　有點難□　太難□

三、行政作業方面

	非常不同意	不同意	普通無意見	同意	非常同意
1.您對課程場地空間安排（如場地大小、講桌位置）非常滿意	□	□	□	□	□
2.您認為座位安排適合課程進行	□	□	□	□	□
3.您認為場地燈光空調控制適中	□	□	□	□	□
4.您認為上課通知充分掌握時效	□	□	□	□	□

四、基本資料

1.您的專業年資：1年以下□　1-3年□　3年以上□

2.您的工作屬性：生產□　研發□　行政支援□　其他□

問卷到此全部結束，真心感謝您的協助，請於課後將問卷交回簽到處，謝謝您！

資料來源：范祥雲（1999），《88年度企業人力資源作業實務研討會實錄：第二十八場華邦電子公司》，行政院勞工委員會職業訓練局編印，頁225。

釣魚是無罪的一種殘忍。（喬治・柏克）

培訓管理

276

 ## 第三節　訓練成效轉移理論

　　訓練是管理功能的一環，不是目的而是過程，重點在於使員工透過訓練，改善與工作相關的知識、技能與態度，並運用在工作上，以提升組織績效，這也就是所謂的「訓練轉移」（transfer training）效果，其主要目的為提高組織競爭能力與個人績效（如**圖**9-1）。

　　企業訓練是企業人力資本投資的一種重要形式，其終極目的是希望受訓者將所學反映到工作行為中提高工作績效，實現企業目標。訓練轉移的定義係指受訓人員能有效地將受訓知識與技能應用在工作上並維持一段時間而言（如**表**9-4）。

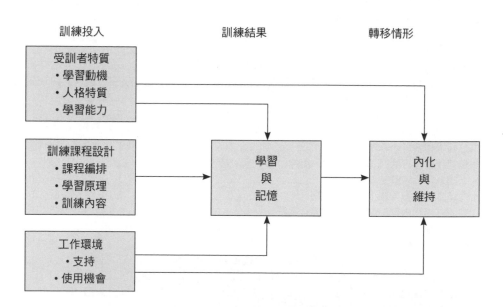

圖9-1　訓練轉移過程模式

資料來源：Timothy T. Baldwin and Kevin Ford (1998). "Transfer of Training: A Review and Direction for Future Research" *Personnel Psychology*, Vol. Spring 1988, p.65. 引自李玉楓（2004），〈教育訓練與業務績效之相關性研究：以C人壽保險公司為例〉，私立逢甲大學經營管理碩士在職專班碩士論文，頁27。

表9-4　訓練轉移的定義

學者	訓練遷移的定義
陸賽爾和魏克司立（J. Russel & K. N. Wexley）	員工於訓練所學的事物，後來於工作上運用的程度。
凱克司（W. F. Cascio）	訓練所學的知識、技能、能力或其他特點，能應用在工作上的程度。
斯凱培和雷德維葛（V. G. Scarpell & J. Ledivinka）	新的學習行為能遷移至工作環境。
菲力浦（J. J. Phillips）	從訓練課程所學的行為，能使用在工作上的程度。
魏克司立和雷仁（K. N. Wexley & G. P. Latham）	訓練中所學能應用至工作上，以及對相關工作績效的影響程度。
吉爾強森（D. L. Georgenson）	個人在課堂上所學之知識、技能，有效且持續應用在工作上的程度。
巴特菲爾和奈爾森（E. C. Bufferfield & G. D. Nelson）	彈性的使用知識和技能，以便在新的工作或新目標中，能使用所知的程度。
葛登（J. R. Gordon）	個人在另一種情境下，表現其所獲得的新知識、技能的程度。
貝爾登衛和福特（T. T. Baldwin & J. K. Ford）	所學的新行為，能類化至工作上，且須維持一段時間。
雷克（D. R. Laker）	包括時間構面和類化構面。時間構面只應用所學和持續應用所學的程度。類化構面只應用所學至相同的情境或不同、新的情境。

資料來源：田靜婷（1993），〈訓練遷移相關因素之研究〉，大葉工學院事業經營研究所碩士論文，頁8。

　　影響訓練成效的轉移理論，有同因素理論（theory of identical elements）、激勵推廣理論（stimulus generalization approach）和認知轉換理論（cognitive theory of transfer）三種，揭示了每種理論主要內容及適用條件（如**表9-5**）。

一、同因素理論

　　同因素理論認為訓練轉移只有在受訓學員執行的工作與訓練期間所

表9-5 訓練轉移理論

理論	強調重點	適用條件
同因素理論	訓練環境與工作環境完全相同	工作環境的特點可預測且穩定（如設備使用訓練）
激勵推廣理論	一般原則運用於多種不同的工作環境	工作環境不可預測且變化劇烈（如人際關係技能訓練）
認知轉換理論	有意義的材料和編碼策略可增強訓練內容的存儲和回憶	各種類型的訓練內容和環境

資料來源：雷蒙德·諾伊（Raymond A. Noe）著，徐芳譯（2001），《雇員培訓與開發》，
北京：中國人民大學出版社，頁92。

學內容完全相同時才會發生。能否達到最大限度的轉移，取決於任務、材料和其他學習環境特點與工作環境的相似性。

同因素理論常被用於許多訓練項目的開發，尤其是那些與設備應用有關或包含特定程序的訓練，如用模擬器對飛行員進行訓練。如果飛行員在模擬器中學習飛行、起飛、降落和處理緊急情況的技能，那麼他們就會將這些技能轉換到工作環境中使用。

二、激勵推廣理論

激勵推廣理論指出，訓練轉移的關鍵是對最重要的一些特徵和一般性原則的訓練，同時要明確這些一般原則的適用範圍。它強調「遠程轉換力」（far transfer），即指當工作環境與訓練環境有差異時，受訓學員在工作環境中運用所學技能的能力，如對員工進行人際關係技能的訓練。

例如，管理技能訓練項目屬於行為模擬訓練，它是建立在社會學習理論基礎上的。開發行為模擬項目的步驟之一是要明確成功處理一種情況所需的關鍵行為。示範者在錄影中演示一遍這些關鍵行為，並為受訓者提供實踐這些行為的機會，同時希望受訓者能在各種與模擬情形不完全一致的情況下也能應用這些行為。

三、認知轉換理論

認知轉換理論認為，轉換與否取決於受訓者恢復所學技能的能力。因此，可透過向受訓學員提供有意義的材料來增加受訓學員將工作中遇到的情況與所學能力相結合的機會，從而提高轉換的可能性；同時向受訓學員提供對所學技能進行編碼記憶的能力，這樣學員們就能輕而易舉地恢復這種能力了。最後還要不斷地對受訓學員學習狀況進行監控和回饋等。

訓練的應用練習，可幫助受訓者理解所學能力與現實應用之間的關聯性，這樣可在需要時更快地回憶起所學技能（Raymond A. Noe著，徐芳譯，2001：92-93）。

第四節　影響訓練成效轉移的因素

學習轉移形成並不容易，主要因為構成學習轉移的因素很多部分來自於訓練活動之外（如**圖9-2**）。

能夠促進或阻礙訓練技能或行為的移轉因素，包括受訓者態度與特質、主管與同事的支持、應用技能的機會以及應用所學技能的結果等。

一、受訓者態度與特質

受訓員工本身的態度、興趣、觀念、價值觀、文化水準、基本技能與期待，都有可能增加或減弱訓練效果。因此，訓練課程參加員工之不同，將造成不同程度之行為改變，所以管理者若能明瞭受訓者特質，則可促成受訓員工行為改變，更能提升工作效率（如**表9-6**）。

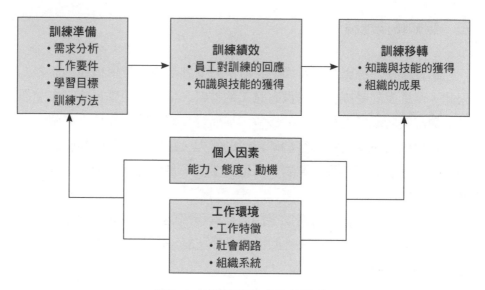

圖9-2　影響訓練成效的因素

資料來源：Tracey, J. Bruce and Michael, J. Tews (1995). "Training Effectiveness Accounting for Individual Characteristics and the Work Environment" *Cornell Hotel and Restaurant Administration Quarterly,* Decemeber, 1995, p.39. 引自李玉楓（2004），〈教育訓練與業務績效之相關性研究：以C人壽保險公司為例〉，私立逢甲大學經營管理碩士在職專班碩士論文，頁29。

表9-6　限制訓練遷移的工作要素

•缺乏完成工作任務的技術與能力
•工作訊息之不足
•缺乏必要工作夥伴的幫助
•工具與設備之不齊全
•預算編列不足
•任務的不一致
•時間不足
•工作環境不佳

資料來源：Peters and O'Connor (1980)；引自李玉楓（2004），〈教育訓練與業務績效之相關性研究：以C人壽保險公司為例〉，私立逢甲大學經營管理碩士在職專班碩士論文，頁25。

二、主管支持

受訓員工的直接上司對員工參與訓練項目的重視程度，以及訓練內容在工作中應用的重視程度都極大地影響訓練成果的轉移。為了增加訓練轉移效果，主管需要對員工加強宣導訓練的重要性，而主管本身對於訓練計畫與目標也必須完全清楚，最重要是要證明公司組織對訓練的重視，讓員工建立對公司的認同感和使命感，提高受訓者對參加訓練的期望。如果主管對訓練活動的支持程度越高，越有可能發生訓練成果的轉移。

訓練單位安排管理者參加專門會議，向其說明訓練目標，並設定預期目標，使他們鼓勵員工參加訓練，並提供實踐機會，強化訓練應用，並能和受訓者一起探討新掌握的技能應用之進展狀況。

三、受訓者與同事之間關係

員工群體之間若關係不佳時，會限制群體的成長與責任承擔，這種關係甚至會導致員工之間存有不信任與反面行為的產生，而讓訓練轉移造成困境。

四、應用所學技能的機會

應用所學技能的機會指向受訓者提供或由他們主動尋找機會來應用訓練中心學到的知識、技能和行為方式的情況。執行機會（opportunity to perform）受工作環境和受訓者學習動機雙重影響。

執行機會包括適用範圍、活動程度和任務類型。適用範圍指可用於工作當中的所訓練內容的數量；活動程度指在工作中運用被訓練內容的次數或頻率；任務類型指在工作執行的被訓練內容的難度和重要性。有實踐機會的受訓者要比沒有實踐機會的受訓者更有可能保持住所獲得的能力（Raymond A. Noe著，徐芳譯，2001：99）。

五、報酬因素

　　報酬多寡會直接影響員工在工作崗位上努力與激勵程度，使得訓練轉移也連帶受到影響。報酬的因素有金錢上增加、升遷、考績、地位、追求自我肯定與自利行為等。假如公司組織中報酬制度能夠與績效、升遷和金錢上增加緊密結合在一起，則良好、有效的新技術將持續性維持，並能在工作中表現出來。舉例來說，若組織能透過靈活、公平、正確的績效考核，使考核結果與員工報酬相連結，將有益於訓練轉移。

六、自然遺忘

　　德國著名心理學家艾賓浩斯（Hermann Ebbinghaus, 1850-1909）認為，記憶的保持在時間上是不同的，有短時記憶和長時記憶兩種。在人們的學習過程中，遺忘速度最初很快，然後減慢，到了相當長的時期後，幾乎不會再遺忘，即遺忘遵循「先快後慢」的原則，如果訓練承辦者能夠抓住遺忘的規律進行訓練工作，將得到事半功倍的效果。所以，人的記憶力也是影響訓練成果轉移的因素之一（如圖9-3）。

七、學習型組織

　　訓練實質上也是一種學習，為了使工作氣氛更有利於訓練成果的轉移，讓受訓者獲得更多應用新的知識、技能的機會，企業應該努力向學習型組織（learning organization）轉變（如表9-7）。

　　企業向學習型組織轉變，那麼整個組織內學習氣氛濃厚，全體員工都有學習、訓練意識，有共享與創造的理念，易於接受新事物，適應外界環境和內部組織結構的變化，這樣的工作氣氛對訓練成果轉換是最高水準的支持（諶新民主編，2005：287-288）。

　　若能以柯克柏翠克四個層級及Jack Phillips投資報酬率（ROI）方式

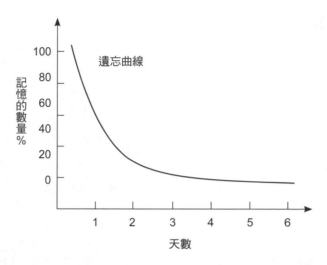

時間間隔	記憶量
剛剛記憶完畢	100%
20分鐘之後	58.25%
1小時之後	44.2%
8〜9個小時後	35.8%
1天後	33.7%
2天後	27.8%
6天後	25.4%
一個月後	21.1%

圖9-3　艾賓浩斯遺忘曲線

資料來源：汪群、王全蓉主編（2006），《培訓管理》，上海：上海交通大學出版社，頁23。

實施較完整的訓練評估，則不僅可提升評估技術效益，對增進遷移成效也很有幫助。另外，應儘量使工作情境與訓練情境一致，並按照步驟蒐集訓練承辦人、顧問、講師、學員與直線主管意見，進行訓練轉移目標管理與追蹤行動方案（如**表9-8**），都將有助於訓練轉移成效（蕭崇文，2006：18）。

表9-7 從訓練轉移到學習的基本要點

從訓練	到學習
重點在短期訓練	重點在終身學習與發展
以技術為主	強調核心能力的建立
被個別需求驅動	被組織策略所驅動
滿足管理者與主管的要求	關心所有員工的成長
由人事單位或部門評鑑	學習者自我評鑑
訓練僅發生在特定場所	任何場所都可進行學習
訓練僅發生在特定時段	任何時間都可進行學習
訓練係以傳授知識為主	學習是在工作場域中，創造新的學習工具和分享經驗
訓練係由講座主導，課程內容是被專家設計的	學習是在激發學習者的自發性學習
訓練強調通則性，受訓者被動接受安排	學習者強調特定化，學習者有較高的自主權
訓練係以講座為中心	學習係以學習者為中心

資料來源：Sims (2002)；引自劉坤億（2007），〈從訓練到學習：人力資源發展的趨勢〉，《人事月刊》，第44卷第3期，總第259號，2007年3月，頁17。

表9-8 訓練結束後的追蹤行動方案

相關角色 工作內容 工作項目	訓練主管或 相關承辦人	主持訓練講師或 顧問	接受訓練學員	學員直屬主管
瞭解及評估學習成果	・親自或委由主持訓練講師（或顧問）執行評估，並將結果彙整建立資料 ・將相關意見交由學員及其直屬主管參考	・設計、提供學習成果的評估方式 ・親自或配合訓練主管（或承辦人）執行評估步驟	・接受評估，並應瞭解評估結果，供學習上及運用上之參考 ・對訓練單位回饋相關意見	・支持、配合此項評估，並應瞭解評估結果
訂定行動計畫（包括發揮所學於工作上之目標及相關進度）	・得到學員訂定此目標與相關進度的資訊，對學員或其直屬主管提出可能的意見 ・如有所變動，應得到最後確認的資料且建立紀錄	・對學員進行帶動、引導，讓學員完成目標設定與相關進度行動 ・目標與行動計畫應書面留底，交予訓練主管（或承辦人）、學員直屬主管參考	・學員完成此目標與相關進度訂定，應在一週內與直屬主管面對面討論 ・行動計畫可作必要調整	・直屬主管與學員進行面談及討論，對完成之目標及相關進度做修正、調整與確認 ・議定追蹤評估方式，提供配合措施，最後將結果知會訓練單位

（續）表9-8　訓練結束後的追蹤行動方案

相關角色 工作內容 工作項目	訓練主管或 相關承辦人	主持訓練講師或 顧問	接受訓練學員	學員直屬主管
進行階段性追蹤	• 對學員直屬主管發出通知與制式表格，一則提醒主管，二則瞭解學員執行情況與實際問題 • 彙整資料，交予原訓練主持講師（或顧問）參考 • 此作業至少需進行一次	• 上述行動計畫期間，對學員發出至少一次通知，提醒、激勵學員行動 • 根據訓練單位告知的追蹤結果，規劃設計一次增強性質的研討會，提交給訓練單位	• 依上述進度執行、整理資料及問題 • 接受直屬主管追蹤，同時提供必要回應	• 上述進度進行追蹤，以瞭解階段性成果，可對學員加以協助及督促 • 將實際狀況填寫於訓練單位所交的表格及快速繳回、充分回應
舉辦增強性質的研習活動	• 舉辦一次增強性質的研習活動，請原訓練講師主持，並發出通知請學員參加 • 知會學員直屬主管，重點在於協助訓練遷移	• 負責主持此項活動，可趁機做重點複習或強化，並回應或解決學員問題	• 參加此項活動，重點在於尋求解決相關問題的指導，提升訓練遷移效果	• 盡可能支持學員參加 • 事後仍保持既有進度追蹤並建立紀錄
訓練遷移的評估	• 行動計畫結束日期一個月內，由訓練單位對學員發出通知與相關評估表 • 此評估須知會其直屬主管，促請學員會同主管完成此項評估作業		• 學員會同直屬主管以類似績效評估面談方式進行，以完成評估表作業 • 將評估表傳回訓練單位	• 會同學員完成評估表作業，並須由主管確認，始可傳回訓練單位 • 此項結果亦可供本身日後對學員在工作督導之參考
彙整及報告	• 將前項結果資料蒐集完成後，進行彙整與做成相關報告，供上級、各主管與原訓練主持人參考	• 此項報告可作為日後進行訓練教案設計及執行主持訓練上的參考		• 透過此一過程，主管可充分瞭解公司訓練的推動與部屬的學習狀況 • 促進部門內管理工作，或高品質、高效能的訓練

資料來源：李弘暉、羅比德研究報告，〈做好訓練追蹤，確保訓練遷移效果〉；引自蕭崇文（2006），〈訓練，就是要看到改變！訓練績效追蹤行動方案〉，《人力資本雜誌》，2006年9月，第4期，頁19。

第五節　訓練成效轉移機制

　　一般訓練後的工作包括兩個層面，一是通常所談到的訓練成效評估，即對訓練的效果進行評價；二是促進學員將訓練成果轉化為實際工作績效而開展的一些措施。因此，受訓者能否有效地實現訓練成果的轉化將決定訓練終極目的的實現。因為訓練活動僅是一個開始，成果轉移機制的建立才是問題的關鍵。

　　隨著人力資源從業者對人力資源管理工作如何發揮價值的不斷探索，訓練承辦人員也開始重新審視自己的工作，於是，越來越多的人力資源訓練者開始從單純衡量訓練效果轉向如何來促進訓練成果的轉移，真正使訓練獲得應有的價值。

　　從實用可操作角度而言，訓練成果轉換機制，可由以下三個子機制組成。

一、設計子機制

　　為了加速訓練成果的轉移，操作層在進行訓練項目設計時，應充分考慮工作環境特徵、學習環境及受訓者特點等對成果轉移的影響。根據有利於成果轉移的理論，設計訓練方案和讓受訓者訓練轉移的環境，儘量使受訓者將所學技能順利地轉移到工作中去。一般而言，採用情景類比、視聽訓練的訓練方式和行為類比、角色扮演、管理遊戲的訓練方法有助於成果轉移。

二、激勵子機制

　　把訓練成果的轉移與員工的獎酬、晉升、職業生涯相掛勾，運用激勵機制促使訓練成果的產生。激勵分為物質激勵和精神激勵兩種。精神

激勵主要是對受訓員工的訓練結果給予精神上的獎勵，比如對能及時運用訓練所學知識和技能的員工給予表揚；物質激勵是把員工的訓練結果和他們的工作報酬結合起來。有些企業建立技能工作體系，把薪資直接與員工所擁有的知識或技能掛勾，能有效促進員工參加訓練的積極性，提高員工將訓練成果轉移為工作技能的主動性。該制度要求對員工的工作技能進行階段性評估，對評估優異的員工給予適當的加薪，形成以物質激勵為主，精神激勵為輔的激勵體制。

三、回饋子機制

回饋是訓練成果轉移機制中至關重要的一環。在員工熱情地參與訓練之後，訓練負責單位有義務將員工的訓練成績、評價結果，透過書面材料、會議或網絡等方式回饋給他們，讓員工瞭解自己的參與是否發揮了應有的作用，同時還可幫助員工進一步瞭解企業的訓練目標和企業所期望的績效水準。快速、有效的回饋機制也可使企業高層及訓練部門既能照顧到企業整體績效問題，又能及時瞭解一些重要的細節，從而提高訓練效果，增加組織價值（汪群、王全蓉主編，2006：249-250）。

第六節　訓練成效轉移注意事項

如果訓練活動結束後便無人過問訓練是否起到了作用、受訓員工是否把所學知識（技能）應用到實際工作中，從而改變他們的態度或行為，真正改善了工作績效，那麼這個訓練項目就是失敗的（如圖9-4）。

所以，訓練成果轉移應注意下列的幾個問題，才不致於「行百里者半九十」，功虧一簣了。

1.訓練成果轉移實際要從訓練需求分析階段就應該做好基礎工作，即

B人力資源培訓管理的經驗與能力

A高層領導對培訓的重視與支持程度

C培訓對象與培訓內容的關聯性及態度

A
• 對培訓的認知
• 對培訓投資的態度
• 對人力資源部工作的支持程度

B
• 對培訓的認知
• 對企業發展與人力資源發展現狀的瞭解深度
• 有否做需求分析
• 培訓計畫的關聯性
• 培訓流程及其執行深度

C
• 對培訓的認知
• 對參加培訓的意願及其參與培訓的態度
• 員工素質及技能現狀與工作要求、培訓內容的關聯程度

D
• 提供培訓服務的專業度與經驗，以及業界的口碑
• 師資水平及培訓課程內容的設計與企業需求是否相符
• 與企業人力資源部的配合程度與水平

D師資及培訓供應商的專業度、水平與企業需求是否相符

圖9-4　訓練滿意度因素分析四維模型

資料來源：雁予（2004），〈培訓滿意度的評估分析〉，《人力資源雜誌》，總第193期，2004年9月，頁25。

在對訓練目標和課程進行設計時，要注重與崗位業務發展能力的連接，注重訓練內容對實際工作績效的促進與幫助作用。

2.訓練成果轉移過程中要注意透過管理手段，強化對所學知識和技能的實踐。員工在實際工作中運用了訓練所學的知識、技能，要有相應的獎勵措施，而如果運用失敗的，可免除被責備，以體現公司鼓勵員工將所學運用到實際工作的態度。

3.訓練成果轉移的過程中，訓練部門和直線主管要注意跟蹤和督導員工的應用行為，指導員工將所學知識、技能運用於實際工作，並對其運用正確與否給予回饋。

4.受訓者能主動地應用所學知識、技能解決實際工作中的問題，而且
能自我激勵去思考訓練內容在實際工作中可能的應用。

建立和完善訓練成果轉移的相應制度後，要及時跟蹤和貫徹對轉移
過程中各個角色者的要求，以保證培訓成果轉移機制的正常運行，並逐
漸形成企業培訓成果轉移的氛圍（徐傑，〈企業員工培訓的Last Mile──
談培訓成果的轉化〉，http://www.vsharing.com/Blog/sibo/A554210.
html）。

結　語

如果訓練活動結業後便無人過問訓練是否起到了作用、受訓學員
是否把所學的知識和技能應用到實際工作中，從而改變他們的態度或行
為、真正改善工作績效的話，那麼這個訓練項目就是失敗的。所以，企
業唯有重視訓練後的成果高效轉移，讓組織績效提升，這才能改變訓練
是一項投資而不是單純的費用支出。

10 輪調、升遷與接班人培育

如果我們不用四個小時好好安插一個職位，找到最合適的人來擔任，以後就得花幾百個小時的時間來收拾爛攤子。

——史隆（Alfred Sloan, 1875-1966）

　　在《即戰力：如何成為世界通用的人才》這本書開頭的序章中，作者大前研一（Kenichi Ohmae）道出當今日本企業人才晉升的現象，其速度竟落後世界標準二十年！他指出，美國人就沒有「只要踏進一流企業就可以高枕無憂，不必努力也可以出頭。」這樣天真的想法。他們的常識是，二十來歲時努力研修經營學，設法拿到碩士（Master of Business Administration, MBA）學位，不斷參加各種可以學習執行力的聚會，逮到機會就向身旁的人推銷自己。

　　為什麼他們年輕時就如此積極呢？因為對美國的商業界人士而言，理想的人生旅程必須在四十歲之前完成。例如三十五歲就當總經理，四十歲將公司賣給別人，然後帶著大把的退休金到美國加州（California）海灘享受餘生。對大多數的美國企業界人士而言，這是他們終極的目標，也是標準的美國式夢想。

　　其他的國家也是一樣，大多數的企業菁英都能在三十多歲時嶄露頭角，而後在業界占一席之地，因此「三十而立」似乎是四海皆準的人生計畫。總而言之，這已成了二十一世紀上班族的世界晉升標準時間表（徐光宇，2007）。

 ## 第一節　人力資源發展

　　人力資源發展（Human Resource Development, HRD）一詞，係聶德勒（L. Nadler）在美國訓練與發展學會（ASTD）於一九六九年在邁阿密（Miami）召開的研討會上首次正式使用，其定義為：「在一段期間內做有計畫、有目的的學習，以提高工作表現」。

一、人力資源發展與人才培育

　　彼得・杜拉克（Peter F. Drucker）曾說：「訓練與管理二項專業是美國世界經濟與企業組織的最大貢獻與動力來源。」人力資源發展是在強調人與組織的學習與發展，基本上是以訓練與發展、組織發展、生涯發展三個方向為主要的推廣目標。

　　不可諱言的，企業員工流動率偏高的主要關鍵之一，可能是企業本身沒有用心在培育人才、提供適當的學習機會與升遷管道所致。換句話說，企業是否用心培養人才，發展人才，對員工的去留與企業的鴻圖大展都有極大的影響。

　　春秋時代齊國著名政治家管仲，是第一個提出並闡明了培養教育人才的重要性。在《管子・權修篇》上說：「一年之計，莫如樹穀；十年之計，莫如樹木；終身之計，莫如樹人。一樹一穫者，穀也；一樹十穫者，木也；一樹百穫者，人也。」意思是指，做一年的打算，比不上種植五穀的；做十年的打算，比不上種植樹木的；做終身的打算，比不上培養人才的。種植五穀，是一種一收，種植樹木，是一種十收，培養人才，則是一種百收的好事，把致力於培養人才作為終身大業，必將會收到意想不到的神奇功效（如**圖10-1**）。

二、人力資源發展的目標

　　一般而言，人力資源發展（Human Resources Development, HRD）是比較重視個人的發展，是從個人內在配合組織外在發展；而人力資源管理（Human Resource Management, HRM）是比較強調外在組織的需要，配合人力的提升與運用。更進一步的說，組織的成長是配合個人能力的發展，使人適其所，盡其才，就是人力資源發展的要義（洪榮昭，1988：1-2）。

　　人力資源發展的主要目標，約有下列幾項：

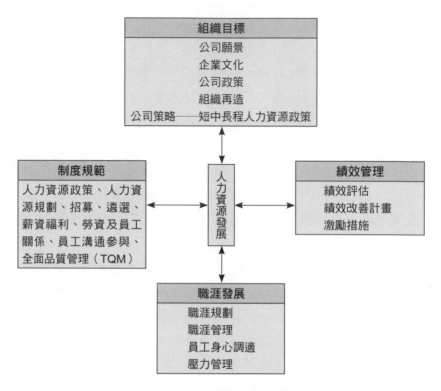

圖10-1　人力資源發展體系

資料來源：朱承平（2000），《企業人力資源管理手冊：人力發展》，行政院勞工委員會職
　　　　業訓練局出版，頁17。

1.配合組織目標，吸收最適才適所的人才。

2.建立良好的人際關係，蔚成合作的企業文化。

3.有效的激勵、運用人力，發揮工作生產力。

4.促使員工得到最大發展空間，貢獻才能。

5.確保員工與企業同步成長，共享經營成果。

　　為達到上述的目標，企業必須有永續經營的抱負，並落實做好人力
資源管理，即徵才、選才、用才、育才及留才等工作的落實（丁志達，
2005：181）。

三、人力資源發展的任務

　　人力資源發展的基本概念是強調「人」的重要，其目的在提高「人」的素質，不但可以提升組織的生產力與競爭力，更可以增進員工的滿足感，提高生活品質。為達此目標，最佳的途徑是強化人力資源發展（李漢雄，2001：12）。

　　通常企業在從事人力資源發展策略，必須先結合企業經營目標與人力資源規劃，經評估人力資源現況及企業內外在環境因素後，擬定人力資源發展方法與策略，再依照策略與重點去執行、控制與評估（李隆盛、黃同圳，2000：385）。

　　人力資源發展的主要任務，是協助組織進行有計畫的改變，以提升工作效率。在內容方面，包含運用員工訓練、變革管理、組織創新、勞資關係維繫、生涯發展、工作品質提升等優勢來協助企業的永續發展。至於人力資源發展的內涵，隨著人類文明的演進而擴增，但以促進與確保組織與個人的學習、改變與成長為依歸（李聲吼，1997：1-2）。

第二節　職務輪調制度

　　人是攸關事業成敗的關鍵，有能力的員工，不會一輩子只待在同一個職位，適切的職位輪調制度，不僅活化人才運用，激發員工潛能，以提高企業競爭優勢。因而，企業應定期檢視員工表現，適時輪調（崗位交流），開拓員工視野，培養員工全方位職能，才能留住優秀人才。

一、職務輪調的定義

　　職務輪調（job rotation）亦稱為交叉訓練（cross training）。從組織層面來看，職務輪調是一種行政控制，將組織內的人員由一單位或職

位橫向調動至另一單位或職位，而不影響其晉升及薪給，以促進業務發展，並消除久任一職之弊端；從訓練層面來看，是指企業有計畫地透過同一職能部門內，或不同職能部門內之間的平行調動，以提高員工職務能力，擴大視野，學習各種經驗，進而達到培育人才的一種策略；從個人職業生涯發展層面來看，職務輪調是個人擴展其知識與技能之獲得，並進而提升個人職業生涯發展結果之方法（吳靖莉，2006：16）。

二、職務輪調系統的特徵

職務輪調是屬於工作設計的內容之一，從上個世紀初至今，工作設計的理論經歷了從工作專業化到工作輪換和工作擴大化，再到工作豐富化，以及工作團隊等幾個重要的發展階段（如**表10-1**）。

一般來說，職務輪調系統有下列幾項特徵：

1.利用職務輪調來開發員工技能和為員工提供管理方面的工作經驗。
2.員工要瞭解需要透過職務輪調來開發的特定技能。
3.職務輪調適用於各種層次和各種類型的員工。
4.職務輪調可以使員工瞭解每項工作所側重的開發需求與職業生涯管理過程密切相關。
5.透過有效管理輪調時間和幫助員工理解其在開發項目中的輪調角

表10-1　工作設計的類型及特點

類型	工作內容	特徵
工作專業化	只做很小的工序	勞動生產力高，員工滿意度低
職務輪調	不同崗位之間的輪換	拓寬工作領域，提高員工滿意度
工作擴大化	增加上、下工序的內容	
工作豐富化	增加部分主管人員的工作	員工責任心的加強
工作團隊	工作圍繞團隊來設計	增強員工之間的協作和自我管理

資料來源：樓旭明、段興民（2004），〈工作輪換的價值〉，《企業管理雜誌》，2004年9月，頁90。

色，可使職務輪調實現成本最小化和收益最大化。

6.儘管分屬不同的群體，所有員工都具有平等的工作輪調機會。（杜林致，2006：132）

三、慎重考慮輪調人選

雖然職務輪調是一項成本較低的組織內部調整和變動，既能給企業員工帶來工作的新鮮感與挑戰性，又不會帶來太大的組織破壞，使組織重組後更具效率。但職務輪動也要根據職位的特點，對輪調人選有所側重，實施長處管理，也就是要讓每一個人在組織中發揮自己的長處，至於個人短處的存在，只要不會對整體有大的影響，就不必太在意。例如：細心、數理分析能力強的員工，可以輪調到統計、財會等職位；有法律知識的，可以輪調到招標及合約的管理單位；有專業管理特長的，可以專業對口（至少是大方向對口），以激勵員工發揮特長，最終達到促進企業各項管理水準的提高。

企業在實施工作輪調之前，應對員工進行職前訓練，來幫助員工在轉換新工作範圍前，能充分掌握新的工作內容，而企業也能避免因作業疏失所造成的損失。

四、輪調與訓練學習相結合

適時對員工訓練，是加強員工成就感與工作滿意度、企業忠誠度、阻止企業人才外流的好辦法。所以，職務輪調應該與企業的崗位訓練相結合，形成一種規律和一項人力資源管理制度，從而為企業的戰略性發展服務。

一位員工長期在一家公司裡服務，不可能永遠從事一種工作或一個職位，他往往要經過多次工作輪換。為了使員工適應多種工作的需要，企業必須有計畫地進行訓練，透過在整個工作中的崗位輪換，使員工接

觸到各種不同的職務與職責，並獲得提升，從而擴展員工職業生涯的發展道路（如**表10-2**）。

五、輪調與工作交接緊密銜接

人員需要輪調，但工作還是要保持一貫性。所以企業要做好職務輪調工作交接的緊密銜接，尤其是一些保密性的資料，例如客戶名單、銷售管道等。在職位輪調時，一定要簽署保密協議，以免給企業造成損失。

一些往來帳目的流動和保管、關鍵設備的技術操作等，都需要有交接工作的保障。相關人員抓好職務輪調的過程控制，把職務輪調作為評價工作、發現問題的重要手段，對發現的歷史問題要及時呈報和妥善處理，不要規避問題。

在職務輪調中，應做到交接必清，監交必嚴，有疑必查，嚴防各類遺留問題再度發生。例如，在經營系統的職務輪調時，也許會曝露出多年隱蔽的帳目不清、庫存物質損壞或品種規格不符、收發憑證丟失等現象，這時一定要對發生的問題及時更正，調整帳目，對於觸犯法律、法規的員工要嚴厲處罰，避免爾後造成企業更大的經濟或名譽（企業形象）損失（**範例10-1**）。

表10-2　職務輪調的益處

• 在同一崗位工作時間久了，就會產生厭煩感，適當的職務輪換會使人有一種新鮮感，工作本身的趣味性由此產生
• 當員工面臨一個新的工作崗位，員工就面臨一個新崗位的挑戰
• 職位輪調可以培養員工適應新環境的能力，對一般員工來說，可以增加員工對多種技能的掌握，而對管理人員而言，能加強對企業工作的全面瞭解，提高對全局性問題的分析能力
• 在不同崗位上的輪換，可以增加員工的交流機會，建立跨部門之間的人際關係
• 當員工能勝任新的工作崗位，便可得到一種只有在工作任務完成時，員工才會感到的滿足

資料來源：樓旭明、段興民（2004），〈工作輪換的價值〉，《企業管理雜誌》，2004年9月，頁91。

範例10-1　一把鑰匙　害鐵達尼撞冰山？

　　一九一二年四月十日，鐵達尼（TITANIC）的載客處女航從英國南安普敦啟程，駛往美國紐約。十四日，這艘當時全球最大的輪船意外撞上冰山，並在十五日凌晨兩點二十分在北大西洋沉沒。

　　英國《每日郵報》指出，就在鐵達尼號啟程前幾天，船公司「白星海運」的老闆臨時決定讓鐵達尼號姊妹船「奧林匹克號」上經驗豐富的大副亨利‧王爾德接掌鐵達尼號大副一職。王爾德一來，鐵達尼號所有船員的職務位階都被降了一級，原任二副的布萊爾因為太資深，不宜擔任身分低的三副，公司把布萊爾調去別船工作。

　　布萊爾在四月九日打包離開鐵達尼號時，匆忙間忘了把鐵達尼號上收藏雙眼望遠鏡櫃子的鑰匙交給同事，把鑰匙放在自己口袋裡就走了。船上主桅桿瞭望台的瞭望員沒有鑰匙打開櫃子，無法透過望遠鏡及時發現遠處的冰山通知船長讓鐵達尼號轉向，因此鑄成大禍。

　　鐵達尼船難生還的瞭望員之一佛利特曾說，若他們當時有望遠鏡，「就有足夠的時間轉向」。但是沒了望遠鏡，只好靠肉眼觀測航道。

資料來源：王先棠編譯（2007），〈一把鑰匙　害鐵達尼撞冰山？〉，《聯合報》，
　　　　　2007/08/30，A17版。

六、輪調的限制與作法

　　職務輪調對於一般的管理職位比較實用，但是對於有些職位技術性強，需要有一定的累積經驗和專業知識時，則不宜短期進行。例如：企業的專業技術員等崗位（如需具有政府認證的職業證照才能從事的工種）需要較多的專業知識與實務經驗，如果進行職務輪調，勢必會阻礙企業某些技術水準提高的速度。另外，輪調過於頻繁也會影響員工工作的積極性和穩定性（**範例10-2**）。

　　企業要加強對重要職位的動態管理，把工作輪調與相互制約制度落實。嚴防職務輪調形式化、簡單化，尤其對管人、管錢、管物、管專案的職位，以及行政執法者、櫃台服務人員等，在同一職位工作滿一定期限後，都要實施職務輪調，從而做到既要保持員工的合理流動又要保持穩定，尋求動態與靜態的契合點（武敏傑，2007：74-75）。

　　職務輪調的流程設計、完備的績效考核體系等是實施職務輪調制的必要條件。另外，職務輪調需要增加訓練成本，臨時導致生產率的

範例10-2　台灣杜邦公司輪調制度

> 　　每年，杜邦（DUPONT）將員工分為四個象限，A象限為發展潛力高，可能成為未來領導階層的員工，B象限為需要職位輪調的員工，C象限為目前暫無輪調意願的員工，D象限則為新進員工或剛輪調不久的員工。
>
> 　　當然在輪調初期，員工會擔心績效表現下降，需要一段時間才能恢復到原單位的水準，讓部分員工不敢貿然接受輪調；主管也怕部門人才流失，拒絕部屬輪調。為了化解這些憂慮，台灣杜邦公司除了分別和主管、員工溝通，也改善考核辦法，讓主管不只重視部門績效，也重視員工發展。對員工則曉以大義，讓願意在公司成長的員工，適時離開熟悉的舒適圈，挑戰自我能力。對擁有兩百年歷史的杜邦來說，「人才流動」是維持公司長壽的秘訣。

資料來源：〈適當輪調　活化人才運用〉，http://www.cgs.tw/nucleus/blog/4/item/1789#more

下降等問題，也可能會發生。因此實施職務輪調時，應著眼於企業長期的利益，根據各企業的實際情況，相機而動（樓旭明、段興民，2004：92）。

第三節　升遷管理制度

　　道格拉斯・麥葛瑞哥（Douglas McGregor）在其著作《企業的人性面》（*The Human Side of Enterprise*）第七章〈薪資與升遷管理〉中提到：「凡屬任何一職位……尤其是管理的職位，均不可能像是固定的蘿蔔坑一樣，有一定的形狀和大小。每一項職位都是深深地嵌入於極其複雜的組織關係和外在關係之中；而且這些關係也均因時而異。除此以外，我們還不能說一位候選人只要具備了某項的資格條件，則在某一職位上必能有最佳的績效。須知個人的資格不同，則其出任一項職位的績效表現也必不同；但是，個人的一些資格條件，卻可能與達成組織目標的效果有關。」（Douglas McGregor著，許是祥譯，1988：128）

　　職位晉升是企業較為有效的拔擢員工的有效方法，不僅可以增加員工忠誠度及減少員工流失，還可以提高組織的效率（**範例10-3**）。

範例10-3 麥當勞的晉升機制

在麥當勞（McDonald's）取得成功的人都有一個共同特點：從零開始，腳踏實地。炸薯條、做漢堡是在公司走向成功的必經之路。最艱難的是進入公司初期，在六個月中人員流動率最高，能堅持下來的一些具責任感、有文憑、獨立自主的年輕人，在二十五歲之前就可能得到很好的晉升機會。

首先，一個有能力的年輕人要當四至六個月的實習助理，其間，他以一個普通班組成員的身分投入到公司各基層崗位，如炸薯條、收款、烤生牛排等；他應學會保持清潔和最佳服務的方法，並依靠最直接的實踐來累積管理經驗，為日後的工作做好準備。

第二個工作崗位帶有實際負責的性質：二級助理。此時，年輕人在每天規定的一段時間內負責餐館工作。與實習助理不同的是，他要承擔一部分管理工作，如訂貨、計畫、排班、統計等。他必須在一個小範圍內展示自己的管理才能，並在日常實踐中摸索經驗，協調好工作。

在八至十四個月後，有能力的年輕人將成為一級助理，即經理的助手。此時，他肩負著更多更重要的責任，他要在餐館中獨當一面的同時，使自己的管理才能日趨完善。

一名有才華的年輕人晉升為經理後，麥當勞依然為其提供廣闊的發展空間。經一段時間的努力，他將晉升為監督管理員，負責三到四家餐館的工作。

三年後，監督管理員可能升為地區顧問。屆時，他將成為總公司派駐下屬企業的代表，成為「麥當勞公司的外交官」。其主要職責是往返於麥當勞公司與各下屬企業溝通傳遞資訊。同時，地區顧問還肩負著諸如組織訓練、提供建議之類的重要使命，成為總公司在某地區的全權代表。當然，成績優秀的地區顧問仍然會得到晉升。

麥當勞還有一個與眾不同的特點，如果某人未預先培養自己的接班人，則在公司就無晉升機會，這就促使每個人都必須為培養自己的繼承人盡心盡力。正因為如此，麥當勞成了一個發現與培養人才的基地。

資訊來源：黃寧（2003），〈麥當勞的培訓與晉升機制〉，《人力資源雜誌》，2003年2月號，頁32-33。

一、彼得原理

在管理學上有項著名的「彼得原理」（The Peter Principle）。它是加拿大人勞倫斯‧彼得（Laurence J. Peter）於一九六〇年九月的一次研習會上首次公開發表，而其原稿於一九六五年春天完成。「彼得原理」中的管理思想，曾經被西方人士評價為是可以和科學史上牛頓（Sir Isaac Newton）發現的「地心引力」、哥白尼（Nicolaus Copernicus, 1473-1543）發現「地球是圓的」相媲美的、最深刻的社會和心理學的

發現。它對今天組織的人力資源之管理，仍有很好的參考價值，發人深思。

(一)彼得原理的概念

「彼得原理」是用來解釋個人與所在職位之間的關係，其概念是：在一個層級組織裡，每個人總趨向晉升到他所不能勝任的職位（階層）。因為工作表現出色的人，會不斷提升到更高階的職位，一直到不能勝任為止。所以，組織的悲劇在於每一個職位最終將被不能盡職的不勝任員工所占據；而層級組織的工作任務，多半是由尚未達到不勝任職位的員工所完成（**範例10-4**）。

(二)彼得原理的啟示

「彼得原理」有時也被稱為「向上爬」原理，對人力資源管理的真正啟示是：

1.管理的效率源自對管理規律的遵守，根據職位要求定能力，根據能

範例10-4　市政府檔案第十七號案例

> 　　米尼恩是艾克西爾市公共工程部的維修領班，他為人親切、和氣，因而深獲市政府高級官員的賞識和稱讚。一名工程部的監工說：「我喜歡米尼恩，因為他有判斷力，又總是愉快開朗的樣子。」米尼恩的這種性格，恰好適合他的職位，因為他不必做任何決策，自然也沒有和上司意見分歧的必要。
> 　　後來，那名監工退休了，米尼恩接替了監工的職務。和以前一樣，他依然附和大家的意見，上司給他的每一個建議，他不經選擇就全部下達給領班，結果造成政策上的互相矛盾，計畫也朝令夕改，不久整個部門的士氣便大為低落，來自市長、其他官員、納稅人以及工會工人的抱怨接二連三。
> 　　至於米尼恩，他依舊對每個人唯唯諾諾，仍舊在他的上司和部屬之間來回傳送訊息。名義上它是一名監工，實際上他做的卻是信差的工作；他所負責的維修部門則經常超出預算，而原定的工作計畫也無法達成。
> 　　簡言之，米尼恩以前是一名稱職的領班，現在卻變成不能勝任的監工了。

資料來源：Laurence J. Peter & Raymond Hull著，陳美容譯（1992），《彼德原理：為何事情總是弄砸了》，台北：遠流，頁33-34。

力選人才，這是選拔提升的根據。它不是簡單的表現在完成本職位要求的能力，更不是關係，提升應是在對事業的執著、工作的責任心、本職位的工作績效等基礎上，注重、考慮是否具有上一職位所要求的能力。這樣，才能使人才各得其所，不為功名所累。

2. 人力資源管理應遵循可持續發展的規律，不要輕率地把能夠在現在位置勝任的人提升到他不勝任的位置，而是要盡可能在現有的環境給他們提供最大發揮潛能的機會。譬如，不要把提升作為激勵或業績的唯一標準；與職務的提升同樣能夠使人獲得成就感的工資寬幅浮動制，也能夠體現個人的業績和貢獻得到組織和社會的認可之程度，同時，相互交叉重疊的工資，也可以減少因盲目而疲憊的對職務追求而造成的浪費。這不僅有利於個人，也有利於組織和社會的發展。

3. 在組織中的人力資源管理中，提倡強調責任與奉獻的組織文化，即職位的利益與職位的責任、風險同樣是成正比的，甚至職位越高，責任和風險越大。所以，如果組織把提升作為激勵的手段時，被提升者更需要被告知的是，領導者的存在前提是要給組織帶來利益和承擔重大的責任，在新的位置上，他不得不放棄的很多東西，提升將意味面對更多的責任、付出和風險。個人的利益將與需要面對的組織責任、個人付出和工作風險相比是微不足道的。倘若組織的發展事實亦然，就足以使職位的追求者三思。

4. 如果「彼得原理」的邏輯是不可避免的，而人性在利益誘惑面前又是軟弱的，那麼，機制就顯得非常重要。如果建立起一種機制，能夠發揮勝任者的才能，能夠改變不勝任者對職位的衝動並能夠及時地清除他們，能夠使人員的流動不只是單向的，能夠產生體現與職位提升有同等價值的激勵，則對人力資源的管理才不再會擔心發生「彼得原理」所說的悲劇。（郭曉來，〈彼得原理揭示了組織的悲劇〉，學習時報網站：http://big5.china.com.cn/chinese/zhuanti/xxsb/546389.htm）

二、晉升的決策

從內部晉升的好處一向為組織行為學者或企業學界所肯定。這些公司有一套培養管理人才的制度，遴選一批有才華、有潛力的菁英人才，依個別的才能及意願，接受有計畫的培育，讓他們廣泛吸取工作經驗，逐步升任高階主管。

在晉升決策時，年資與才能的考量，表示了對人力資源運用不同的價值觀。日本式的企業在終身僱用的前提下，大多以「年功序列」為主要的考量基礎（承認員工經驗的價值，給予大家平等晉升的機會）。年資的考量，暗示了鼓勵員工長期在組織中發展，以過去對組織所累積的貢獻作為晉升的標準。年資也代表了對組織倫理的重視，強調團隊合作的重要，這些都是日本企業所重視的價值觀。相對的，在美式企業體系下，強調能力主義（菁英與專業知識），判斷能力高低靠的是績效，誰能為組織創造價值，便得到晉升的機會。晉升時，強調機會均等，競爭擇優，若有突出功績，提倡破格提拔（**範例10-5**）。

兩種制度各有利弊得失，如果組織以追求穩定成長為目標，年資是一個好的晉升指標；如果企業強調突破與創新，則才能的考量或許較為重要（張緯良，1999：277）。

範例10-5　無法升遷就滾蛋

在我晉升三顆星的當天，我的老闆，也就是陸軍參謀首長給了我一封信。信中說：「親愛的鮑爾，恭喜！你現在是三顆星了，並且將出任德國軍區司令。這項工作任期二年，如果在這二年內，你沒聽說我要派給你下個工作，或是未能晉升四星上將，我希望你能自動把辭呈送到我桌上。」

鮑爾接著解釋說：「如果他發現不能再用我，就要我辭職。一件工作，如果我表現好，能再得到另一個工作，這當然很好。否則，我得讓公務繼續運作，把位子讓給年輕人。」換言之，只要鮑爾持續成長和發展，只要他比年輕的後進更能對組織有所貢獻，就會繼續受組織重視培育。

資料來源：歐倫·哈拉利（Harari, Oren）著，樂為良譯（2006），《包爾風範：迎戰變局的領導智慧與勇氣》（*The Leadership Secrets of Colin Powell*），台北：美商麥格羅·希爾國際公司，頁157。

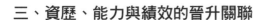

三、資歷、能力與績效的晉升關聯

資歷可以從員工服務年限、所屬部門以及工作崗位來衡量；能力可以從技能、知識、態度、行為、績效表現、產出、才幹等方面進行衡量。總之，能力衡量是一個複雜過程，不同類型的企業，以及同一企業中不同的等級所需的能力結構是不一樣的。例如，生產操作層的能力應該從準確性、出勤率、生產率、操作技能等方面衡量，而管理層則應當從智力、動機、溝通能力、組織能力等其他能力方面進行衡量。

資歷和（或）能力是管理者做出晉升決策的基本依據，但一項有效的晉升決策必須跟績效評估結合起來。更重要的是，企業要形成被員工和管理者都認可的晉升系統，這樣才能達到晉升的目的（**範例**10-6）。

許多公司在晉升制度上會建立正式的升遷政策與程序，即通常會讓員工取得正式的升遷政策說明書並列出升遷標準。正式的升遷制度包括公告職缺及任職條件，以示公平遴選人才，並非「黑箱作業」而有失公允。

 ## 第四節　接班人培育計畫

連續劇《雍正王朝》描述清朝康熙皇帝在位末期，只剩下個金玉其外、敗絮其中的空殼子，雍正皇帝繼位之後，夙夜匪懈地推行新政除弊革新。由於新政推動曠日廢時，其弟規勸雍正：「幹大事者必須以找替身為第一。沒有完成的事業，可以由後人繼續下去。」於是雍正預先安排合適的繼位人選，以完成相關改革，終能成就日後的乾隆盛世，也讓滿清王朝能續存主政下去。

一、安排接班人的益處

「十年樹木，百年樹人」，從長遠來看，人才是企業得以持續發展

範例10-6　從內部培植人才

> 　　在玫琳凱公司，我們的原則是從公司內部提拔人才。如果公司內部現有的員工中已經有適合的人選，我們便不向外界求才。當一個職位出缺時，該部門的主管便將職位的條件正式送交人事部門。人事部門將有關資料張貼在各辦公室的公布欄上。公司的每一位員工都有權申請。至於申請人本來的工作是什麼倒無所謂。凡是對本來的工作不滿意，或是認為自己對這份新工作能勝任的都可以申請。
>
> 　　所有申請人都由人事部門約談，有時候一個職位出缺，會有二十五個人前來應徵。唯有在公司內部的申請人都已面試過，而且被仔細考量過後，我們才會向外求才。這種情況一定是我們已經確定在公司內部找不到合適人選的時候。在一般的情況下，都是由公司內部原有的員工獲得新職位。例外的情形通常發生在極專業的職位上，例如化學工程師、微生物專家、律師等。
>
> 　　這個制度產生了很好的效果。當你輪流跟公司中各階層的同仁面談後，會發現一個很有趣的固定升遷模式。比方說：一位員工在一九七二年進入公司擔任「助理採購員」；一九七五年升為「助理採購主任」；一九七九年擔任「物料管理部襄理」；一九八二年升為「物料管理部經理」。許多員工在進入公司時年薪一萬五千美元，後來升到年薪三萬五千美元以上。
>
> 　　一名管理人員要升遷，必須有一個能取代他職位的人。管理人員必須瞭解到他能否獲得升遷，取決於他是否訓練他人來取代自己的職務。現實的情況是，如果沒有人取代這位管理人員的工作，我們實在無法將這位管理人員升到更高的職位上。如果一位管理人員為了使自己在公司中占有無法取代的地位，因而不肯訓練別人來接替自己的工作，那麼他自己便喪失了升遷到其他更高職位的機會了。
>
> 　　組織發展的主要原則便是要瞭解培養新人的重要性。這些新人的能力越高，管理人員的功勞也越大。當然，有些管理人員難免懷有自私的心理。他們也許是由於恐懼被取代而拒絕訓練新人，但是他們不瞭解，在我們公司裡，限制別人發展也就是束縛了自己。

資料來源：玫琳凱・艾施（Mary Kay Ash）著（1984），《玫琳凱談「人的管理」》（*Mary Kay On People Management*），台北：美商玫琳凱公司，頁227-230。

的最寶貴財富。例如奇異公司的前執行長傑克・威爾（Jack Welch）許用了七年斟酌挑選他的接班人；雀巢公司執行長包必達（Peter Brabeck-Letmathe）從上任第一天開始就已經著手培養接班人（劉慶，2006：8）。

　　二〇〇一年九月十一日美國紐約及華府先後遭受恐怖分子的連續毀滅性攻擊，震驚世界，也讓世界許多企業的核心人物瞬間化為烏有，如果沒有合適的人選進行替補，不難想像這些企業將面臨渙散與消失的威脅。因此，企業必須未雨綢繆，在組織內部培養後備軍，隨時準備充實關鍵職位。在以前，接班人的培育僅限於高階主管，但在經濟激烈競爭

的時代，接班人的培育已經擴及到中階及基層主管。

　　企業安排接班人的益處有：

　　1.使公司管理當局不需浪費時間與金錢去招募及甄選繼任者。

　　2.由內部人員繼任，可提升內部的士氣（空降部隊往往有傷士氣）。

　　3.工作得以連貫而不致中斷。

　　4.如果需要增添人員遞補該繼任者的職缺，自然可用職級較低者，用
　　　人成本也比較省。

　　5.企業文化比較能持續一貫。

　　接班人計畫有賴於領導階層平時而全面性的規劃，以確保組織的
管理職位能由高績效和意願承諾的個體來接任。這些挑戰包括了找出並
提供接班者必要的協助，以發展未來管理所需的多種專業能力，唯有如
此，才能讓企業保持繼續發展的動力，永保基業長青（**範例**10-7）。

二、接班人計畫

　　接班人計畫，是指企業必須有規劃地培養繼承人，一旦有突發狀況
發生，就能立刻指定合適的人選接替，使企業的經營不至因此而中斷。
二○○四年四月，美國麥當勞公司董事長兼執行長吉姆‧坎特洛普（Jim
Cantalupo）突然心臟病過世，不到幾個小時，董事會立刻任命他身前
欽定的接班人查理‧貝爾（Charlie Bell），也就是當時的營運長遞補職
缺。因為麥當勞管理當局的快速行動，讓員工、加盟業者、供應商、投
資人等沒有感覺到公司的領導因為這個意外而中斷。麥當勞的接班計畫
和危機處理，因而成為舉世稱讚的案例（**範例**10-8）。

　　接班人計畫為組織中的每位管理者記錄其潛在的繼任者。通常是以
一個類似組織圖的形式來表示，這個計畫可能只是一個職位與潛在更替
人員的清單，而諸如服務年資、退休日期、過去的績效評核及薪資等其
他資訊也可能會出現於更替表中（如**圖**10-2）。

範例10-7　接班人的選任是我的最大課題

會社的後繼者（公司的接班人）選任是我的最大課題。對於這個課題，我考慮了幾個作法：

1. 從公司裡選任，也就是從公司的從業員中挑選最優秀的專業經理人才，讓他接任我去經營這家有四萬人的大公司。
2. 如果公司裡找不到適合的人才，便到公司以外的日本其他公司去挖角，讓別家公司的優秀專業經理人來經營本田技研。
3. 如果全日本找不到適當人才，便到海外去尋找外國人來經營這家日本人的公司，因為我認為本田技研的社長不一定非日本人不可。

從以上的考慮便可發現：

1. 我不叫我的兒子接替我作為接班人，換句話說，不叫自己的兒子擔任第二代掌門人。
2. 我也不叫我的弟弟辯一郎接替我擔任第二任社長。不但如此，我還叫他與我同進退，連取締役（董事）也要辭掉。
3. 我不請副社長藤澤武夫接替我升任社長，也不請他的兒子來接任。不但如此，藤澤和我都是同時辭任社長與副社長。社長與副社長同時引退，在日本其他公司沒有一家這樣做過。

結果經過慎重的考慮和挑選，我們公司技術部門的優秀人才河田喜好適合擔任第二任社長的條件，我就叫他接任我擔任本田技研的社長，至於副社長就由藤澤推薦他的營業班底的第二把交椅西田通弘來接替他。

公司經營者的接班人選任是一項非常重要的課題。究竟我是這家公司的最大股東，要把自己的公司交給他人去經營，這項選任工作難道不是最重要的課題嗎？

資料來源：陳再明（1997），《本田神話：本田宗一郎奮鬥史》，台北：遠流，頁232-233。

範例10-8　最高領導人的接班

如果你是一家公司的最高領導者，預先安排合適的接班人，在你離職或退休後順利繼任是一件非常重要的事。

在哈洛‧傑寧（Harold Geneen）退休時，當時美國國際電話電報公司（ITT）在他多年的領導下已成為世界上數一數二的大公司。

但是在他退休後兩年內，ITT的業績大跌。許多觀察家認為，過去ITT的成功大多歸功於傑寧個人的領導。

未能適當的安排最高領導者的繼任人選，就可能遭遇到與ITT類似的命運。

資料來源：英國雅特楊資深管理顧問師群著，陳秋芳主編（1989），《管理者手冊》，台北：中華企業管理發展中心，頁159。

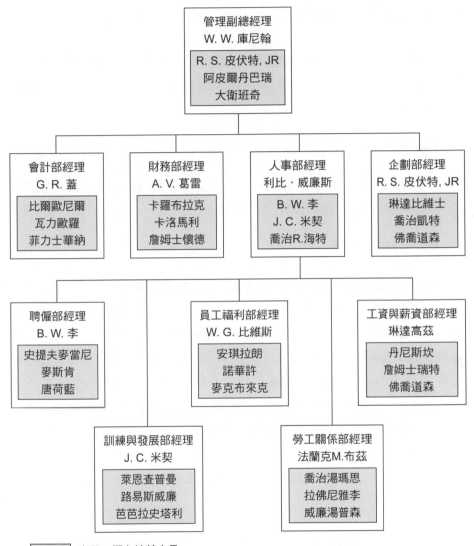

圖10-2　一個典型組織的管理部門更替計畫

資料來源：Lloyd L. Byars & Leslie W. Rue著，鍾國雄、郭致平譯（2001），《人力資源管理》（*Human Resource Management*），台北：美商麥格羅‧希爾，頁227。

三、挑選接任人選的指標

選擇什麼樣的人接班不重要，重要的是用什麼樣的制度來挑選接任人選，除了考量專業技能、人際溝通、領導統御等能力之外，還應評估下述兩項指標：

(一)人格操守

為避免接任者晉升後以私害公，候選人是否具備誠正的人品與德性，應是挑選繼任人選的優先篩選指標。

(二)理念相符指數

除非主管期望接任者能大刀闊斧地調整組織運作的方向，否則應挑選理念與自己較接近的繼任者，以確保更換舵手後團隊仍可依既定軌道完成原來的中、長期目標或願景（**範例10-9**）。例如，德州儀器公司在接班人訓練的流程中，除了檢視接班人訓練後的表現，更重要的是這些接班人的行為及工作信念，是否呈現公司的三個核心價值：正直（integrity）、創新（innovation）及承諾（commitment），唯有符合公司核心價值者，方能進入升遷的流程計畫（曾玉芳，2002：105）。而思科公司亞太區的組織結構中，會專門創立一些類似於「總經理助理」的崗位，用於在內部競聘中脫穎而出的高潛質員工進行換位思考和鍛鍊（劉慶，2006：10）。

四、因應人事的變動

能幹又有衝勁的部屬，在公司內比較容易有晉升的機會，但也有可能被其他公司挖角。所以，各部門主管為期有效規劃繼任人選，必須預先做好準備接班人計畫，至少必須前瞻未來三年，唯有這樣的規劃時間，才足以應付人事的變遷。如果在員工提出申請辭職之後的短促期間

範例10-9　三階段培養接班人步驟

第一階段：評估能力
績效發展評估是遴選接班人的重要指標。每年三月，由主管與員工討論出SMART工作目標績效，以具體、可以衡量、整合、實際可行、有時效性訂定工作目標。在七至八月做期中評估，希望能在下半年再補強不夠的地方。到隔年一至二月間，由直屬主管以SMART工作目標績效評等與職能績效評等進行評估，最後從結果觀察有無成為接班人的可能人選。
第二階段：看個人意願
找出可能的接班人選之後，先瞭解其外派意願，如果沒有調派到海外工作的意願，在接班人的考量上會有不同。此舉是因為倘若不探詢其意願就先跳到下一階段，會造成培訓到最後因為不可抗力的原因而功虧一簣。同時，會選出多一位的接班候選人讓不可抗力的因素降到最低，但候選人彼此不會知道被挑中。
第三階段：接班時間表與跨部門輪調
公司與員工之間，必須基於互信，因為公司培養接班人時，雖然訂有時間表，但是由於企業的成長是變動的，通常無法直接承諾給員工一定在什麼時間會做到什麼位置。 　　列出時間表，找出候選人幾年內要補充什麼不足的部分。如果接班候選人有需要再加強的部分，可以藉由參與區域專案（regional project），從「做中學」或是去總公司接受高階經理人訓練，從「課中學」，並且指定一名導師可以讓接班候選人隨時請教任何問題。 　　在這個階段候選人也可能會經歷部門輪調，例如行銷調到業務，業務調到物流，除了加強跨部門領域的相關知識與溝通技巧之外，也才不會閉門造車。 　　在經歷了這些階段之後，就是一名標準的接班人了。

資料來源：文及元（2006），〈台灣雅芳「績效發展評估」從內部培養接班人〉，《經理人月刊》，2006年5月，頁118-119。

內才進行物色繼任人選的有關事宜，就相當困難，會造成青黃不接的人事危機風險（如**圖**10-3）。

　　一位主管在平時就要注意下列幾點來物色繼任人選：

1.表現出你確實關心部屬的職業生涯規劃。

2.鼓勵部屬向你坦誠表達他的抱負。

3.留意部屬想要離職的跡象。

4.以寬大的胸襟面對部屬的離職，讓部屬愉快的離開。

5.協助部屬尋找公司內晉升的機會。

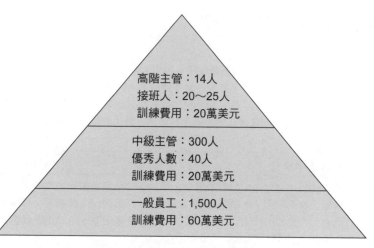

高階主管：14人
接班人：20～25人
訓練費用：20萬美元

中級主管：300人
優秀人數：40人
訓練費用：20萬美元

一般員工：1,500人
訓練費用：60萬美元

圖10-3　接班人訓練經費分布

資料來源：趨勢科技；引自李誠、周慧如（2006），《趨勢科技：企業國際化的典範》，台北：天下遠見，頁182。

6.坦誠地告訴部屬有關他的優、缺點。

7.當部屬失去幹勁或厭煩目前的工作時鼓勵他尋找新的挑戰。

8.扮演自己部門的星探，留意公司內外的人才，物色合適的人選加以擢用。（英國雅特楊資深管理顧問師群著，陳秋芳主編，1989：158）

　　所以，細心檢視公司中的員工，找尋可能的明日之星。鎖定幾個目標人選後，思考他們負責過哪些工作、這些工作的職責是否接近公司未來發展的核心、公司能夠提供他們何種訓練等。公司應該投入資源培養他們，安排他們輪流在不同的部門、事業和地點工作，確定這些明日之星的能力和經驗都能符合接班的標準（胡文豐，〈提早培養接班人〉，工業總會服務網：http://www.cnfi.org.tw/kmportal/front/bin/ptdetail.phtml?Part=magazine9606-447-16）。

五、接班過程的協助

　　選定繼位人選之後，為協助他順利地接班，主管可視狀況提供下列

的協助：

1. 排除繼位障礙：落選的其他接班人選可能成為繼任者施展作為的障礙，主管交棒前，可設法為落選者安排退場機制，例如轉任其他部門或廠區，為繼位者鋪陳好較為順遂的接任道路。

2. 共商人事布局：可邀請接班人共同擬定組織人事異動後的人力布局，讓他擁有較大的決策與主導空間，以利日後的領導與組織運作。

3. 穩定元老軍心：至於負責例行業務的資深員工，主管可協助安撫這些元老（資深員工），讓這些基層資深人員所形成的穩定力量可確保與維持基本功能的正常運作。

4. 接班後的管理諮商：在接任者正式走馬上任後，不論是否仍為從屬關係仍可定期關懷，給予必要的管理建議。（林行宜，2007）

六、培養接班人的配套措施

企業為了讓接班人計畫能夠完整地被推動，事先制定好相關的配套措施，就有如樹立支架一般，將支架穩固了，更能支撐起整個慎密的接班人計畫（**範例10-10**）。

1. 公正、公平的考績制度：為了讓人才相信且願意參與接班人計畫，建立具信任度的考績管理制度是接班人計畫的重要前置作業。

2. 明確的職業生涯發展系統：利用職業生涯發展系統建構明確的發展方向，可以讓人才對未來的發展更具信心。

3. 清楚的學習藍圖：因應個人特質與知識程度的迥異，建立具體的個人學習計畫是讓接班人選逐步成長的重要依據。

4. 完備的訓練發展體系：提供配套的訓練課程，針對每位人才的能力缺口進行填補，並針對個人潛力做深度開發。

5. 客觀的評鑑工具：建立評鑑中心，設定完整的評鑑工具或指標，可

範例10-10　IBM的長板凳計畫

> 二○○二年六月，紐約《世界經理人》雜誌推出的「發展領導才能的最佳公司」的排名中，藍色巨人國際商業機器公司（IBM）名列榜首。對於管理者的培養，IBM有一個接班人「長板凳（Bench）計畫」，在接班問題和人才梯隊培養上累積了很多有價值的經驗可供借鏡。
>
> 　IBM將接班人計畫納入其完善的培訓體系中。接班人計畫，係要求主管級以上的員工，將培養部屬作為自己業績的一部分。他們在上任伊始，就有一個硬性目標，確定自己的位置在一、兩年內由誰接任，三、四年內誰來接。接任者需要哪些特殊的培育計畫，以此找出一批有才能的人，然後為他們提供指導和各種的歷練，使他們有能力承擔更高的職責。
>
> 　正因為IBM有足夠大的接班人備選庫，才能確保公司後備管理層不斷層，也才能不斷培養優秀的高層管理人才。

資料來源：劉慶（2006），〈接班人計畫：警惕危險的斷裂〉，《人力資源‧HR經理人》，總第240期，2006年11月，頁9；劉濤（2003），〈像立遺囑一樣　準備接班人計畫〉，《中國企業家》，2003年第1期，頁111。

　　　　以減少人情壓力下的主觀因素介入。

　　6.嚴謹的檢視程序：為因應企業內外部的變化，接班人計畫必須定期嚴謹的檢討規劃（大致上每年都要檢視選拔人才的價值標準、人才適合度等），並適時修正計畫內容。

　　7.高階主管支持：在高階主管的支持下，配合晉升、輪調制度等配套方案的實施即可產生強大的推動力量。（黃柏翔，2007）

　　培育人才並非朝夕可完成的計畫，如果企業平時沒有做好接班人養成的計畫，企業一旦面臨人才異動而流失核心人力時，就會造成企業內人才「青黃不接」而影響到公司的營運。因而，企業必須正視接班人才的養成計畫，謹慎步步為營，才能降低人事風險。著名管理學家詹姆‧柯林斯（Jim Collins）在《基業長青》（*Build to Last*）中有這樣一個比喻：「如果一個企業裡有一個報時的人，這已經非常難得了，但能夠給企業造鐘的人更重要。」企業接班人就是能夠給企業造鐘的人，因為他對公司的持續發展至關重要（如**表10-3**）。

表10-3　接班規劃核對表

評估你的成功接班規劃

　　每一個接班規劃的優良作法和管理方案的特徵都列在下表的左半邊，請根據你對於貴公司組織管理的特徵打分數，並將數字填寫到右半邊。同時請你組織中的其他決策者填寫完成此表格。然後收集這些分數並比較記錄。

接班規劃的優良作法和管理方案的特徵	你對組織接班規劃和管理方案特徵的評估？				
你的組織已經成功地	非常糟　糟　不好不壞　好　非常好				
1. 認清目的和接班規劃與管理方案所要求的結果					
2. 決定組織中所有工作種類的績效，並建立競爭模型					
3. 建立衡量個人績效方法，並和接替執行者比較現今所展現的競爭力					
4. 決定未來所需的績效，並建立所有工作種類的未來競爭模型					
5. 創造持續的方法以評估個人潛力與未來競爭模型					
6. 透過使用個人發展計畫（IDPs）來縮小能力缺口					
7. 創造方法使員工跟上並可負責任					
8. 藉由記錄能力來創造方法，並當有需求時快速發現組織人才					
9. 創造並維持用來發展員工的獎金					
10. 由評估接班規劃和管理方案的結果來建立方法					

　　總分1〜10分（把1到10項的分數相加，並把數字填到右邊的空格）

分數

50〜40	恭喜。貴公司的接班規劃和管理方案符合最佳實務。	29〜20	好。貴公司可以再改進，看來你掌握了某些接班規劃和管理方案的主要部分。
39〜30	相當好。貴公司正朝向建立一個一流的接班規劃和管理方案邁進。	19〜10	還不夠好。貴公司可能以需求為基礎來填滿職缺。
9〜0	給你自己一個不及格分數。你需要立即採取一些手段去改善貴公司的接班規劃和管理方案的實行。		

資料來源：From "Putting Success into Your Succession Planning" by William J. Rothwell from *The Journal of Business Strategy 23*. no.3 (May/June 2002): 32-37. Republished with permission-Thomson Media. One State Street, 26th Floor, New York. NY 10004. 引自喬治‧布蘭登（George Bohlande）和史考特‧史奈爾（Scott Snell）著（2005），《人力資源管理》，新加坡商湯姆生亞洲私人有限公司台灣分公司，頁107。

結　語

　　人才異動（輪調、升遷、接班人培育）如同企業執行策略一般，是有階段性的步驟及目標。人才培育與領導養成是一長久的過程，並非一蹴可幾的，要有耐心地執行，才能有所成就。

職業生涯發展

培訓管理

318

　　少年聽雨歌樓上，紅燭昏羅帳。壯年聽雨客舟中，江闊雲低，斷雁叫西風。而今聽雨僧廬下，鬢已星星也。悲歡離合總無情，一任階前點滴到天明。

——〈虞美人〉南宋‧蔣捷

　　二十世紀八〇年代，激烈的市場競爭使企業的發展環境動盪不安，企業管理者開始鼓勵員工「管理自己的職業」，並逐步淡化幾十年來處於主導地位的「終身僱傭」模式，職業生涯（career）管理（含生涯規劃與發展）開始走上歷史舞台。例如，一直奉行「不裁員」的國際商業機器公司（IBM），在上世紀八〇年代末期和九〇年代初期，也進行了大規模的裁員。到了西元二〇〇〇年，由於網路泡沫化，企業裁員現象更為普遍。為了靈活有效地應對市場變化，企業開始採用諸如縮減編制（downsizing）和調整至恰當編制（rightsizing）的安全靈活的人力資源管理戰略。隨之，員工所期望的「穩定的」僱傭關係便失去了原有的根基。職業生涯規劃孕育而生（甄進明、嚴昫，2006：49）。

第一節　職業生涯的概論

　　人力資源管理的一個基本觀念，就是企業既要最大限度地利用員工的能力，又要為每一位員工都提供一個不斷成長，以及發掘個人潛力和建立成功職業的機會。這一觀念使得職業生涯管理成為人力資源管理有別於人事管理的最重要特徵之一。

　　闡釋職業生涯必須涵蓋員工角度的「職業生涯規劃」（career planning）、企業角度的「職業生涯管理」（career management），以及撮合雙方的「職業生涯發展」（career development），才足以描述職業生涯的全貌。

一、職業生涯的定義

英文的「career」這個字義包括了中文的「生涯」與「職涯」兩者的總合。它指一個人選擇並透過他的工作（事業）用生命去追求人生價值的課題。

「生涯」乙詞，在中國文獻上最早見於《莊子·內篇·養生主》：「吾生也有涯，而知也無涯，以有涯隨無涯，殆已！」在西方文獻上，對生涯的探討，則在十六世紀末出現，career這個字的前三個字母是「car-」當然是車子的意思，在拉丁文裡，career就是指一種「兩頭的馬車」，然後引申指人們參加賽跑的場所、或路徑、或運動員搏鬥的競技場，接著逐漸演變成人員進出或貨物運送所經過的「通路」或「道路」。

依據《牛津英語辭典》（*The Oxford English Dictionary*）的解釋，在十九世紀之後，英語career受到法語carriere的影響，生涯之意義進而演變成「專家或企業僱用的人在所屬的領域內升遷或進展的路徑」，其意沿用至今。

又，根據美國生涯理論專家唐納德·舒伯（Donald Super）的論點，生涯是生活裡各種事件的演進方向與歷程，統合個人一生中的各種職業與生活角色，由此表現個人獨特的自我發展型態；它也是人生自青春期以至離開職場之間一連串的有酬給付或無酬給付職位的綜合，除了職位之外，尚包括任何和工作有關的角色，甚至包括副業、家庭和公民的角色（張添洲，1993）。

二、職業生涯的名詞闡釋

湯姆·霍浦金斯（Tom Hopkins）說：「生命無法再來一次，但生涯是可以改造的。」有關職業生涯的重要名詞，闡釋如下：

(一)職業生涯

職業生涯又稱職涯。狹義地說，職業生涯是指個人的升遷或專業；廣義地說，職業生涯就是一個人從初次參加工作開始的一生中所有的工作活動與工作經歷，按編年順序串接的整個過程（如**表**11-1）。

(二)職業生涯規劃

職業生涯規劃又稱生涯規劃或職業生涯設計，是指個人與組織相結合，在對一個人職業生涯的主客觀條件進行測定、分析、總結的基礎上，對自己的興趣、價值觀、愛好、能力、限制等進行綜合分析與權衡，結合環境特點，根據自己的職業傾向，確定其最佳的職業奮鬥目標，並為實現這一目標做出行之有效的安排。

(三)職業生涯管理

職業生涯管理又稱生涯管理，是一種專門化的管理，即從組織角度對員工從事的職業所進行的一系列計畫、組織、領導和控制等管理活動，以實現組織目標和個人發展的有機結合。

(四)職業前程發展

職業前程發展又稱生涯發展，係指為確保個人的職涯規劃與未來組織發展一致，獲得個人與組織需求的最佳配合。通常透過員工職涯諮商、職涯規劃、員工訓練（包括橫向跨職能訓練或縱向晉升訓練）所做的一切努力及改善活動。

(五)職涯路徑

職涯路徑是指在職業生涯中有順序性向前邁進的方向或管道。

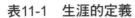

沒有刺的花永遠不是玫瑰。（赫里克）

表11-1　生涯的定義

學者	年份	定義
Shartle	1952	生涯為一個人工作中所經歷之職業、工作、職位關聯順序。
Goffman	1959	生涯為含職業順序、成就、權責或冒險之客觀面與生活為一整體，解釋所遭遇事物之意義主觀面。
Dahrendorf	1965	生涯為中產階級之個人與社會中之高級職位之一種直接連結。
Super	1976	生涯為生活裡各事件之演進方向與歷程，統整個人一生中各種職業和生活角色，由此表露出個人之獨特發展型態。
Hall	1976	生涯乃涵蓋人一生中，所認知與工作有關之經驗和活動之連續態度與行為。
Van Maanen and Schein	1979	生涯事業分為兩大層面：(1)外在生涯：個人於一生工作、組織中一連串與工作有關之發展歷程；(2)內在生涯：個人於工作生活中一連串之活動設計、協助發展較清晰之自我概念。
Cascio	1978	生涯為一個人在工作生活中所從事的職位、工作或職位的順序。
McFarland	1978	生涯之意義應比一個人之工作或職業更為廣泛，它是指一個人終其一生所從事工作與休閒活動之整體生活型態。
Arthur and Lawrence	1984	生涯為個人於一連串之職位變換過程中，此種過程能帶給個人進步、成長及工作意義。
Aryee and Leong	1991	生涯為一種工作相關之價值觀，反映個人對工作型態、績效標準、工作內容認可等方面之偏好。
牛格正	1986	工作為一總名稱，如果把工作當成一個人一生事業來看既為生涯，生涯包括個人一生中所涵蓋之職業、職務、職位與行業。
楊朝祥	1989	生涯為一個人於就業前、就業中和退休後，所擁有之各種重要職位與角色之總和。
張添洲	1994	生涯是指個人終生學習與所從事工作或職業有關的過程，屬於整體人生的發展。
陳海鳴、辛秋菊	1995	生涯是個人終其一生中與工作有關的知識、技能、經驗、態度、行為、價值等的結果，具有個別性（individuality）與終身性。

資料來源：整理自林宜怡（2001）、郭俊德（2002）；引自國立中山大學人力資源管理研究所碩士在職專班，邵秀玲（2005），〈以社會資本觀點探討中階主管之事業生涯成功與工作績效〉，頁20。

(六)職涯目標

職涯目標（career aiming point）可視為職業生涯路徑運作中的標竿，在未來五至七年的職涯規劃中所訂定職涯方向以內的工作類別及層次，因而使個人有更明確的追尋目標。

 ## 第二節　職業生涯的理論

任何人的職業生涯都不可能是一帆風順的，它要受到個人和環境兩方面多種因素的影響。瞭解這些因素，無論對個人還是企業都具有非常重要的意義。

一、職業興趣偏好理論（vocational interest and preference）

職業性向（occupational orientation）是美國約翰·霍普金斯大學（The Johns Hopkins University）心理學教授約翰·霍蘭德（John Holland）提出來的典型個人風格理論（modal personal style）。他認為人的人格類型（包括價值觀、動機和需要等）、興趣與職業密切相關。人格特質會影響個人選擇職業的偏好，而如果他的職業偏好與興趣恰好與職業吻合或接近，那麼他相對的職業滿足程度也會很高。

興趣是人們活動的巨大動力，凡是具有職業興趣的工作，都可以提高人們的積極性，促使人們積極地、愉快地從事該職業，且職業興趣與人格之間存在很高的相關性。人格可分為現實型（realistic）、研究型（investigative）、藝術型（artistic）、社會型（social）、企業型（enterprising）和常規型（conventional）六種類型（如**圖11-1**）。

霍蘭德的理論說明了擇業的外在環境與個人興趣相結合的重要性，他強調的乃在方向的敘述，而非在職涯歷程與階段的剖析。

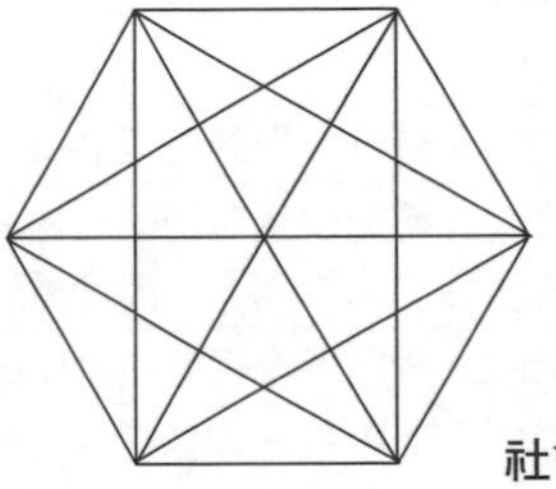

現實（實際）型
具有企圖心，較喜好具體的
工作任務，社交、人際關係
較差，適合技術行業

調查（研究）型
智慧性、抽象、分析、獨
立，有時激進，任務導向，
適合科學、技術工作

常規（傳統）型
務實、自恃、社交、保守，
喜好有結構性工作，適合辦
公室、文書工作

藝術型
富想像，重審美，喜歡用藝術
表達自我、外向，適合藝術、
音樂合作

企業（創造）型
外向，具企圖心、冒險性，喜
歡領導角色，支配、說服、善
口才，適合管理、銷售工作

社會（社交）型
喜社交，關心社會問題，有
宗教熱忱，社區服務導向，
對教育活動有興趣，適合教
育和社會工作

圖11-1　霍蘭德的人格型態和職業環境模式

參改資料：曹國雄（1998），《人力資源管理》，台北：華泰，頁117。

二、職業錨

職業錨（career anchors），又稱職業定位。這個概念是由美國麻省理工大學史隆商學院（MIT Sloan School of Management）教授埃德加‧施恩（Edgar Schein）提出來的。它是指當一個人面臨職業選擇的時候，他無論如何都不會放棄的職業中至關重要的東西或價值觀。正如「職業錨」這一名詞中「錨」的涵義一樣，就是人們選擇和發展自己的職業時所圍繞的個人能力、動機和價值觀三方面的相互作用與整合。當一個人對自己的天資和能力、動機和需要、態度和價值觀有了清晰的瞭解之後，就會意識到自己的職業錨到底是什麼。隨著一個人對自己越來越瞭解，這個人就會越來越明顯地形成一個占主要地位的職業錨（如**表11-2**）。

表11-2　職業錨的類型

職業錨類別	說明
技術／職能型	具有這種職業錨的人往往不願意選擇那些帶有一般管理性質的職業。相反的，他們總是傾向於選擇那些能夠保證自己在既定的技術或功能領域中不斷發展的職業。
管理能力型	具有這種職業錨的人有著強烈的管理動機。
創造型	具有這種職業錨的人希望使用自己的能力去創建屬於自己的企業，或創建完全屬於自己的產品（或服務），而且勇於冒險並克服面臨的障礙。
安全／穩定型	具有這種職業錨的人極為重視長期的職業穩定和工作的保障性。
自主／獨立型	具有這種職業錨的人似乎被一種自己決定自己命運的需要所驅使著，他們希望擺脫那種因在大企業中工作而依賴別人的情況，因為當一個人在某家大企業中工作的時候，其提升、工作調動、薪金等諸多方面都難免要受別人的擺佈。
服務型	這類人一直追求他們認可的核心價值。他們一直追尋這種機會，即使變換公司，他們也不會接受不允許他們實現這種價值的工作變換或工作提升。
純挑戰型	這類人喜歡解決看上去無法解決的問題，戰勝強硬的對手，克服無法克服的困難障礙等。
生活型	具有這種職業錨的人希望將生活的各個主要方面整合為一個整體，喜歡平衡個人的、家庭的和職業的需要。

資料來源：〈職業生涯管理及其發展〉，湖南中醫藥大學網站：http://www.hnctcm-zsjy.com/News_View.asp?NewsID=123

三、舒伯的職業生涯發展理論

唐納德·舒伯是美國一位有代表性的職業生涯管理大師，曾就職業生涯的角度，把人生分為以下五個主要階段：

1. 0～14歲的成長階段（growth stage）：10歲之前的幻想期、11～12歲的興趣期、13～14歲的能力期。

2. 15～24歲的探索階段（exploration stage）：15～17歲的試驗期、18～21歲的過渡期、22～24歲嘗試期。在探索期，最大的職涯發展活動就是建立自己的價值觀，以及培養職業方面的偏好，甚至培養在某一特定職種的專業能力，為未來就業預做準備。

3.25～44歲的建立階段（establishment stage）：25～30歲的嘗試期、
31～44歲的穩定期。

4.45～64歲的維持階段（maintenance stage）。

5.65歲以上的衰退階段（decline stage）（如**表11-3**）。

以上年齡所指的乃概括性分類，並非要精確的區隔。

四、金斯伯格的職業生涯發展理論

美國著名職業指導專家、職業生涯發展理論的代表人物之一，同時
也是職業生涯發展理論的先驅者伊萊‧金斯伯格（Eli Ginzberg）的職業
發展理論，其研究重點是從童年到青少年階段的職業心理發展，其研究
對象則是美國富裕家庭的人。透過比較他們從兒童期到成年早期和成熟
過程中的各個關鍵點上有關職業選擇的想法和行動，金斯伯格把人的職
業選擇心理的發展分為以下三個階段：

表11-3　生涯發展階段

階段（時期）	年齡層	說明
成長階段	0～14歲	個人由家庭生活及初步的學校生活互動中，對自己有些瞭解，也瞭解現實生活觀念及工作的基本簡單意義。
探索階段	15～24歲	個人由學校、休閒生活及各種不同的兼職工作中，瞭解自己適合何種發展，做自我的探索。
建立階段	25～44歲	學校畢業後，選擇事業作為生涯發展的起點。在此一階段，大部分人都抱持學習的心理，希望能從企業、工作中瞭解整個企業的運作，增加專業本事及技能。
維持階段	45～64歲	工作經驗及專業知識累積至一定程度，能夠獨當一面，在組織中獲得肯定與成就。
衰退階段	65歲以上	身心、能力俱衰退，開始由事業體中退休，並為自己第二春事業的開創做準備。

資料來源：陳家聲（1995），〈3C時代的彈性生涯管理〉，《世界經理文摘》，103期，
1995年3月，頁84。

1.幻想期：處於11歲之前的兒童時期。

2.嘗試期：11～17歲，這是由少年兒童向青年過渡的時期。

3.現實期：17歲以後的青年年齡段。

金斯伯格的職業發展論，事實上是前期職業生涯發展的不同階段，也就是說，是初次就業前人們職業意識或職業追求的變化發展過程。

五、格林豪斯的職業生涯發展理論

唐納德・舒伯和金斯伯格的研究側重於不同年齡段對職業的需求與態度，而美國心理學家格林豪斯（Greenhouse）的研究則側重於不同年齡段職業生涯所面臨的主要任務，並以此為依據將職業生涯劃分為五個階段：

1.職業準備階段：典型年齡段為0～18歲。

2.進入組織階段：18～25歲為進入組織階段。

3.職業生涯初期階段：處於此期的典型年齡段為25～40歲。

4.職業生涯中期階段：40～55歲是職業生涯中期階段。

5.職業生涯後期階段：從55歲直至退休是職業生涯的後期階段。

 # 第三節　職業生涯規劃

職業生涯規劃（生涯規劃）方面，是指幫助個人更瞭解本身的興趣、價值觀、機會、限制、能力、選擇與目標，結合時代特點並經由不同階段的努力來達成生涯的目標。

一、職業生涯規劃的意義

職業生涯規劃可分為價值、能力和機會三個要素。在制定生涯規劃

寓言──職業之路

> 　　一對老夫妻有個兒子，仍跟他們一起生活。兒子仍未能選定自己的職業道路，父母有點著急，決定做個小測驗。
>
> 　　他們拿出一張十美元鈔票、一本《聖經》和一瓶威士忌放在前廳的桌子上，希望兒子會以為父母不在家。
>
> 　　父親對母親說：「如果他拿走錢，他將來將成為商人；如果他拿走《聖經》，他將成為牧師；要是他拿走威士忌，我們的兒子恐怕將淪為一個酒鬼。」
>
> 　　於是，這對夫妻躲藏在附近的壁櫥裡，緊張地等著從鎖孔裡窺視。他們看見兒子回來了。
>
> 　　他看到他們的留言，說他們要晚點回來。接著，他拿起十美元鈔票對著光線看了看就裝進兜裡。之後，也拿起《聖經》，匆匆翻一翻也留下了。最後，他抓起酒瓶，打開瓶蓋，蠻有鑑賞力地抿了一口，確信酒的質量不錯，然後把這三樣東西全拿到自己的房間去了。
>
> 　　父親拍拍腦門說：「真該死！遭透了。」
>
> 　　「什麼意思？」妻子問道。
>
> 　　「他將成為一個政客！」父親回答。

資料來源：編輯部（2002），〈精神快餐：職業之路〉，《企業研究》，2002/08上半期，頁79。

時，首先要確立志向，這是制定職業生涯規劃的關鍵，也是個人的職業生涯中最重要的一點。

　　就個人價值而言，要瞭解「我到底想要做什麼？」，瞭解你的特質與專長，才能清楚你的工作價值。而能力的內涵就是「我能夠做什麼？」，以自己現在的知識和技能來評估做哪些工作；另外還要知道市場機會在哪裡？也就是「我可以做什麼？」，瞭解自己的專長在目前就業市場的發展空間（鄺懋功，1999：159）。

1.以既有的成就為基礎，確立人生的方向，提供奮鬥的策略。

2.突破生活的格局，塑造清新充實的自我。

3.準確評價個人特點和強項。

4.評估個人目標和現狀的差距。

5.準確定位職業方向。

6.重新認識自身的價值並使其增值。

7.發現新的職業機遇。

8.增強職業競爭力。

9.將個人、事業與家庭聯繫起來。

個人只有對這些環境因素充分瞭解，才能做到在複雜的環境中立於不敗之地，使個人的生涯規劃具有實際意義。

二、個人職業生涯規劃的步驟

個人生涯規劃的目的絕不僅是幫助個人按照自己的資歷條件找到一份合適的工作，達到與實現個人目標，更重要的是幫助個人真正瞭解自己，為自己定下事業大計，籌劃未來，擬定一生的發展方向，根據主客觀條件設計出合理且可行的職業生涯發展方向。要做好職業生涯規劃就必須按照職業生涯設計的流程，認真做好每項環節（如**表11-4**）。

(一)自我評價

自我評價（self-assessment）也就是要全面瞭解自己。一個有效的職業生涯規劃必須是在充分且正確認識自身條件與相關環境的基礎上進行的。它可採用心理測驗、評鑑中心、績效評估、三百六十度回饋系統等。要審視自己、認識自己、瞭解自己做好自我評估，包括自己的興趣、特長、性向能力、學識、技能、智商（Intelligence Quotient, IQ）、情緒智商（Emotional Quotient, EQ）、思維方式等，即要定位清楚我想做什麼？我能做什麼？我應該做什麼？在眾多的職業面前我會選擇什麼等問題。

英國學者法蘭西斯‧高爾頓（Francis Galton）認為，一般人的能力可以歸納為：(1)自我表達；(2)協助；(3)操作實務；(4)科技應用；(5)管理與執行；(6)體能與影響力（說服力）。這些分類有助於每個人去思考自己具備哪些方面的能力與傾向。所以，一個完整的自我評價，有助於使個人的特定能力及目標與工作或專業相配合。

表11-4　職業前程規劃的原則

- 職業前程規劃不必預先列出員工在企業未來可能擔任的職位與順序。企業只需列出每一個職位的在位者所應該具有的知識、技能與經驗等基本條件。有志於從事某個職位工作的員工，自然會自行規劃並適時的努力與調整，例如就讀夜校、學習外語、選修各專業的學分班課程等。當然員工同時要明白，具備某一職位所需的條件，只是一個必要的資歷，並不表示就一定會被派任到該職位工作。
- 企業應該強調一個員工的職業前程過程中，行銷工作的經驗不可或缺。因為任何企業都必須以顧客為最終極的關懷，沒有顧客就沒有企業。為了加強員工這種顧客導向的理念，最有效的方法就是透過市場行銷的工作，使員工有機會直接面對顧客、瞭解顧客，並接受顧客的挑戰。
- 企業與員工都應該重視敬業精神的培養。公司應該清楚的讓員工知道──唯有在目前的崗位上表現稱職的員工，才有升遷的機會；怠忽職守的員工，卻還一意想升遷無異於緣木求魚。
- 員工要加強掌握與學習新觀念的能力。由於外在環境變化莫測，任何一個職位原先所需的基本條件都可能過時。因此，公司在訂定職位的基本條件時要強調觀念能力，而不是特定技能。特定技能容易透過在職訓練而取得，但觀念能力卻不是一般的在職訓練就能給予的。所以，企業在平時的員工教育訓練計畫中，就應該與學術界單位合作，加強員工這方面的能力。
- 員工應該認清自己的個性、偏好，瞭解自己未來所希望的生活方式，以便在規劃職業前程時有妥善的考慮。例如，有些職位必須經常出差旅行，有些職位則很少與他人互動。企業應該讓員工知道每一職位對其生活方式的影響程度，員工自然會在前程規劃時列入考慮。

資料來源：葉匡時（1996），《總經理的新衣──打破管理的迷思》，台北：聯經，頁95-97。

(二)自我啟發

　　自我啟發是經由觀念與作法的改變，然後再經由適當的學習與練習，使個人具有健康的身心、相當的技能、強烈的動機與勇氣、能夠肯定自我，並且在個人的思想、情緒與意志上都能均衡發展，以實現個人之職業生涯目標的一連串努力與嘗試。

　　自我啟發一般是從工作中或生活中所面臨的實際問題開始，它是建立在健康、能力、勇氣、肯定及人生目標的實施過程中。儘管自我啟發是一種充滿困難的嘗試歷程，但經由實際的努力，它可以帶給個人目

管理寓言──烏鴉學老鷹

　　鷹從高岩上飛下來，以非常優美的姿勢俯衝而下，把一隻羔羊抓走了。一隻烏鴉看見了，非常羨慕，心想：要是我也能這樣去抓一隻羊，就不用天天吃腐爛的食物了，那該多好呀！於是烏鴉憑藉著對鷹的記憶，反復練習俯衝的姿勢，也希望像鷹一樣去抓一隻羊。

　　一天，烏鴉覺得練習的差不多了，呼拉拉的從山崖上俯衝而下，猛撲到一隻公羊身上，狠命地想把牠帶走，然而他的腳爪卻被羊毛纏住了，拔也拔不出來。儘管烏鴉不斷地使勁拍打翅膀，但仍飛不起來。

　　牧羊人看到後，跑過去將烏鴉一把抓住，剪去了烏鴉翅膀上的羽毛。傍晚，牧羊人帶著烏鴉回家，交給了孩子們。孩子們問是什麼鳥，牧羊人回答說：「這確確實實是一隻烏鴉，可是自己卻要充當老鷹。」

（分析）

　　烏鴉犯了兩個錯誤：第一，他以為自己只要用老鷹的姿勢就可以抓到羊；第二，他沒有看清楚老鷹抓的是一隻羔羊，而烏鴉卻去抓一隻公羊。烏鴉想學老鷹，其精神是值得欽佩的，但是烏鴉要認清自己，如果要想蛻變成一隻鷹的話，需要付出異常艱苦努力，而不只是簡單的學習老鷹俯衝下山崖的姿勢。烏鴉也許要鍛鍊自己的力量、反復地磨礪自己的爪子、練習自己的眼力……只有這樣，烏鴉才有可能抓到羔羊；只有這樣，烏鴉才可能變成一隻老鷹。這種脫離自己實際能力水平，而貪求不可企及的目標的作法，必然導致慘敗的命運。

資料來源：網站：www.itcto.com

標、希望、勇氣、決心、信心、安全與謙虛，這些都是成功者所需具備的條件（李聲吼，1998：23）。

(三)確立目標

　　職業生涯目標的設定，是生涯規劃的核心，可以幫助個人勾繪未來的遠景或藍圖。一個人事業的成敗，很大程度上取決於有無正確適當的目標。通常目標有短期目標（一般為一至二年）、中期目標（一般為三至五年）、長期目標（一般為五至十年）之分。長遠目標需要個人經過長期艱苦努力、奮鬥才有可能實現，所以，確立長遠目標時，要立足現實、慎重選擇、全面考慮，使之既有現實性又有前瞻性。短期目標則更具體，對個人的影響也更直接，也是長遠目標的組成部分。

　　目標不能太容易達成，否則不能激發個人的潛能。相反的，目標也

不能太難達成，以免造成失去了動機而不知從何著手。

(四)環境評價

　　生涯規劃還要充分認識與瞭解相關的環境，評估環境因素對自己生涯發展的影響，分析環境條件的特點、發展變化情況，把握環境因素的優勢與限制（劣勢），並瞭解本專業、本行業的地位、形勢以及發展趨勢。所以，在制定個人的職業生涯規劃時，要分析環境條件的特點、環境的發展變化情況、自己與環境的關係、自己在這個環境中的地位、環境對自己提出的要求，以及環境對自己有利的條件與不利的條件等。只有對這些環境因素充分瞭解，才能做到在複雜的環境中趨吉避禍，使個人的職業生涯規劃具有實際意義。

(五)職業定位

　　職業定位就是要為職業目標與自己的潛能，以及主、客觀條件謀求最佳匹配。良好的職業定位是以自己的最佳才能、最優性格、最大興趣、最有利的環境等資訊為依據的。職業定位過程中要考慮性格與職業的匹配、興趣與職業的匹配、特長與職業的匹配、專業與職業的匹配等。

(六)實施策略

　　實施策略就是要制定實現職業生涯目標的行動方案，要有具體的行為措施來保證。沒有行動，職業目標只能是一種夢想。要制定周詳的行動方案，更要注意去落實這一行動方案。

(七)雙軌職業路徑

　　雙軌職業路徑（dual career path）最初被開發出來是用於解決有關受過技術訓練、並且不期望在組織中透過正常升遷模式調到管理部門的這類員工的問題。

　　雙軌職業路徑認為，技術專家能夠而且應該允許將其技能貢獻給企業而不必成為管理者。如在一所大學裡，一個教師可以通過助教、講師、助理教授、副教授、教授獲得晉升，而不一定要進入行政管理層。又如在一個企業裡，雙軌職業路徑為經理人員和專業技術人員設計了一個平行的職業發展體系，經理人員使用管理類型的晉升階梯，專業技術人員則使用研究開發類型的晉升階梯，從而使專業技術水準高的員工不必進入管理層，也可以得到更高的報酬。

　　因此，組織應該採用雙軌職業路徑的方法，來滿足不同價值觀員工的需求，但在收入和其他待遇方面也需要提供與管理職位相對應的分級和提升制度，也就是說，需要保證專業技術路徑是一條與管理體系一樣可以發展到更高層次的職業生涯路徑。

　　企業不能有效地鼓勵員工進行職業生涯規劃，將會導致出現職位空缺時找不到合適的員工來填補，員工對企業忠誠度降低，以及在使用訓練和開發項目資金上缺乏針對性。

 ## 第四節　職業生涯管理

　　職業生涯管理是美國近十幾年來從人力資源管理理論與實踐中發展出來的一門新學科。它是企業幫助員工制定職業生涯規劃和幫助其職業生涯發展的一系列活動，強調企業如何建立職業生涯制度，協助員工做職業生涯規劃，並提供員工與職業生涯有關的資訊。因此，職業生涯管理就是企業透過研究、歸納、分析不同職業的活動和行為，為從事該職業的員工提供清晰的發展方向和成長路徑，使其加速成長（如圖11-2）。

一、職業生涯管理的層面

　　當個人目標與組織目標有機結合起來時，職業生涯管理就顯得意

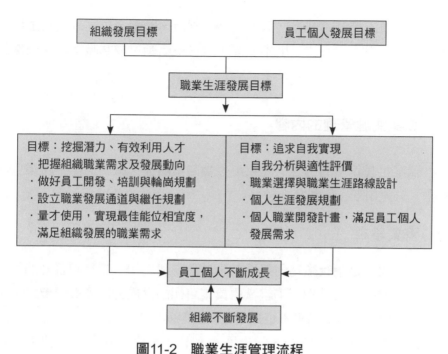

圖11-2　職業生涯管理流程

資料來源：張再生（2002），《職業生涯管理》，北京：經濟管理出版社，頁25。

義重大。它包含兩個層面，另一是個人的生涯規劃（individual career management），一是組織的生涯規劃（organizational career management）。分述如下：

(一)個人的生涯規劃

個人的生涯規劃，即員工個人自發的自我職業生涯管理，從進入職場到退出勞動力市場，根據自己的理想選擇職業，並分析該職業生涯的活動和行為，規劃自己在該職業上之發展計畫的一系列變數構成。

(二)組織的生涯規劃

組織的生涯規劃，即企業主導的職業生涯管理。企業建立職業生涯管理體系，幫助員工落實職業生涯發展計畫，其目標是達到企業人力資

源需求與員工職業生涯發展需求之間的平衡，並創造出高效能的工作環境和徵才、選才、育才、用才、留才的各種活動，成為職涯管理制度的基石。

二、職業生涯管理的內容

職業生涯管理的內容，大致可分為職業路徑、職業選擇、職業生涯諮詢。分述如下（如圖11-3）：

(一)職業路徑

職業路徑是指組織為內部員工設計的自我認知、成長和晉升的管理方案。職業路徑設計指明了組織內員工可能的發展方向及發展機會，組織內每一個員工可能沿著本組織的發展路徑變換工作崗位。

良好的職業路徑設計，一方面有利於組織吸收並留住最優秀的員工，另一方面能激發員工的工作興趣，發掘員工的工作潛能。因此，職業路徑的設計對組織來講十分重要。

全球五百強的大部分企業無不在員工職業管理方面獨樹一幟。例如美國微軟（Microsoft）公司人力資源部制定有「職業階梯」制度，其中詳細列出了不同職務須具備的能力和經驗。日本豐田（Toyota）公司實行「事業在於人」的經營理念，形成了獨特的「豐田式」職業管理模式。

(二)職業選擇

一個人的職業選擇會受到多種因素的影響。在選擇職業的過程中，個人可以對自己的個性特徵進行分析，評價個人的生理、心理特徵，進而分析個人可以選擇的各種職業，自己是否可以勝任，最後，在瞭解自己的特點和職業要求的基礎上進行自己職業的選擇。如果一個人的個性特徵與其選擇的職業要求匹配得非常好，那麼這個人在職場上更具備成功的可能性。

1.需求預測　　　　　　　　　分析外在環境變遷
　　　　　　　　　　　　　　‧經濟、社會、政治因素
　　　　　　　　　　　　　　‧政府政策與法規
　　　　　　　　　　　　　　‧人口與勞動力
　　　　　　　　　　　　　　‧市場與競爭
　　　　　　　　　　　　　　‧技術革新

未來人力資源裝備　　　　　　　　　　　　未來人力資源可利用力
‧組織與工作設計　　　　　　　　　　　　‧現有人才資賦盤點目錄
‧計畫與預算　　　　　　　　　　　　　　‧預估人才耗損
‧管理政策與經營哲學　　　　　　　　　　‧預估人才移動與發展
‧技術與系統化　　　　　　　　　　　　　‧人力運用效應
‧管理承諾行動、目標及計畫　　　　　　　‧過去人力資源發展方案評估

　　　　　　　　　預測人力資源需求
　　　　　　　　　‧立即、短、中、長期
　　　　　　　　　‧向外招募需求
　　　　　　　　　‧再減少和再輪調
　　　　　　　　　‧促進利用力
　　　　　　　　　‧人才職能開發與發展

2.方案計畫

績效管理（Performance Management）　　　生涯管理（Career Management）
　　組織　　　　　　　　　　　　　　　　　　政策與系統
　　‧活動　　　　　　　　　　　　　　　　　‧招募
　　‧關係　　　　　　　　　　　　　　　　　‧甄選與安置
　　‧責任　　　　　　　　　　　　　　　　　‧升遷與調動
　　‧標準　　　　　　　　　　　　　　　　　‧發展與訓練
　　‧氣候　　　　　　　　　　　　　　　　　‧離職與退休
　　‧工作生活品質　　　　　　　　　　　　管理接班人
　　績效評價　　　　　　　　　　　　　　　　‧個人評價
　　‧績效計畫與目標　　　　　　　　　　　　‧地位要求
　　‧教練訓練　　　　　　　　　　　　　　　‧再安置布局
　　‧評價方式　　　　　　　　　　　　　　　‧接班人計畫
　　報酬結構　　　　　　　　　　　　　　　生涯機會
　　‧薪水報酬　　　　　　　　　　　　　　　‧工作要求
　　‧分紅利潤　　　　　　　　　　　　　　　‧生涯路徑
　　　　　　　　　　　　　　　　　　　　　　‧生涯發展溝通機會
　　　　　　　　　　　　　　　　　　　　　個人生涯計畫
　　　　　　　　　　　　　　　　　　　　　　‧自我分析
　　　　　　　　　　　　　　　　　　　　　　‧個人生涯計畫
　　　　　　　　　　　　　　　　　　　　　　‧生涯發展行動計畫

圖11-3　職業生涯管理作業架構圖

資料來源：王慧君，如何在組織中做好個人生涯規劃研習班講義，台北基督教女青年會
　　　　　YMCA管理學苑編印（1990），頁12。

經典的職業興趣量表創始者霍蘭德（Holland）在職業選擇和人格之間的關係這一問題上認為，一個人的人格類型和他所選擇的職業之間的關係並不是絕對的一對一的對應關係，一個人既可以適應某一種職業環境，同時也可以適應另外的職業環境，但前提是兩者之間要有一定的相近性或者是中性的關係，而不是相互排斥的關係。

(三)職業生涯諮詢

職業生涯諮詢是指整合職業規劃過程中不同步驟的活動。它是伴隨著整個職業生涯發展過程的多次或連續性諮詢活動。在職業發展過程中，有可能出現許多員工無法預測或必須面對的難題，如職位升遷、跳槽、職能轉換、人際關係等。職業諮詢可以為員工解決職業發展中的困惑，為員工做出明智選擇提供參考意見和決策支援（如圖11-4）。美國德瑞克大學（Drake University）諮商學教授喬治‧賴爾（Geogers S. Lair）曾揭櫫：(1)自我瞭解（self-aware）；(2)自我接受（self-acceptance）；(3)自我實現（self-actualization）作為職業生涯諮詢的三個階段而屢試不爽，確實可行。

任何企業不論是在努力吸引和留住人才，或是需要塑造內部職能的卓越品質，還是希望增強員工的價值主張，提供有挑戰的、有價值的和有意義的職業生涯管理體系將有助於使企業早日達到目標，領先群倫（如表11-5）。

 第五節　職業前程發展

卓越的員工是使企業組織成長與發展的原動力，因此近年來人力資源管理發展的趨勢，已逐漸走向經由員工個人的成長，進而帶動企業組織發展，「員工職業前程發展」（employee career development）也因此而日漸重要（如圖11-5）。

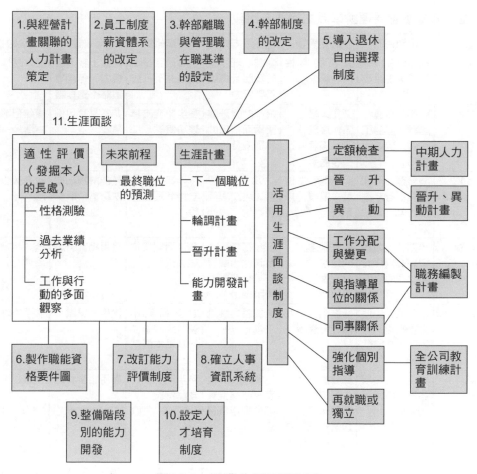

圖11-4　職業生涯面談制度

資料來源：王慧君，如何在組織中做好個人生涯規劃研習班講義，台北基督教女青年會
　　　　　YMCA管理學苑編印，頁19。

一、員工職業前程發展的意義

　　員工職業前程發展是企業對內部人力資源有系統且長期適當的規劃
與運用，以達到企業成長和發展目標，並滿足員工成長的需求。所以，
員工職業前程發展需整合「個人職業生涯計畫」與「員工職業生涯管

表11-5　生涯輔導各重要理論學派之摘要及比較

理論學派	理論目的	重要變項	評量方式	實徵研究	推論性	複雜性
特質因素論（Parsons）	提出職業輔導的三大主要步驟	人格特質性向、需求	刺激心理測驗的發展且持續其影響力	相關研究多但結果並不一致	觀念上較具影響力，但輔導策略不夠具體	簡單易懂
工作適應論（MTWA）	說明工作適應過程並解釋工作滿意的前因變項	工作人格工作環境工作滿意工作適應	很多針對理論架構而提出的評量工具	多半研究支持理論假設	非常具實用價值	複雜但解釋頗為清晰
羅安（Roe）	解釋個人早期經驗與職業選擇行為之間的關係	父母管教態度、職業分類系統	父母管教態度、職業與興趣測驗	多半研究並不支持其理論假設	較能解釋高層次職業情形	較多複雜的概念
霍蘭德類型論（Holland）	描述個人興趣與職業選擇行為之間的關係	職業興趣一致性分化性適配性	自我探索量表及其他相關資料，且非常具實用價值	多半研究支持理論假設	應用相當廣泛	概念相當簡單清晰
金斯伯格等人發展論（Ginzberg）	說明個人生涯發展階段，較重視成年前的發展	發展階段及相關社會變項	無具體之評量工具	實徵研究不多，大致能支持其基本觀點	應用不普遍	並不複雜
舒伯發展論（Super）	說明生涯發展各不同階段及相關概念	自我觀念生涯成熟發展階段發展任務（職業偏好具體化、特定化）	生涯發展量表、凸顯量表等，實用價值高	多半研究支持理論假設	應用相當廣泛	複雜程度居中
葛弗森（Gottfredson）	說明職業發展過程中的設限與妥協歷程	權力大小性別角色職業聲望自我概念	有相關之評量工具	研究結果有文化上的差異	應用並不普遍	觀念簡單易懂
社會學習論（Krumboltz）	說明影響個人職業決定的相關因素	學習經驗自我觀察概化世界觀概化生涯信念	有相關之評量工具生涯信念量表	實徵研究尚能支持理論假設	非常具實用價值	觀念解釋清晰
社會認知論社會認知（SCCT）	說明個人職業興趣、選擇與成就之相關影響因素	自我效能結果預期	生涯自我效能量表	研究結果有文化上的差異	應用並不普遍	複雜程度居中

資料來源：林幸台、田秀蘭、張小鳳、張德聰（2003），《生涯輔導》（第二版），台北：國立空中大學，頁62。

金玉非寶，節儉是寶。（明·朱元璋）

第十一章　職業生涯發展

339

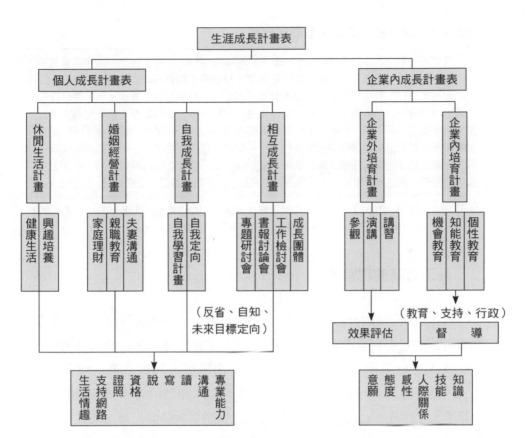

圖11-5　企業內生涯自我成長計畫表

資料來源：張德聰（1991）；引自林幸台、田秀蘭、張小鳳、張德聰（2003），《生涯輔導》（第二版），台北：國立空中大學，頁250。

理」兩者，才能達到最好的效果。

　　員工職業前程發展的意義，在於提供員工本人未來可能的發展方向。多數人提到員工職業前程發展，只想到升遷的可能性，但是除了升遷外，員工還可以調任職務來增加工作經驗的廣度和深度，也可以經由跨部門不同的工作內容擴展職業生涯的興趣與培養第二專長。因此，升遷並非是員工職業前程發展唯一的目標與途徑（**範例11-1**）。

範例11-1　螺旋式的員工職涯前程發展

　　荷蘭商國際快遞公司（Thomas Nationwide Transport, TNT），是一家全球具領導地位商業對商業（B2B）的全球運籌服務集團，每位員工都會有系統的發展計畫。一位非常普通的操作人員也可以晉升到高層管理。例如，一位基層員工業績出色，他將先被提升為小型分公司的負責人；然後，再派他去不同城市的分公司鍛鍊；接著他將會被安排接手中型分公司；下一步驟再安排他進入分公司。經過不同部門的輪調後，將得到更大的提升，整個過程呈現螺旋式階段性上升。除了實際工作的鍛鍊，荷蘭商國際快遞公司還在員工職業生涯發展中間穿插各種專業訓練。如「荷蘭商國際快遞公司（中國）全國物流經理資格證書學習班」、「海外訓練項目」、「跨國員工交流和實踐」等計畫。

資料來源：劉興陽（2006），〈投資人才‧放眼未來——TNT的人力資源管理〉，《人力資源‧HR經理人》，總第230期，2006年6月，頁11。

二、員工職業前程管理

　　員工職業前程管理是企業有系統的輔導員工在企業內發展，並兼顧員工發展的目標與企業的任用標準，使員工有升遷、平行輪調等可能，而且員工得以發揮所長，適才適所，進而掌握與規劃企業內部人力資源。同時也可以及早發現有潛力的管理人才，加以培育，為部門的人力與管理人才接任（successor planning）的規劃早做準備。員工職業前程發展成功與否，必須靠員工個人、組織的責任、員工所屬主管、人力資源專業人員的共同配合（如表11-6）。

(一)員工個人

　　生涯規劃是每一個體透過對自己各方面的瞭解，在人生發展的各個階段中，為自己負起個人自我成長與發展的責任，鋪陳出成長與發展的路徑，用自己的智慧為自己要達到的目標規定一個時間計畫表。

　　除了尋找和獲得有關自我與前程發展的真實資訊外，還必須仔細的分析個人的能力、專長、經驗、興趣、價值觀、人格特質與限制，訂定實際可行的目標，擬定出計畫，有系統、有組織的達到個人前程發展的目標（如圖11-6）。

表11-6　生涯發展系統員工、主管和人力資源部門的角色和責任

類別	目的	員工角色	主管的角色	人力資源部門的角色
配合／選擇	基於配合工作需求和個人的優點，選擇適當的人。	1.真誠地提供自我的資料。 2.晉升的優點。	1.界定某一工作所需的技能、知識和其他特殊資格條件。 2.面試和甄選候選人，並作最佳之配合。	1.協調過程。 2.指引工作分析和提供工作概括資訊。 3.對主管和員工提出忠告。
績效規劃和評價	指導和教導員工，達到可能最好的績效。	1.設計和結合目標。 2.評估方策。 3.請求和接受回饋。 4.完成發展性的計畫。	1.以整體的策略，贊同各項目標。 2.提供持續性的回饋和教導。 3.以正式或非正式的方式，評估方策。	1.監督和評價各種量表，並使其一致性和公平。 2.訓練主管人員教導和評估員工。
個人的生涯發展討論	提供開放和真誠的環境，溝通生涯興趣。	1.負起自我生涯發展的責任。 2.尋找和獲得有關自我和生涯取向的真實資訊。 3.界定和溝通興趣。 4.完成發展性的計畫。	1.指導開放和真誠的討論。 2.提供真實的回饋。 3.提供資訊。 4.鼓勵和支持發展。	1.發展工作資訊和其他的生涯資訊。 2.訓練主管人員如何帶領討論。 3.運用資訊配置各部門間的人員。
生涯發展評價	每年評價每一員工的潛力和另一工作指派的準備，使其與公司的發展需求相配合，並且確保組織的效能和持續成長。	1.通告主管的興趣和討論發展的需求。	1.基於目前的績效、潛力和生涯興趣評價員工。 2.和其他主管溝通資訊。 3.確認機會和問題。 4.推銷和執行計畫。	1.協調、幫助和維持過程。 2.當適當的職位產生時，通告主管人員。 3.通告其他部門有用的才能。

資料來源：美國訓練與發展協會（ASTD）；中華民國管理科學學會（1989），《人力資源管理彙編》，人力資源管理與發展委員會編印，頁48。

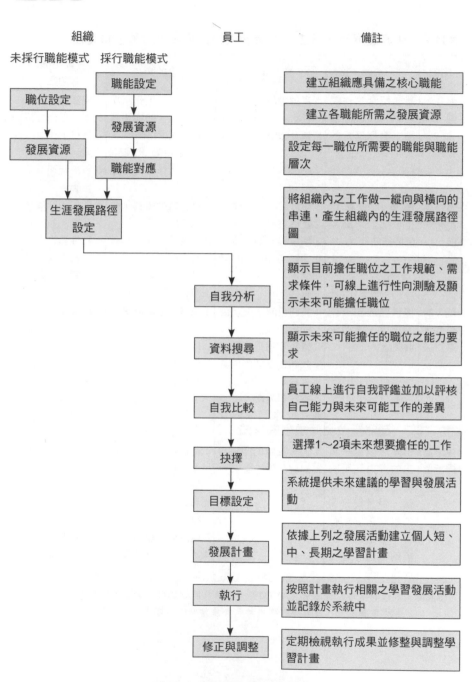

圖11-6　員工生涯管理流程

資料來源：鄭晉昌、林俊宏、黃獻慽合著（2006），《人力資源 e 代管理：理論、策略與方法》，台北：前程文化，頁352。

要做好個人職業前程發展必須注意以下幾個問題：

1. 必須在充分並且正確地認識自身的條件與相關環境的基礎上進行職業規劃。對自我及環境的瞭解越透澈，越能做好職業規劃。
2. 在進行職業規劃時，避免有過高的不切實際的期望。
3. 在設計職業生涯時要留有餘地，執行過程中要有靈活性。
4. 既要瞭解自己，又要瞭解專業。

(二)組織的責任

現代企業能否贏得員工敬業精神的關鍵因素之一，就是能否與員工確立共同的目標，達成一致，使員工感到企業、部門的發展目標與個人的發展目標息息相關，從而激發他們的主動性、成就感和創新意識。組織的責任是要向員工傳遞組織內所存在的職業選擇，組織應該把能實現員工職業目標的職業路徑，向員工提出詳細的建議。諸如：開發職業生涯管理支持系統、培育能支持職業生涯管理的企業文化等（**範例11-2**）。

範例11-2 為部屬做職涯規劃的作法

- 利用企業體內既有的正規訓練及講習課程以提升某一專業知識。
- 利用企業允許的並負擔費用的企業外受訓輔助計畫，指派企業人參加外界教育訓練機構所舉辦之訓練課程及講習會。
- 為企業人安排在內部重要會議中對高級主管做專題性簡報，藉機會推銷該企業人給企業高級主管。
- 為企業人安排擔任專業訓練或是講習會的講師，藉教學來磨練其表達及組織的能力。
- 鼓勵企業人擔任企業內義務性活動的負責人或參與者，藉此培養其與人溝通及協調之經驗。
- 指派企業人擔任企業內某一專案的負責人，以培養其規劃及領導之能力。
- 為企業人尋求國外與機構內短期或長期工作機會，藉以提升其語文能力及擴大其企業經營國際化的眼光。

資料來源：文北崗著（2004），《跨國企業暨金融服務業管理》，台北：優利系統公司，頁25-26。

(三)員工所屬主管

各級主管在協助部屬的職業發展過程中發揮重要作用。主管有責任認清員工的優劣點，並且協助員工訂定實際的目標，擬定合理可行的訓練計畫，提供真實的回饋與資訊，鼓勵和支持員工發展。例如：在職輔導、諮詢、溝通交流、從公司的其他部門獲取職缺訊息而促成員工輪調等。

(四)人力資源專業人員

人力資源專業人員有責任設計員工職業前程發展制度與方案，協助主管實施職業生涯管理，經常對主管和員工本人提供與職業相關問題的諮詢，職業前程路徑（事業路徑）（career path）、職位空缺（career opportunities）等訊息（**範例11-3**）。

總之，員工必須體認個人在職業前程發展應負的責任，自動自發的參與；主管必須認知培育部屬就等於增加自己的升遷的機會。如此一來，員工職業前程發展才能配合企業的人力資源管理的功能，在甄選、任用、績效規劃與考核、管理人才接班人的儲備方面，提供最有效、最經濟而且是最可行的重要途徑（台灣國際標準電子公司資料室，1989：8）。

範例11-3　生涯管理手冊

1.企圖心的夢與實質的遠景

如果處於定點太久，你將會變得呆滯

年輕的時候，你也許有個夢……希望成為一個飛行員，或是太空人，或是老師，或是醫師……然而很顯然的，事情往往會變得不一樣。孩子的夢想在教室裡會逐漸的褪色而對未來的計畫則是愈來愈實際。在經過一番深思熟慮之後，你終於選擇了阿爾卡特貝爾（Alcatel Bell）公司。現在，你正為公司的福祉而付出心力，我們希望當你在從事這項工作時也能經歷到某種程度的滿意。

不管你現在的工作或職務是如何的有趣，在某段時間裡你偶爾也會想想你的生涯。假如待在一個定點太久，你將會變的呆滯。因此你必須重新評估一下你的生涯與

（續）範例11-3　生涯管理手冊

遠景，尋找新的挑戰與領域。這也是這本小冊子所探討的範疇，我們會與你一起討論你在Alcatel Bell的未來與發展。

生涯管理

　　建立一套生涯規劃並不是簡單的工作。各式各樣的興趣對生涯規劃也是得失攸關。在Alcatel Bell，我們傾向將所有可能的興趣均納入考慮以期能獲得一個較佳的解決方案。換言之，你、你的老闆及人力資源經理將會做一個較特別的規劃，而其結果是發掘出一套生涯方針，非常特別且明確的員工個人生涯路徑。只要能在公司裡行得通，個人的目標與期望都會被斟酌與考慮。假如你的目標與期望和公司是在同一條線上，則會產生一個強而有力的共同效益，使個人與公司均蒙其利。

　　因為在生涯規劃這個領域的活動太過於複雜以及與各式各樣的興趣皆有關聯，因此用「生涯管理」這個字眼來代替「生涯規劃」會比較實際，而其差異就如同「天」與「時」一樣很難分出其定義一樣。

2.學會調適？確實的去做

　　個人的期望並不會長期且自動的與公司的期望同步發展，因此盡可能樂觀的建立個人生涯且隨時調整個人的興趣與渴望來配合公司是必須的。

　　Alcatel Bell的目標是公開的，你可從「Alcatel Bell的策略與價值」中找到目標。

　　我們公司的目標是⋯⋯⋯⋯⋯⋯⋯⋯⋯⋯⋯

- 在各分公司的活動中，是屬於最有執行能力的公司
- 利益上是最樂觀的
- 是一個能保證具有工作吸引力及能激勵員工生涯的公司

　　⋯⋯⋯⋯⋯⋯⋯⋯⋯⋯

　　有許多的想法已納入在定義之中，Alcatel Bell的目的是使上述的目標能夠實現。生涯管理便是其中之一的方法。

　　更多的是，公司的意圖是⋯⋯⋯⋯⋯⋯⋯⋯⋯

- 在每一個員工身上投資，如此每一位員工在其生涯面上都有最高的附加價值
- 確保管理及技術性管理的持續性
- 盡可能的激勵員工

　　⋯⋯⋯⋯⋯⋯⋯⋯⋯⋯⋯

　　現在，你已站在最佳的位置上來瞭解什麼是個人的期望。經由面談，個人接洽與問卷，我們對Alcatel Bell的大多數員工所關切的問題已有所見解。這些問題亦已經過檢查與歸納。

　　Alcatel Bell的員工期望⋯⋯⋯⋯⋯

- 一個能夠高度滿意的工作
- 一個具挑戰性的工作
- 一個科技居領導地位的工作環境
- 一個屬於國際分支機構的工作生涯
- 訓練與教育評估在性質上是屬於最高級的

培訓管理

（續）範例11-3　生涯管理手冊

> ·能反應員工貢獻與績效的待遇
>
> 　　在這裡，你對自己的認知是毫無疑問的，而且非常明顯的，即個人的期望與野心永遠可以與老闆一起討論的。
>
> ### 3.生涯管理是一個溝通的過程
>
> 　　事實上，它是非常簡單的。員工必須知道Alcatel Bell所提供的，Alcatel Bell必須知道員工所期待的。沒有相互的訊息，則生涯管理是不可能發生的。
>
>
>
> 　　在短程上：生涯管理是期望與興趣的調整，因此結果可能非常的分歧。兩個實體——你與公司——必須能夠一起討論這個主題並發展出共同的效益。
>
> 　　欲實現這個計畫，Alcatel Bell需要員工的支持來完成。確定在團隊裡一個明確的工作與角色，職務的廣泛性與生涯可行性的開始。你已準備好你的能力，你的野心，你的期望來接受挑戰——簡言之，你必須是一個專業者。
>
> 　　合理的結論是：公司愈能瞭解你的期望、野心與能力，則公司愈能提供你更多的空間。因此，訊息的相互溝通便成了生涯管理的承軸。
>
> 　　溝通過程的成功與否依靠著有興趣實體的加入：你、你的上司及人力資源管理。
>
>
>
> 　　溝通過程的參與者有：
> ·員工本人
> ·上司
> ·人力資源管理
>
> ### 4.資產掌握在你手中
>
> 　　經由有系統的途徑，你控制了絕大部分個人的生涯規劃。
> 　　有一些提示………

（續）範例11-3　生涯管理手冊

評估你的執行能力

當公司交託一件工作給你時，你必須依據你的知識、經驗與技巧來證明你能完成這件工作。你也許會經歷一些困難，但不要猶豫去尋求上司的協助。假如你工作的品質與效率很高，則表示你知曉你可以接受更多的工作，那麼去要求更多合適你工作技巧的工作。

建立形象

經由你的努力與良好的品質，你將會在公司內建立起形象，一個正面的形象將會加強你的生涯。

瞭解自己

你可以從你的成功與失望中學習到什麼？

不管你是如何的聰明，你跟其他大多數人一樣有弱點。假如你集中你最強的一面在工作上，並且有系統的來提升較少發展的才能，到最後你的執行能力將達到一個更佳的層次。

瞭解公司

比較一下你的期望與公司相抵觸的可能性。當你在某一項職務上時，確定一下你確實瞭解你在這部門與公司的前景。最好是不要開始做白日夢，與你的老闆談談，他們的薪資是被付來協助你思考的。他們能引領你與專家接洽，如人力資源經理或人力力資源裡的專家。他們是聽由你的支配並能對所討論的事保持機密。

確定所有受訓的可能性

過去十年來的資料顯示，技術的改變快速的成長。知識上的價值在時間上已是持續性的在縮短中，只有長久的訓練才能使我們隨時準備好接受明天的挑戰。持續性的學習，例如，改善你的學習能力，如此在將來才能比較輕鬆的去獲得新的知識與技巧。

Alcatel Bell訓練中心能幫助你重新溫習一下你現有的知識或延長你專業領域的知識。本中心在技術上、電訊上、個人電腦上、語言上及社會技巧上均已有良好的研討與訓練課程。

Alcatel Bell開放式學習中心允許你參加個別的研討，透過錄影帶、錄音帶、電腦與語言實務訓練課程等方式加上個別的學習步伐來幫助員工成長。

切合實際的野心？請通知我們

Alcatel Bell能協助你實現你的野心，所提供的協助也是實際的。讓我們知道你的野心並共同的來討論，如果沒有討論，什麼事也不會發生。捫心自問，自己擁有哪些必備的知識與經驗，學習瞭解自己的弱點，知悉在生涯活動中每一個可能發生在個人生命中的問題。

檢查你有沒有太專注於一個方向（嘗試在你的生涯中保持彈性愈久愈好），這樣的考慮並不容易。假如必要的話，人力資源幕僚能針對你的可能性與野心給予一個較深入的見解與評估，而最大的機會則是與你的老闆做彼此的討論與評估。

你可以增加你的機會，如果你將自己的生涯目標納入公司的政策中。例如：假若你表示你願意承擔工作重擔，而假設公司目前的現況是顧客或品質導向，則公司便可能考慮採用你並提升你在這領域的專業知識與技巧，如此你也有機會可增加個人在市

（續）範例11-3　生涯管理手冊

場的能力價值，同時，你也必須將訊息表達給老闆，讓他們瞭解他們的所給予你的訊息。

評估你的生涯

　　經常思考你的生涯，檢查一下你的意見與上司或人力資源經理相抵觸的地方，思考以下幾點…………

　　　　‧有哪些因素或事件影響了你的生涯？
　　　　‧在你的專業環境與一般事務上，什麼激勵著你？什麼抑制著你？
　　　　‧你期望在兩年內你的生涯會變得怎樣？
　　　　‧在五至十年內，你期望你的生涯又會怎樣？你所期望的又能持續多久？
　　　　‧你認為哪一個職務輪調是必須的？
　　　　‧至海外工作是否與生涯規劃配合？
　　　　‧積極的態度：以問「為什麼不」的問題方式來替代「為什麼」
　　　　‧必須擁有什麼樣的訓練課程與工作經驗才能達成你的目標？
　　　　‧你願意追隨什麼樣的里程碑？一般而言，你是不是追隨得徹底，讓你的上司或人力資源經理知道你的關切及態度

運用公布欄

　　公布欄提供了職缺訊息，此訊息涵蓋了處與處之間的職缺狀況。你隨時隨地可以與他們以相當隱密的方式接洽，這在你的生涯管理上是一個非常理想的媒介。

5.你的上司是你主要的人力資源經理

　　第一個能持續性的確定你在工作上的貢獻的人是你的上司，而且這是任何一個上司的責任與主要工作。但並非像它呈現的那麼明顯與簡單，有幾個觀點必須考慮：

設定出一個責任架構

　　部門必須先有一個計畫，計畫的達成則依靠著部門內各成員彼此的協商，經由協商來分配工作並貢獻出他們的能力。所有的責任與功能組合起來便能形成一種架構。如此，每一個人在他們自己的層次上都能夠運作，責任架構也必須充分的透明化使每一個人都能瞭解，並依據他們在這個架構上所處的地位而採取行動。

最佳的工作分配

　　上司依據功能架構來分配工作，分配工作時必須也同時考慮個人的興趣及知識。

個人的教導與動機

　　沒有兩個人是一樣的。考慮員工之間不同的個性，上司便能以最佳的方式來教導與激勵他們。

根據計畫來追蹤員工

　　很明顯的，上司必須追蹤計畫的進展，此時也將同時追蹤到對此計畫有著貢獻的員工。因此，我們必須在此提出一個問題，即當初最合適的人選是不是還從事於最適合於他的工作。

給予遠景

　　具競爭性的員工必須給予機會，使他們能在他的團體中或部門裡，或在其他的地方有發展的餘地。有些人並不會將他們的野心表達得很清楚，老闆必須直接地詢問他

（續）範例11-3　生涯管理手冊

們並幫助他們定義出他們的遠景。

在團體裡，也許有些人會進展的比其他人快速，因此必須依靠上司來維持這種快與慢成長之間的平衡。一個主要的工具便是「預測」：何時與何地才能運用這些有效的能力。

達成具體的協議

　　如果在討論員工的前景時給予一個模糊的承諾，其結果將會是一個反激勵。員工必須與他們的上司達成一個明確的協議，對工作情境的關切與員工可能的進展都必須公開的來討論其必備條件及受訓計畫。

尋求（資深）管理人員的意見

　　你的上司會例行性的與他的主管討論員工的事務，這是非常重要的一件事，因為資深管理人員同時也有能力對其屬下做明確的教導。而且，當我們的組織正朝向扁平化的方向發展時，資深管理人員與員工之間的距離也會縮短。

6.什麼是人力資源管理？

　　人力資源管理（HRM）的目標之一是：在員工與公司之間建立一個共同的效益。這很明顯的影響著生涯管理，有一些例子可以提出來討論：

HRM在功能架構上扮演著協助的角色

　　人力資源的專員們在組織及功能上的評估，可以建議各主管如何建立一個最佳的責任分配與功能架構（這個架構同時也能定義出生涯路徑，在Alcatel Bell的實際操作的例子上可以瞭解。鑑於Alcatel Bell公司有許多的部門與功能，一個長程計畫的目標是如何幫助員工在其職務上與其他的職務發生聯繫，員工能決定在此職務上如何獲得必須的訓練與經驗來幫助本身的成長。HRM負責提供這些訊息並確定這些必須的訓練是已經組織好，隨時可供員工索取，但最後仍然是必須靠員工本身去緊抓著這些機會）。

HRM設定一套薪資結構

　　人力資源管理部門會依據責任分配的架構而設計相關的薪資結構，同時與職務評估系統連接起來一起運作。

HRM監督員工的進展

　　各主管與人力資源部門的代表會一起做例行性的討論，針對員工在功能架構運作的情形做一番瞭解與討論，討論的範圍將包括了相當廣泛性的觀點……

- 他們的生涯進展如何？
- 每一個人在團體裡或部門裡做得如何？
- 員工在工作執行上有沒有進展？
- 員工本身的野心、興趣是什麼，可行性如何？
- 在整個組織體中，誰最具有能力被發展，其可行性如何？
- 所有可能的限制是肇因於個人或組織？
- 主管或人力資源人員能提供些什麼？他們能否刺激或提升些什麼？
- 員工與公司所做的選擇是不是正確的選擇？

在一個有限制範圍內的小團體，HRM會發展一套輪調計畫。

（續）範例11-3　生涯管理手冊

當員工擁有一個相當廣泛的經驗時，他便能夠發展出高水準的專業技術。在Alcatel Bell公司裡，如果員工在一小團體內居重要的職務，則HRM會針對個人設計一套個別的工作輪調計畫。

HRM的焦點在計畫管理

Alcatel Bell在組織的發展上是朝向打破傳統的階級結構而盡可能的以「計畫」為基礎來進行工作，傳統的階級報告系統將不會持續下去。只要「計畫」的工作分配代表著工作將付與更多的內容與能力的發揮，員工也可以在其工作領域之外獲得更多的發展，也可以引導員工一個更寬廣的未來展望。「計畫」的分配同時也表示團隊的重要性與社會技巧的合適性。

HRM刺激專業領域的訓練

人力資源管理負責組織與協調內外的訓練課程。這些年來我們目睹了有關技術性與管理性等更寬廣的訓練提供，以滿足員工的需求。

Bell公司提供了比其他公司更多的學士後研究，許多基本的需求訓練對學士後研究成果的訓練是不能被低估，同時對個人的生涯發展有著重要的影響。在Alcatel Bell，公司會幫助你選出一個最合適的訓練及訓練中心。

HRM的公告與傾聽

當想知道有關生產管理的訊息時，員工永遠可以與他的人力資源管理部門聯絡。對新人而言，HRM會主動通知新人的加入公司；一旦進入了公司，HRM也非常歡迎員工隨時來洽談。

HRM可以提升公司的綜合效益

人力資源管理人員一直在嘗試與維持對員工進行興趣與抱負的瞭解，這是可以做到的。如果欲達到這個目的，我們便必須開始進行各種討論，經由此種方式來瞭解員工如何透過計畫來幫助自己與公司。

7.瞭解員工（公司）真好

雙路徑的生涯……

專員們及經理們如何保證平等的機會

我們正持續性的發展扁平式的組織架構及較小的組織，較少的管理層，同時有更多的專員職務被創造出來。假如你是在技術專員職務裡，則你的附加價值主要是依附在Alcatel Bell裡，一個專業專員也可以成長到與經理同樣的待遇和責任。我們曾對員工做了一次仔細的調查，資料顯示在管理層的升遷率與技術生涯的晉升在實質上是相同的。即使在今日，由於歷史背景的因素，尚有許多的分歧意見，但到目前已過半數的管理層是屬於技術生涯的階梯之中。

公司裡並無性別的差異！

內部流動式的企劃在生涯管理上就如同額外的工具

Alcatel已發展出一套國際性的輪調計畫，所有的分公司均涵蓋在這計畫之中，這項計畫可以使彼此的知識與經驗獲得交流與重視，並促使Alcatel更有效率。

這個計畫可以使我們得以發展出一個國際性的視野，任何一個人想讓自己能發展出自己的國際生涯，便必須考慮這套國際輪調計畫。國外分公司的職缺必須經由公告欄持續性的公告。

結　語

　　個人生涯規劃是「從內而外」的過程，唯有先認識自己的內在特質才能建立自信的人生。任何人只要從事自己性格最擅長的職業，他就不會默默無聞。再聰明的人，如果整日從事著與自己性格不相適應的工作，那他就注定難逃平庸過一生的命運。

12 學習型組織

正式學習像坐大巴士，巴士往哪裡開，乘客就去哪裡；非正式學習就像騎腳踏車或自己開車，可以選擇自己要去的地方，也可以在中途停下來協助他人。

——數位學習專家傑・克羅斯（Jay Cross）

近年來，企業管理界的熱門話題之一「學習型組織」，乃是管理大師彼得・聖吉（Peter M. Senge）的經典巨著《第五項修練——學習型組織的藝術與實務》（*The Fifth Discipline: The Art and Practice of Learning Organization*）書上點破的一個新觀念，就是未來企業競爭優勢的來源並非單純的新產品、研發市場拓展或降低成本，唯一能夠持久的競爭優勢來源將是組織學習的速度。因為企業在經歷一九八〇年代經營環境劇變後，企業經營者已學得比以往更具效能。企業與企業之間的研發能力、改善流程的能力，以及財務運作的差距逐漸縮小，大家的功力相當，你會的，別人也會；你做得好的，別人也做得不差，在這麼一個經營環境趨勢下，企業界已紛紛將「人力資源」提升到公司經營策略的位階，為了要建構一個真正的學習型組織，提升「組織的學習能力」與「速度」，「學習意願」與「學習能力」已成為企業界徵才、選才、育才、用才、留才的最重要指標（徐旭東，1998：4-5）。

 第一節　學習型組織概論

「學習型組織」這一概念其實是由麻省理工學院史隆管理學院的傑・佛瑞斯特（Jay Forrester）教授在一九六五年〈企業的新設計〉論文中首先提出的，它以「系統動態學」（system dynamics）為核心而發展出學習型組織的藍圖。到了一九九〇年，彼得・聖吉集大成，在《第五項修練——學習型組織的藝術與實務》中，提出以「系統思考」（systems thinking）為主軸，包含「改善心智模型」（improving mental models）、「自我超越」（personal mastery）、「建立共同願景」（building shared vision）以及「團隊學習」（team learning）等五項修練，作為「學習型組織」的基本架構，帶動了學習型組織的風潮（馮仁厚，2007：113）。

一、學習的定義

「組織」是一個抽象的概念，其本身並不會學習，是組織中的「人」才會學習。根據科學心理學的觀點，認為學習是個體經由練習或經驗使其行為產生持久改變的歷程。實踐證明，學習，全面而持久的學習，把企業建成學習型組織，是企業不斷適應環境變化，提高企業核心競爭力的有效途徑和重要保證。學習是個人蒐集新的知識、技能、態度、經驗和人際關係的過程，其結果將導致個人行為的改變。

學習型組織就是一個從個人學習到團隊學習，到組織學習，再到全局學習，這樣一個不斷進行學習與轉換的組織（如**表12-1**）。因此，學習的定義包含了下列幾項要點：

故事──第一百隻猴子現象

在日本宮崎縣的海邊，有座名叫「幸島」的小小島嶼，島上住著將近百隻的日本猿猴。約在半世紀以前，有研究人員以番薯餵食猿猴。剛開始，猿猴要吃之前，會用手拍落番薯上的泥巴。某天，一隻年輕的母猴把番薯放到河水中清洗乾淨才吃。很快的，其他猿猴開始模仿起洗番薯行為。後來島上的河川乾枯，猿猴們改到海邊洗番薯，也不知是否海水的鹽分增添了番薯的美味，牠們竟然還會「洗一下、吃一口」。更有趣的是，沒多久這種行為竟自然傳播到遠在其他深山或島嶼生活的猿猴群。因而獲得「文明猿猴」的封號。

美國研究新生命科學的先驅萊爾·華生（Lyall Watson），將這種情形稱為「百匹猿猴現象」（日語：百匹目の猿現象、ひゃっぴきめのさる　げんしょう）。他並認為，當「幸島」會洗番薯的猿猴數目超過一個臨界點（假設是一百隻）之後，這種現象將不需要任何媒介的傳遞，也能讓其他生活在遠處的猴群同時具備這種文化。

這個虛構的生物現象來自萊爾·華生在其著作《生命潮流》當中的陳述，後來經由肯·凱耶斯（Ken Keyes Jr）的著作《第一百隻猴子》將這個傳說普及全世界。後來被日本素有「經營之神」的名作家船井幸雄在《第一百隻猴子──思想可以改變世界》這本書中做了詳盡的介紹，提出在人類社會中應該也有同樣現象的看法而產生極大的迴響。

資料來源：http://blog.mowd.idv.tw/tbserver.php?mode=tb&sl=317

智者千慮，必有一失；愚者千慮，必有一得；故曰狂夫之言，聖人擇焉。《史記・淮陰侯列傳》

培訓管理

356

表12-1　學習型組織的定義

學者	學習型組織的定義
Senge（1991）	它指組織內部的成員能夠不斷發展自我，達到他們想要的結果。它具備新的思維模式，成員目標相同，彼此共同學習。
Pedler, Burgoyne ja Boydell（1997）	它指這個企業能夠協助員工學習，而且能夠自我更新和改造環境。
Argyris（1993）	它指組織內的成員能夠對現有經營模式不斷提出質疑、發現錯誤和差異，並藉由調整組織結構和經營模式予以修正。
Garvin（1993）	它是一個精於獲取知識、轉換知識以及創造知識的組織，而且能不斷修正組織行為來反應新知與創見的組織。
Peters（1993）	它指鼓勵員工勇於嘗試，允許錯誤和失敗發生，鼓勵創新和內部競爭，增加並傳遞知識。
Handy（1991）	它不但本身樂於學習，又鼓勵員工學習。
Fahnrich（1997）	它這個模糊的時髦名詞，說的大概就是崇尚「日新又新，精益求精」的企業文化吧！
孫本初（1997）	它是一種能完全調適的組織，所屬員工必須自我思考及設想，並能主動辨認問題與機會，進而去掌握。
管康彥（1998）	它是一個精於創造、累積與內化知識，並且能因應新的知識及觀念，改變其行為的組織。
洪明洲（1998）	簡單的講，就是參與組織價值創造的組織。

資料來源：潘提・許丹曼拉卡（Pentti Sydanmaanlakka）著，余佑蘭譯（2002），《建構智慧型組織》（*An Intelligent Organization*），台北：中國生產力中心，頁54-55；周大衛、林益昌、施純協（2001），《企業學習型組織理論與實務案例：企業勝點》，台北：知行，頁16-18。

1.學習過程認知（智力）、情感和精神領域的影響。

2.個人對事物的理解是經由得到的知識和其他學習標的而來。學習不是機械性的，而是透過經驗來創造意義。

3.學習並非只是蒐集知識而已，技巧、態度、情感和價值觀同等重要。通常人們在學習時過度強調資訊的角色，資訊雖然重要，但絕不是學習過程的全部。

4.經驗不論新舊都很重要，經驗越豐富，學習新事物就越容易。事實上，許多事物需要足夠的生活閱歷、不同的工作經驗，才能真正理解。

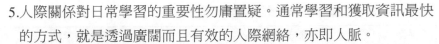

5.人際關係對日常學習的重要性勿庸置疑。通常學習和獲取資訊最快
　的方式，就是透過廣闊而且有效的人際網絡，亦即人脈。

6.真正的學習包含了運用，這意味著某些事將因為學習而發生改變，
　如操作模式和思考方式的改變。這些改變可能發生在思維、情感或
　行為等不同層面。（Pentti Sydanmaanlakka著，余佑蘭譯，2002：
　27-28）

　　所以，殼牌（Shell）石油公司企劃主任德格說：「唯一持久的競爭
優勢，或許是具備比你的競爭對手學習得更快的能力。」（如**表12-2**）

二、學習社會的支柱

　　根據一九九六年聯合國教科文組織（United Nations Educational,
Scientific and Cultural Organization, UNESCO）的二十一世紀國際教育委
員會，針對二十一世紀的來臨，提出了人類教育未來的走向，特地發表
〈學習：內在的財富〉（Learning: the Treasure Within）的新世紀學習宣
言，明確指出下列四種係邁向學習社會的支柱：

1.學會認知（learning to know）：建立廣博的知識基礎，並學習如何
　學習及再學習。

2.學習做事（learning to do）：學習職業技能、處理複雜情境及團隊
　行為的能力。

3.學習與人相處（learning to live together, learning to live with
　others）：學習相互依存、尊重多元、理智、和平解決紛爭、互助
　合作、共同解決未來的挑戰。

4.學習發展內在潛能（learning to be）：增進個人自我知識、發展人
　格，以便有更大的自主能力和成熟的判斷力，並負擔較多社會責
　任。（林清江，1997：102）

一家企業只有當它是學習型組織的時候，才能保證有源源不斷的創

表12-2　傳統型組織與學習型組織比較表

構面	傳統型組織	學習型組織
基本環境	·穩定的 ·可預測的 ·地方的、區域的、國內的 ·僵固的文化 ·只有競爭	·快速、不可預測的變遷 ·不可預測的 ·全球性的 ·彈性的文化 ·競爭、合作、共同創造
經營方式	·基於過去的經驗 ·程序導向	·基於目前發生的情況 ·市場導向
企業策略	·使組織適應環境 ·保持優勢 ·鎖定市場策略	·改變環境來適應組織 ·創新優勢 ·創造新的市場
經營優勢	·標準化及低成本 ·效率	·滿足顧客的獨特需求 ·創新
組織結構	·機械式、封閉式及官僚式的組織 ·層級的組織 ·具界限性的 ·工作團體 ·高塔式的中央集權 ·上下層級式的資訊流通	·有機式、開放式及自我管理的組織 ·動態網路 ·無界限性的 ·綜效團隊 ·扁平式的地方分權 ·網狀式的資訊流通
組織文化	·利己取向 ·競爭的 ·自我防衛 ·衝突表面化	·利他取向 ·合作的 ·開放的心胸 ·面對衝突的
學習理念	·適應性學習 ·學習的時間取向為過去與現在	·創造性學習 ·學習的時間取向為現在與未來
員工的資格條件	·遵循慣例 ·服從命令 ·避免風險 ·持續一貫 ·遵守程序 ·避免衝突	·因應例外 ·解決問題、持續改進 ·不避風險 ·持續創新 ·與他人合作 ·從衝突中學習
工作	·分割的 ·組織導向與個人化任務	·合作的 ·知識導向的專案
科技	·設計控管以減少人為錯誤的科技	·將科技與社會體系整合，以促進知識型工作

資料來源：邱繼智（2007），《建構學習型組織》（*Building the learning Organization*），
　　　　　台北：華立，頁176。

新出現，才能具備快速應變市場的能力，才能充分發揮員工人力資本和
知識資本的作用，也才能實現企業滿意、顧客滿意、員工滿意、投資者
和社會滿意的最終目標（**範例12-1**）。

 # 第二節　組織的學習技巧

彼得‧聖吉在《第五項修練——學習型組織的藝術與實務》書中提

範例12-1　微軟公司的學習理念與原則

◎微軟公司的學習理念
學習是自我批評的學習，資訊回饋的學習，交流共用的學習。
◎從過去和當前的研究專案與產品中學習
開展五大活動，分別是：事後分析活動、過程審計活動、休假會議活動、小組間資源分享活動、「自食其果」活動。目的是要求自己的員工首先使用自己開發的產品，透過這些活動來進行自我反思、自我批評，從而得以學習。
◎數量化的資訊回饋學習
微軟把產品的品質問題分為四個不同程度的要求：整個產品不能使用；一種特性不能運行，並無替代方案；一個產品不能應用，但是可以替代；表面的、微小的問題。 微軟規定要把產品的品質資訊公布於眾，使公司有關部門的員工從中知道問題的嚴重性，經過反思，找出問題的關鍵所在。
◎以資訊為依據進行學習
微軟透過「內部獲得資訊」和「外部獲得資訊」兩種方式，每天獲得六千個用戶諮詢電話的資訊資源。為了鼓勵用戶提意見和諮詢，產品售出九十天內電話費由微軟付款。微軟之所以這樣做，就是為了發揮用戶資訊這個重要的學習資源。 微軟每年要花五十萬美元進行用戶滿意度調查，分別對用戶就有關對微軟產品的滿意度、微軟公司的滿意度、售後服務的滿意度三大方面進行調查。再從中選出對三大方面都滿意的用戶作為「忠誠客戶」，讓他們保證以後都買微軟的產品，向別人推薦微軟的產品。
◎促進各產品開發組織之間的聯繫，透過交流共用學習成果
微軟的重要理念是透過交流學習實現資源分享。為了交流共用，微軟採取了成立共同操作、溝通系統、相互交流三大措施。要求員工工作時間到各產品開發組之間多走一走，看一看，隨時隨地溝通、交流，相互學習。

資料來源：張含滔（2004），〈學習型組織打造企業核心競爭力〉，《人力資源雜誌》，總
　　　　　第186期，2004年1～2月，頁52。

出學習型組織的五大構成要素：系統思考、改善心智模式、自我超越、建立共同願景、團隊學習。茲說明如下：

一、系統思考

系統思考旨在界定組織內不同實體之間的相互關聯，而不是僅從單一事件來思考問題。一般人習慣用線性思考的方式，從穩定面來看事情，然而真實的世界不只包括線性關係，也包括了環環相扣、交互影響的過程。系統思考承認每件事都有連帶關係，改變某一件事很可能對其他事造成影響。所以組織成員必須學習去瞭解複雜的實體，以協助組織成員超越系統的疆界，達到全盤思考的境界（**範例12-2**）。

二、改善心智模式

心智模式是一種行動方針，因此我們必須瞭解它如何影響我們的決策。心智模式決定了我們看待世界的方式和對特定情況的回應方式。它

範例12-2　系統認知理論

> 在英特爾（Intel）公司，就如同在任何高科技領域一般，每個人都必須持續不停地學習。學習不是經理人的特權，為了讓每個員工都能有一個適當的學習環境，英特爾公司在一九七五年開辦了英特爾大學。
>
> 「學習型組織」一門課，英特爾公司特聘請麻省理工學院的彼得‧聖吉教授主講，當時他剛完成《第五項修練──學習型組織的藝術與實務》這一部暢銷書。他強調我們必須瞭解整個體系而不是其中的片段。一個常見的實例是，如果在一個系統裡有反應遲緩的狀況，如果只針對問題的表象下藥，往往接著會反彈而變成反應過度。
>
> 像這種在過與不及之間的震盪會帶來大問題。而如果不能瞭解整體的運作，只從局部下手，無異於管窺臆測，根本不可能解決問題。
>
> 彼得‧聖吉教授以「系統認知理論」在管理界中極具名望，我們也很慶幸能邀請到他和我們進行一整天的討論。

資料來源：虞有澄（1999），《Intel創新之秘》（*Creating the Digital Future*），台北：天下遠見，頁235。

通常不具意識，深植在我們的日常生活中。組織的共同架構就是根據這些模式所建立的，它包含了組織的文化與價值觀。我們必須不時分析這些心智模式，以確信它能夠有效促進組織更新，並支持組織的長期夢想和能力，否則組織容易流於因循苟且（如**表12-3**）。

三、自我超越

自我超越（自我管理）是智慧型組織的典型特徵之一，它是指個人能夠掌控自身的發展與學習。自我管理的特徵有：對工作具有強烈的使命感、積極進取的精神、責任感、認清自身發展目標、永續發展等，是一種持續學習的過程。

四、建立共同願景

建立共同願景目的在確保組織內所有成員朝共同的方向前進。創造共同願景並讓所有成員充分瞭解這個願景，是智慧型組織相當重要的技巧。共同願景，可以結合成員，激勵成員自發性為組織效命。

表12-3　心智模式的變化

比較	舊有的心智模式	新的心智模式
時間	是單歷程（一時一事的）	是多歷程（一時多事的）
理解方式	部分理解	整體理解
資訊	最終可知的	是不確定、無邊界的
增長	是線性、有序的	是有機、無序的
管理	意味著控制、預測	意味著洞察與參與
工人	分類、專門化	多面化、不斷學習
動機來源	外部作用和影響	內在創造力
知識	是獨立的	是協作的
組織	是設計出來的	是逐漸演變的
生活的激動	依靠競爭	依靠協作
變化	讓人擔心	一切都有的

資料來源：馮奎（2001），《學習型組織在中國》，香港：經要文化，頁93。

人生天地之間，若白駒過隙，忽然而已。《莊子‧外篇‧知北遊》

培訓管理

362

五、團隊學習

　　團隊學習能夠幫助個人看到一些他們忽視的觀點。團隊是學習的基本單位，有效的團隊工作是知識密集產業成功的先決要件。若無團隊學習，組織的學習就成幻影（Pentti Sydanmaanlakka著，余佑蘭譯，2002：54-59）。

　　要深化這些修練，當事人必須經過組織的學習與訓練，包括全力的投入、行為的改進、相互的激勵、團隊的演練。

第三節　組織學習的方式

　　企業發展出不同學習方式有很多原因，包括：產業特性、經營策略、企業文化與技術的差異等。各企業面對不同時間、資源、歷史與競爭限制，會需要或主動選擇不同的學習方式。例如明尼蘇達礦業製造公司（Minnesota Mining and Manufacturing Co., 3M）是一家全球性的多元化科技公司，以實驗學習為學習主體，因為該公司有獨特的歷史、文化與策略。

一、實驗學習

　　這類企業藉由嘗試新構想及實驗新產品與流程，以達到學習的目的。在這項學習方式上，新意的創造主要來自企業員工的各種嘗試與實驗，以及對顧客需求的瞭解，開發出全新的技術、產品、流程，甚至經營管理方式。以新力（Sony）公司為例，最近幾年開發的遊戲站（Play Station）模擬器以及智慧寵物機（雞），都是一些具創意性的突破。

二、提升能力

　　這類企業藉由新知能、新技術的吸納或培養以達到學習目的。這種方式的目的是幫助組織成員取得最新及關鍵知能，以幫助他們快速構思並發展新穎產品、技術與流程。以思科（Cisco）公司為例，從一九八四年創業至一九九九年，短短十五年間便購併了五十家有特殊技術的公司，以壯大自己公司的能力。

三、標竿學習

　　這類企業先瞭解、分析別人的營運方式及最佳典範，然後消化、改良，並運用於自己的組織達到學習的目的。以奇異（GE）公司為例，在一九八〇年代，公司即鎖定一些在過去二十年生產力成長超過奇異公司的標竿對象進行有系統的學習，並將學習結果規劃為課程，快速分享給各單位主管（**範例12-3**）。

四、不斷改良

　　這類藉由規劃、行動、檢視、改良（PDCA）的循環，持續改良既有產品、技術、服務及流程，以達到學習的目的。以迪士尼（Disney）樂園為例，該公司每年進行超過二百多次針對顧客的調查，據以瞭解顧客喜歡與不喜歡的地方，公司是否提供物超所值的服務，據此訂出優先改善的行動計畫，以不斷提升服務，滿足顧客（楊國安等著，劉復苓譯，2002：42-46）。

　　那些具有高度學習能力的企業，通常同時使用上述的各種學習方式，但最成功的學習型組織最重視實驗學習與提升能力，特別是那些著重創新產品與產業區隔的企業。這種企業很有可能具備家族式或是多變式企業文化，而且不強調公司裡的階級觀念。

培訓管理

範例12-3　學習型企業做了什麼？

企業名稱	內容
殼牌石油公司 （Royal Dutch Shell）	透過「共同願景」的修練，以及「心智模式」的轉變，成功地把自己躍升為全球七大石油公司中最強健的一家。
美國微軟公司 （Microsoft）	堅持學習型組織的理念，解決了擁有大量聰明人才的公司容易蛻化成一個由傲慢的、極端獨立的、個人和小組組成的混亂集體的問題。微軟給項目責任者配置了充分的工作資源，諸如在團隊組合、環境配備以及激勵機制等方面給予充分保障，唯獨在開發時間上做了不討價還價的限定。
台灣國際商業機器公司（台灣IBM）	針對公司內部人才過度競爭演變為鬥爭增加、溝通缺乏的局面，要求部門主管至少花50%的時間和部屬溝通，並且以實施「小週末」（鼓勵員工在星期三穿便服上班）等方法，逐漸改變「藍色巨人」過於強調嚴肅、正規的文化，減少了等級森嚴的科層體制給員工造成巨大壓力和員工之間的權術政治。這樣有效地緩解了員工跳槽率，而且讓一些「帶槍」投靠競爭對手的員工回到IBM。
英特爾公司（Intel）	內部設有一個新商業投資基金，專門用來幫助有創新精神的員工建立新型企業，以此作為進入新的高潛能市場的制度保證。這可以被理解成一種內部的風險投資。在英特爾公司，工程師們深入到公司的組織內臟，並且是作為他們自己創立的子公司的領導而工作，英特爾公司對他們提供全力的支持。

資料來源：編輯部（2005），〈相關鏈接：學習型企業做了什麼？〉，《企業管理雜誌》，2005年1月，頁72。

第四節　從行動中學習

　　學習型的組織必須能夠不斷創造及獲得知識，並在組織內移轉，而組織成員也必須隨著新知識的吸收，改變或是修正自己的行為。企業最重要的學習型態有三種：(1)可以從組織外部學習，獲得不存在企業內的知識；(2)從企業內部已經累積的現有經驗學習；(3)企業透過實驗推斷出未來可能情況並依此學習。

一、從組織外部學習

從組織外部學習可以瞭解競爭環境及趨勢，學習別人的優點。通常，從市場上流通的報告或是市場分析就可以獲得不少訊息；從經常接觸的人員身上（例如銷售人員或主管）也可以獲得外界訊息。重要的是，企業要建立一套有秩序的蒐集資訊流程。

以摩托羅拉（Motorola）公司而言，他們成立專門蒐集資訊的單位。當主管從海外外派回來或在國內其他地區視察回來後，蒐集資訊單位就會派一名員工聽取那些主管的心得報告，以蒐集整理相關的經驗，善用這些主管對外的經驗，以後遇到類似問題就可以參考運用。

二、從組織現有的經驗中學習

除了外部學習外，企業內很多既有的經驗或最佳實務，往往是組織學習的最佳題材，尤其當企業裡有很多工作或專案具有重複性質，這種學習型態可以為企業增進不少效率。

微軟公司每當有新軟體上市，微軟公司就會要求開發團隊寫一份報告，這個團隊會聚集在一起檢討專案流程，針對有問題的流程，共同找出可以改進效率的方式，並根據討論結果，對未來要進行類似專案的人提出建議。

除了以上述例子為學習對象外，也可以將學習範圍擴大到個人、團隊或是組織。

以個人而言，企業可以邀請企業內技術最佳的經理、工程師或是業務員，公開分享他們的做事訣竅、使用工具及成功經驗。

三、從實驗中學習

除了向既有已經累積的經驗學習外，在變化迅速的環境裡，企業

少而好學，如日出之陽；壯而好學，如日中之光；老而好學，如炳燭之明。（西漢·劉向《說苑

培訓管理

366

更應該找出新的學習方式。例如要怎麼因應未來的變化？要如何創新產品？這些都不是根據前人的經驗就可以解決，而是要帶有實驗性質與風險。

　　一九七〇年代中期，手機產業正處在早期發展階段，為了探索市場，摩托羅拉公司寄了一封信給數十萬個潛在的可能使用者，調查他們的使用意願。他們根據這一次的調查資料，找出領導市場的區隔，發現最重要的使用者有三分之一是業務人員。後來當手機上市之後，業務人員果然是貢獻最多的使用者。摩托羅拉公司可以取得先機，也不是從錯誤和學習中偶然獲得的機會，而是透過一套調查和學習的流程才能得到今天的成果。

　　不論是從外部學習、既有的經驗學習或是以實驗學習，企業都需要不斷地修正行為模式，才能因應變動的環境。有了工具，不一定保證組織能成功學習，最重要的是領導人要創造一個開放、願意分享、樂於教導的環境才能真正變成學習型組織（《EMBA世界經理文摘》編輯部，2000：106-113）。

　　建立學習型企業是企業未來競爭優勢的關鍵，是企業贏得市場的法寶。一些著名企業在日趨白熱化的市場競爭中牢牢站穩腳跟並迅速壯大，躍居行業的「領頭羊」，其秘訣就是創建了學習型組織的企業（如圖12-1）。

 第五節　數位學習

　　二十一世紀為高度資訊化發展的時代，電腦網路的普及應用已成為知識經濟的基礎。由於電腦網路科技的發展，已帶領我們進入一個數位學習（e-Learning）時代。數位學習因具備隨時隨地的高取得特性，特別符合現在快速變遷的模式，擺脫過去傳統教學空間與時間的限制，可營

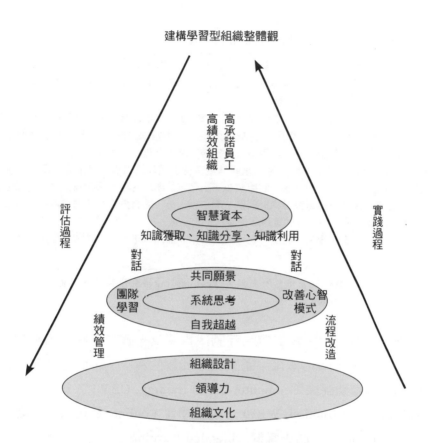

建構學習型組織整體觀

高績效組織　高承諾員工

智慧資本

知識獲取、知識分享、知識利用

對話　　　　　　　　　對話

共同願景

團隊學習　系統思考　改善心智模式

自我超越

組織設計

領導力

組織文化

評估過程

績效管理

實踐過程

流程改造

圖12-1　建構學習型組織整體觀

資料來源：朱楠賢（2001），〈學習型組織——願景或幻影〉，《人事月刊》第32卷第6
　　　　　期，總第190期，頁35。

造一個自主性高的學習環境。所以，數位學習是網路時代的重要趨勢，
而企業為求擷取智慧資產，提升競爭力，有效地讓員工獲取新的知識，
導入數位學習又成為企業成長的重要因素之一（**範例12-4**）。

一、數位學習的定義

　　美國訓練與發展協會（ASTD）將數位學習定義為：「學習者應
用數位媒介學習的過程。數位媒介包括網際網路、企業網路、電腦、

培訓管理

368

範例12-4　e-Learning 讓房仲服務標準化

> 　　以「科技仲介」自許的永慶房屋，是台灣第一家導入數位學習的房仲業。新人受訓時間雖然大幅縮減，由十四週降為五週，受訓的內容卻毫未縮水。數位學習還有重複學習的優點，讓員工學習更沒有壓力。
>
> 　　永慶房屋將以往二天一夜只有店長（約90名）才能參加的實體課程錄製成數位學習課程，將十八門課程原汁原味地呈現，施訓組群立即擴增到八百多名員工。永慶房屋未導入數位學習時，電視廣告播出後，業務人員經常會被客戶問倒。有了數位學習之後，電視廣告上檔前一週，永慶房屋就會透過數位課程，讓業務人員熟悉影片及行銷關鍵，並在上線後一週，利用數位平台考試。所以在電視廣告播出前，全部業務人員都已清楚廣告宣傳重點及模擬問答，廣告播出後，面對來店詢問的客戶就可侃侃而談，刺激業績成長，使昂貴的電視廣告產生更大綜效。
>
> 　　店長受惠於數位學習，管理、溝通更有效率，因而愈來愈仰賴數位課程的房仲經驗傳承。

資料來源：資策會數位教育研究所提供，〈e-Learning讓房仲服務標準化〉，《經濟日報》，2007/04/30。

衛星廣播、錄音機、錄影帶、互動式電視及光碟等。應用的範圍包括網路上學習、電腦化學習、虛擬教室及數位合作。」而在今日，常使用的如電腦輔助訓練（computer-based training, CBT）、網路輔助訓練（web-based instruction, WBI）、線上學習（online learning）、數位學習（e-Learning）、混成學習（blended learning）與行動學習（mobile learning）等名詞，皆是指透過網路的學習方式（如**圖12-2**）。

二、學習的定律

　　瞭解學習的定律，可以使學習收事半功倍之效（如**表12-4**）。茲分述如下：

1.效果學習（The Law of Effect）：如果能使學習者獲得滿意的效果，他對所學習的就會反覆不斷地去做而且會學得更快。

2.預備定律（The Law of Readiness）：當一個人預備怎麼樣做的時候，他能如願以償地去做，就會感到滿意；如不能如願以償，就會

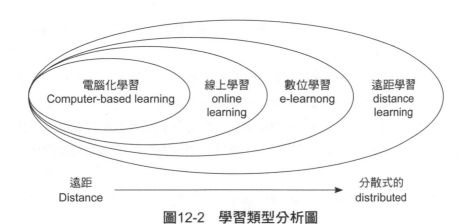

圖12-2　學習類型分析圖

資料來源：孟繁宗（2006），〈淺談數位學習與混成學習〉，《人事月刊》第43卷第4期，總第254期，頁24。

表12-4　傳統學習與線上學習比較表

教學方式 內容	傳統學習	線上學習
上課方式 （時間、空間）	• 時間：同一時間、同步進行 • 地點：必須在同一地點	• 時間：可同步或非同步進行 • 地點：在任何地點皆可
教材呈現	老師操作示範、課本指引	網路線上教材閱讀、課本指引
教學媒體或工具	白（黑）板、投影機、電腦、錄影帶	電腦、瀏覽器
作業繳交	課堂上、以e-mail寄交老師	自行張貼於網路上、e-mail寄交老師；老師直接在網路上改作業
進度控制	由老師決定進度	學習者自行決定
課堂參與	課堂點名及討論	上網站記錄及網路討論記錄
學習態度	學習者被動地接收知識	學習者主動地學習知識
合作學習	以同時同地的方式進行	可異時異地進行，學習者可與其他學習者交流
學習路徑	單一	多種選擇
認知迷失	為單一路徑，學習不容易迷失	因交互參考，易造成學習者的認知迷失
認知負擔	為單一路徑，認知負擔較低	學習者必須經常在某一節點決定選擇或放棄它，對學習易造成延遲

資料來源：巫靜宜（2000），〈比較網路教學與傳統教學對學習效果之研究──以Word 2000之教學為例〉，淡江大學資訊管理研究所碩士論文。

感到困擾。相反地，當一個人不預備這樣做的時候，一定要他這樣做，就會令他感到不悅與困擾。

3.應用定律（The Law of Use）：在其他條件不變下，任何動作的應用將使該動作做起來更快、更確實、更容易。

4.不用定律（The Law of Disuse）：由應用而學得的事實或動作不能經久不變。如長久不再運用，則該事實或動作就不能完整地保留，會有部分消失遺忘。

5.首要定律（The Law of Primacy）：最先學到的，往往可以學得最好。

6.近因定義（The Law of Recency）：最近前的經驗，最容易記憶。

7.強烈定律（The Law of Intensity）：刺激愈強烈，印象便愈深刻，學習的效果也愈佳。

8.重複定律（The Law of Repetition）：重複的提出，將加深印象，學習的效果也會增加。（童立中，1985：16）

三、數位學習導入原因

企業導入數位學習的原因，可分為下列三點說明：

1.企業訓練需要重複學習：由於企業內的人員會因離職或轉換部門而流動，同時企業本身的不斷成長，造成工作環境的愈複雜與迅速變化，企業往往需要反覆執行類似的訓練。然而，短短幾天的訓練難以落實訓練成效，利用數位學習可達成重複學習無成本、學習時間無限制的目標，並可強化企業訓練的學習成效。

2.企業訓練需要遠距教學：企業組織的擴大與發展造成員工分隔各地，集中進行傳統的實體訓練已經變得更加困難。因此，可以利用線上學習的特性來達成這個目的。

3.企業訓練需要虛實合一：實體訓練課程結業後，可利用數位學習教材反覆學習及討論，同時，學員也可以在實體訓練課程進行前利用

數位學習教材事先預習課程。

但採用數位學習的企業，必須釐清個人績效、團隊績效和企業整體績效三者之間的關聯。數位學習推行要成功，必須要有明確的策略、進階的學習設計，以及配合工作績效需求的彈性學習方法（Reinhard Ziegler 著，李芳齡譯，2001：102）。

四、數位學習系統對企業的效益

企業透過數位學習進行訓練，有下列幾項效益產生：

1. 方便性：它可以讓跨國性企業分布在全世界各地的員工都接受訓練，且無時間上的限制，能節省學員從工作地點和上課地點之間往返的時間，可更專注於學習。
2. 降低企業訓練的費用：平均而言，推行數位學習計畫之前後比較，可節省40%～60%的訓練費用。例如美國英特吉（Entergy）電力公司以十週的時間和不到一百萬美元的投資，建立了數位學習基礎架構，初步估計這個基礎架構在第一年內即可為該公司省下相當於投資成本三倍的經費。
3. 教材的一致性：透過網路的方式進行訓練時（Web-based training, WBT），每位員工都可接觸到相同且最新的訓練教材，可隨時提供（更新）更深入的學習教材。
4. 互動式教學：在新式的網路開發工具，如超文本鏈接標示語言（Hyper TextMarkup Language, HTML）、程式語言（Java）之下，線上學習可輕易的建立討論區、測驗區及雙向互動介面，以便與訓練教材整合，能夠得到學員適時的回饋意見。
5. 更新容易、維護成本低：訓練內容版本的管理常花費訓練人員很大的時間整理，透過訓練教材資料庫與管理程式的介面，訓練人員可以輕鬆的管理訓練之數位內容。

凡學之道，嚴師為難。師嚴，然後道尊；道尊，然後民知敬學。《禮記・學記》

培訓管理

372

6.介面操作簡單：數位學習系統的介面多採用點選式的操作（point-and-click navigation），整個系統簡單、清楚且容易學習。

7.集中式管理：透過網路的幫助，員工不論在任何地區皆可輕易的連結到中央資料庫，自助式訓練（self-training）可以發生在家中、辦公室或是通勤的路上。

8.彈性：數位學習系統可以與績效管理系統、知識管理系統，甚至於文件管理系統結合，以產生員工發展上的綜效。（鄭晉昌等，2006：255-256）

儘管數位學習具有許多的效益，但是它還是無法完全取代所有的課堂訓練課程，例如訓練行銷人員時，在課堂上可以進行角色扮演，並可以對學員進行觀察，看學員在模擬與顧客的應對和電話行銷中表現究竟如何。所以，大多數的訓練項目將會是這兩者（虛擬與實體）的綜合（**範例**12-5）。

五、數位學習的建構內容

數位學習指的是e-learning，要建構一個完整的企業e-learning，它應包含三大部分：

1.教學平台：功能在於建置教務管理、班級管理及學員管理等工作。

2.教材科技：它包含教材設計與內容專家的溝通及多媒體的表現方法。

3.學習載具：透過內部網路、個人數字助理（Personal Digital Assistant, PDA）或光碟唯讀記憶體（Compact Disc Read-Only Memory, CD-ROM）等工具。

企業在推動線上學習的過程中，包含了課前評估、課中的輔導活動以及課後評量三大類活動，而在企業導入的過程中，首先應著重內部宣傳鼓勵措施，接著是教務流程的改變及教材的有效產製，才能提升學員

範例12-5　教育訓練　虛擬實體兼顧

　　網路教學固然方便企業訓練在職或新進員工，但存在一些難以克服的限制，技術層面與複雜性較高的工作仍須當面授課，才能收事半功倍的效果。

　　成立於一九七八年，以建材及家庭修繕工具零售的家庭補給站（Home Depot）為例，便透過電腦教學實施員工訓練，新進收銀員透過線上模擬，學習找零錢和處理信用卡等業務，他們吸收很快，訓練時間比課堂講授縮短30%。但在賣場實際操練則需依賴傳統的個人指導訓練。

　　家庭補給站門市銷售訓練主管安德森說：「能隨時隨地傳授銷售知識的熟練店員，是無可取代的。」他解釋，成功的銷售必須非常瞭解產品、清楚解釋產品，以及能夠洞悉顧客的需求。線上訓練不容易涵蓋這些元素，新進人員可藉由觀察熟練店員與顧客的互動，學到更多銷售技巧。公司若需宣示規範與政策，或是快速傳播訊息，數位學習最為有效；但在客戶服務、銷售和領導等領域，當面指導較可行。

　　奎斯特國際通訊公司在科羅拉多州（Colorado）雷克伍德市有一座占地2.3萬平方公尺的訓練中心，專門訓練現場服務的技術人員，包括四十六間教室和六個中心，可供員工練習安裝家庭電話或網際網路的線路。指導員會提出各種線路問題，受訓人員必須找出問題所在，並提出解決之道。該公司一名經理人說：「你不能在線上學習如何爬上電話線桿。」這家公司估計，網路鋪設部門的訓練課程有八成在課堂上教授，兩成透過線上進行。

資料來源：《華爾街日報》；引自林聰毅譯（2007），〈教育訓練　虛擬實體兼顧〉，《經
　　　　　濟日報》，2007/04/23，A14版。

的學習興趣與學習效果，具體發揮數位學習的效用（哈佛企管網）。

六、數位學習的建構模式

　　企業通常除考慮e化程度外，並需針對企業對數位學習需求和期望程度的不同而有不同的模式建置（如**表12-5**）。例如：

1. 自我學習之線上教材（self-study courseware）：提供可供員工自行下載學習的e化線上教材。例如：新人訓練、操作手冊、新產品介紹、演講簡報等。此模式適合自我學習式的學習環境，線上學習不提供講師引導教學過程。

2. 實體課程輔助網站（supporting website）：將實體課程的內容移到

表12-5　數位學習系統的模式

模式	說明
一、課程資訊公告網站 （Course Information）	最簡單的一種數位學習應用。只要將各種課程的資訊做成網頁，並與公司的網站相互結合，即可輕易完成。
二、實體課程輔導網站 （Supporting Website）	將若干實體課程的活動，搬到網路上進行。例如課後討論、作業繳交等。
三、自我學習之線上教材 （Self-study Courseware）	提供各種可供員工自我下載的數位化線上教材，此模式適合自我學習式的學習環境，線上並沒有老師引導學習過程。
四、老師引導式線上課程 （Instructor led course）	由老師實際在線上引導學員各種學習進度的線上教學環境。
五、專家社群 （Expert Community）	教學活動及教材不一定需要數位化。但須在線上提供各領域專家的連絡資料，使需要協助的學員可於線上直接發問及獲得專業問題解答。此類應用偏向「小組討論及合作提案」的協同作業環境。
六、獨立的網路學院 （Cyber Campus）	為企業建置獨立的線上網路學院。
七、認證及線上測驗 （Exercise and Certification）	由企業自行建置或與外部驗證權威單位合作，提供各種認證的課程及線上檢測的服務。

資料來源：廖肇弘（2001）；引自王裕鈜（2007），〈數位學習e-learning內涵、應用與發展〉，《人事月刊》，第44卷第3期，2007年3月，頁39。

網路上進行。例如：課後討論、作業繳交等。但講師的教學活動以及各種教材並不需要進行e化，仍然以實體課程方式進行。

3.講師引導線上課程（instructor-led course）：由講師在線上引導學生進行學習。包括：教材的導讀、測驗、討論作業等，皆由講師全程輔導學習。

4.課程資訊網站（course information）：將課程資訊做成網頁（Homepage），並與企業內部網路（Intranet）相互結合。如果能提供線上報名的機制自然較為完整，同時最好能動態的公布與刪減各種課程資訊。

在古人後，議古人之失，易。處古人之位，為古人之事，難。（明·薛瑄）

5.認證及線上測驗（exercise & certification）：企業自行建置或與外部公證單位合作，提供各種專業認證的課程，以及線上檢測的服務。例如：保險經紀人、股票經紀人等專業認證及模擬測驗的線上教學環境。

6.獨立網路學院（cyber campus）：企業自行建置專屬線上網路學院，提供所屬員工以類似學校的學習模式自行選修各種線上課程，有的甚至可根據個人化的建議，提供其職涯規劃及修習課程的建議。

7.專家社群（expert community）：在線上提供企業中各領域專家的聯絡資料，使需要協助的員工可在線上直接發問，而專家也可在線上直接回答。（葛兆丹，2003：547-549）

　　數位學習最大特色在於結合通訊、電腦與影音多媒體技術，同時突破時空限制，轉型成為運用網際網路的學習方式，學習者更可依自我習慣與實際狀況調整自我學習進度。所以，數位學習系統未來將運用更多同步學習的工具（synchronous learning tools）；混成式學習（blended learning）將會被廣泛的採用；遠距學習（distance learning）的技術會不斷地進步，且越來越具親和力，遠距學習中的許多構面，如學習績效追蹤、同儕協助等也將會更加整合在一起。而從這些大趨勢來看，可以預期未來的數位學習系統將會更與企業訓練密切整合在一起，提供企業同時兼具效率與效能的訓練環境（鄭晉昌等，2006）。

 ## 第六節　終身學習

　　學習社會的理想，自古有之。早期希臘人即孕育有「派代亞社會」（paedeia society）的理念，追求一個可以促進個人終身學習（learning throughout life）與成長的環境。我國自古即有「活到老，學到老」、

培訓管理

「學海無涯，學無止境」之思想；日本亦有「修業一生」的觀念；一千五百多年前，在回教世界穆罕默德（Muhammad）的經書上也有「人生應當自搖籃起學習到墓穴」的名言，凡此均強調學習是全人生之需求與個人生命相始終。顯見終身學習是東西方民族亙古企求之理想，也是古聖先賢的一種嚮往（蔡祈賢，2000：2）。

一、終身學習的涵義

美國人類學家瑪格麗特·米德（Margaret Mead, 1901-1978）說：「世事萬變，人在出生時是一個世界，及其壯年又是一個世界，老死之時又是另一個世界。人無法終生於其生之時，亦不能老死其壯盛之世。」所以，終身學習的涵義在於主張學習是終身的歷程，重視非正規與非正式的學習，並且不分年齡、性別、職業與地位，不受時空的限制，人人享有普遍的學習機會，並強調以個人的學習作為規劃的核心，希望學習能成為個人生活的一部分，讓興趣引發學習，進而造就一個學習的社會。所以，目前各大專院校提供較多的名額，供一般企業員工能夠重回到學校進修，以持續學習。例如在職進修碩士班、學分班等課程，就是讓在企業界已任職一段時間之員工再回到學校進修。因而，不論是企業提供的教育訓練或是學校提供的各式課程，都使得「帶職進修」的管道增加，進而有助於培育更有素養與能力的專才（李吉仁、陳振祥著，2005：340）。

二、終身學習的發展

自一九七〇年代起，在聯合國教科文組織（UNESCO）、經濟合作發展組織 （Organization for Economic Co-Operation and Development Organization, OECD）、國際勞工組織（International Labor Organization, ILO）等重要國際組織的倡導下，終身學習成為各國關注的焦點。

一九九〇年代，終身學習進入了開展期階段，日本在一九九〇年頒訂「終身學習振興法」，鼓勵民眾參與終身學習的活動。歐盟（European Union）於一九九三至一九九五年陸續發表三份與終身學習發展有關的白皮書，並於西元二〇〇〇年十月提出「終身學習備忘錄」（A Memorandum on Lifelong Learning），二〇〇一年提出「實現終身學習的歐洲」（Making European Area of Lifelong Learning A Reality）報告。此外，為了提升終身學習品質，歐盟執委會於二〇〇二年在「歐洲終身學習品質指標報告書」中提出十五項終身學習品質指標。韓國於一九九七年將「社會教育法」修訂為「終身學習法」，表明推展終身學習的決心。我國在一九九八年訂為終身學習年，並發表「邁向學習社會白皮書」，提出終身學習社會的八項發展目標與十四項具體途徑及行動方案，且於二〇〇二年六月二十六日公布「終身教育法」，「終身學習」從理念層面開始全面而普遍的落實到政策層面。

三、終身學習的趨勢

　　在充滿變數與挑戰的新世紀，終身學習已成為知識經濟時代的核心要素。因此，二十一世紀的終身學習具有十大發展趨勢：

1.民眾積極參與以形成完善的終身學習政策與計畫。
2.探究及採用適宜的終身學習模式。
3.發展新學習文化。
4.終身學習與知識經濟相連結。
5.配合地方舉辦終身學習節。
6.發展創新的終身學習理念與行動。
7.擴展國際交流合作以強化終身學習體系。
8.運用資訊與通訊科技擴展終身學習的機會與途徑。
9.促進人人成為自我導向的終身學習者。
10.建立現代化的學習社會。

　　未來的社會將是一個學習型社會，而終身學習即為學習型社會的一項重要課題。在終身學習的精神中，學習者突破了傳統學校教育與時空的侷限，從被動的接受轉為主動的出發，成為自我學習的主導者。所以終身學習是不間斷地自我學習，並透過個人的尋求與外力的協助，利用不同的學習資源來達成不同的學習目的（許文華，〈終身學習〉，http://www.read.com.tw/web/hypage.cgi?HYPAGE=subject/sub_learning.asp）。

 結　語

　　學習型組織已被稱為「二十一世紀企業組織和管理」方面的新趨勢。二〇〇七年四月，香港上海匯豐銀行把人力資源處的「訓練暨員工發展部門」，改成「學習發展部」。學習型組織理論要求組織中的每一個成員不僅要終身學習，不斷補充新知，而且要開放自我，與人溝通，最終達到從個體學習、組織學習到學習型組織的目標（高正平，2004：29）。

13 標竿學習——
向國外典範企業借鏡

以財交者，財盡則交絕。以色交者，華落而愛渝。《戰國策‧楚策一》

培訓管理

380

知彼知己者，百戰不殆；不知彼而知己，一勝一負；不知彼，不
知己，每戰必殆。

——《孫子兵法‧謀攻篇》

企業之所以能成為標竿典範的企業，當然一定有其值得學習的地
方。所以，「標竿學習」基本意義是以最好的企業作為標準，嘗試以有
系統、有組織的方式，學習它們在培訓員工這塊領域的流程、技巧以
及成功的經驗，加以活用，以期與之並駕齊驅，甚至超越競爭者（如**表
13-1**）。

第一節　奇異電氣公司（克羅頓威爾管理學院）

美國奇異電氣公司的訓練中心「克羅頓威爾管理學院」（Management

表13-1　標竿學習資料取得來源

類型	來源	舉例
內部	專業資料庫	技術或一般檢索系統
	內部知識庫	內部專家所作的研究
	內部出版品	公司刊物、備忘錄
	內部網絡	內部人際網絡關係
原始資料	顧客回饋	焦點團體、顧客直接建議
	電話調查	電話訪問
	詢問服務	特定的聯絡
	參訪活動	各類獎項觀摩參訪
外部	專業協會	連鎖加盟協會等
	產業出版品	資策會（ITIS）出版品等
	產業分析報告	台灣區電機電子工業同業公會、車輛公會刊物等
	一般管理雜誌	各種財經雜誌、能力雜誌等
	功能性期刊	會計月刊、品質月刊等
	研討會	各式研討會

資料來源：i-Bench小組彙整；引自〈標竿何處尋？經典全錄的永續標竿學習〉，《能力雜
誌》，第607期，2006年9月，頁104。

Development Institute），它曾先後訓練過《財富》雜誌評選出的美國五百強公司中的一百六十位首席執行長。

一、克羅頓威爾管理學院的使命

克羅頓威爾管理學院，於一九五六年由時任奇異公司的首席執行官拉爾夫・科迪納（Ralph Cordiner）創立於紐約市以北四十英里處的哈德遜河谷，校園占地五十英畝。該學院有著明確的設立使命：「創造、確定、傳播公司的學識，以促進奇異的發展，提高奇異在全球的競爭能力。」它有兩座教學樓（教室和會議室）及一座宿舍樓（受訓學員居住和餐飲處），曾被世界著名的財經雜誌《財富》譽為「美國企業界的哈佛」，是奇異培養公司領導人的搖籃地。

傑克・威爾許（Jack Welch）就任後，為奇異公司勾畫了雄偉的發展藍圖，又在該學院投資四千五百萬美元。他認為相較於投資人才的報酬率，這點錢根本微不足道，還動工興建直昇機升降場，讓公司的菁英領導小組在受訓期間也能快速往返於辦公室與訓練中心之間。

二、課程設計與教學內容

克羅頓威爾管理學院有著完善的課程計畫，光是課程設計單就有一百五十四頁，包括：新進管理人員訓練和有經驗的管理人員訓練、高級財務管理學、高級資訊科技管理學、高級營銷管理學、全球性競爭、人力資源發展、如何進行創造性思考、人際溝通技巧等。

教學方法，包括討論、案例分析、經營模擬以及行動學習項目。克羅頓威爾管理學院的教學方式，主要重點放在解決奇異公司的實際問題上，在每一課程中，學員都被要求以行動為導向，帶著問題來參加學習，學習結業後，還要帶著行動計畫回到工作崗位，深植於組織各個角落（**範例13-1**）。

範例13-1　奇異公司行動學習訓練課程

課程名稱：中級幹部訓練班「行動學習」課程（五天）	
定義	讓學員們去瞭解企業的現實問題，拿出解決方案，再請他們的上一級主管決定是否可行。
第一天上午	討論在企業轉型時期如何做好領導工作的問題。課程內容概括為：T（技術，如購併、撤資和重組的問題）、P（政治，關心人與人之間的權力關係、衝突的問題）、C（企業文化，包括企業行為規範價值觀的問題）三大類，讓學員運用TPC來分析他們所在單位的工作，做到活學活用。
第一天下午	聘請專家（講師）講授企業如何轉型。
第二天上午	聘請專家（講師）講授全球策略。
第二天下午	幫助學員建立團隊技巧的戶外課程。
第三天上午	聘請專家（講師）講授全球營銷。
第三天下午	「遠景」練習。先放映一段黑人著名領袖馬丁·路德（Martin Luther King, Jr）的著名演說：「我有一個夢」，然後大家討論馬丁·路德所構想的遠景的基本要素，接著要求學員們為他們未來兩年的工作擬定一個遠景，然後大家一起討論。
第四天上午	各個小組把他們的遠景轉化為明確的計畫。
第四天下午	進行綵排預演，準備向相關事業的主管彙報。
第四天晚上	相關事業的主管抵達學院後，先向他們講解規則，然後與小組成員進行討論，再宣布他們對每項建議提案將採取何種行動。
第五天	每個小組輪流報告，然後大家再聽相關事業主管的意見。幾乎所有的提案都被企業領導所採納。

資料來源：劉立（2003），《通用GE電氣》，高雄：宏文館，頁215-216。

三、深度分享領導決策經驗

　　傑克·威爾許每個月至少要到克羅頓威爾管理學院發表一次演講，鼓勵學員坦率直言、真誠溝通，並回答學員們的提問。在威爾許的自傳中，曾生動描寫了他在克羅頓威爾管理學院的上課情況。他不曾進行冗長演說，而喜歡進行開放式的雙向交流，像在課前，學員可能會收到威爾許事先寄發的一份手稿，上面列出他預計會在課程中討論的主題。以針對初階管理者的「管理發展」課程為例，威爾許會列出這些議題：

　　1.在你日常生活中，有哪些困擾是你的直屬上司可以解決的？有哪些

是我可以協助的？

2.我打算討論A、B、C三個競爭者，我將要求各位提出這三者的差異。

3.你能感受到公司內所推動的品管活動嗎？你認為如何能加速推行此一活動？

4.你的奇異生涯中，最不滿意、最希望改變的是哪一點？

若是在「高階主管發展」的課程，則探討的議題會升至策略層次。諸如：

1.如果你明天就要接任奇異的執行長，你將會採取哪些行動？

2.你在接任後的一個月內會做些什麼事情？你打算如何發展一個新的願景，並有效推銷這個願景？又打算破除公司哪些慣例？

同時，威爾許也要求學員描述他們在過去一年所面臨的領導難題，議題可能從調職、開除員工、關廠或購併、出售某項事業部門等。他除了拋磚引玉外，也邀請這些學員分享當時艱難矛盾的關鍵決策時刻，「這是克羅頓威爾課程中最感人、最有張力的時刻」，傑克·威爾許在他的回憶錄中如此寫道（**範例**13-2）。

四、奇異人才培訓的特色

威爾許利用克羅頓威爾管理學院來灌輸他的經營理念，利用它來瞭解企業的運作情況，凸顯出了該學院辦理訓練的下列特色，也引來了許多著名企業的模仿者，諸如IBM的沙點學院（Sands Point）和日立（Hitachi）的管理發展學院等。

1.讓參與「主管級課程」成為一種榮譽象徵。

2.課程內容以企業實際遭遇問題為討論對象，勝過單純研討其他企業案例。

範例13-2　奇異公司領導力發展專案階梯體系

步驟	內容
1	執行長（CEO）上任第一天，第一要事：擬選一百位候選人名單。
2	長年考核辦法：把一百位候選人平時業績按月用簡報通告董事會。
3	執行長提出，由董事會研究確定候選人名單。
4	把候選人分三類：第一類為必然人選，包括機構的七大主管在內；第二類為熱門人選，是最高主管直接領導的關鍵人物，包括表現最突出的主管；第三類為有潛力的人選，為表現引人注目，很有發展的人選。
5	這些候選人中年輕人先在基層磨練，再由基層向上拔拔，最後選到總機構任職，做最後的候選人。
6	選拔歷經十五到二十年，在這期間，一百位候選人名單會有很大變化。
7	最後確定的三名人選往往不是一、二類而以第三類居多，已成規律。
8	制訂初選接班人的職務鍛鍊計畫，用接班人的要求，去考量、培養、安排以補足其閱歷和能力。首先，讓他們擔任那些與政府、工會、社區和合作公司經常有接觸的職位，這種工作崗位對接班人的鍛鍊是十分必要的。其次，是安排到急需取得突破性成功的風險崗位上去磨練。第三，到資本經營中最可能賺錢的公司去任職鍛鍊。第四，重點是第三類候選人，制訂針對他們具體情況的升遷調動計畫。
9	最後六年抓緊考核選定力度和速度，將候選人縮小到二十四名。對過程高度保密，連二十四名候選人自己在這六年中也沒有覺察到自己在名單以內。
10	董事會的董事以瞭解業務為由，隨時到候選人工作處瞭解情況，聽取彙報或實地考察；透過瞭解候選人與員工的互動關係，看候選人的辦事能力、決策能力和創造部門文化氣氛的能力。通常他們要到候選人下屬七到八個部門（重點是三到四個部門）深入調查。
11	董事們還透過私交（如打高爾夫球或共進晚餐等），從人性角度認識候選人的為人、做事態度。考察大量的人際互動關係是奇異公司選接班人的最大特色。
12	董事們自由集會，共議接班人的短長，而後再開董事會。董事會之前先由現任執行長發給每位董事一本候選人資料，其中包括候選人生活照片、工作經歷、重要業績、評估印象和現任執行長本人的意見，要求董事們審閱，以便在會上發表意見。
13	董事會上如大家一致認為候選人情況比較清楚，此時會逐步縮小候選人範圍，直到縮小到三人為止。此時，董事們已知花落誰家。但此時的執行長強調要多關注三人中可能落選的另外兩人的優點，反覆進行詳細討論，直到大家意見完全一致為止。
14	新執行長上任後，還要在原執行長直接帶領下工作一段時間，另外還有兩位副董事長輔佐其度過「適應期」。

資料來源：中國人力資源網，〈GE接班人運作模式〉，http://tech.hr.com.cn/html/39047.html

3.讓學員的回饋能實際運用於企業流程改善，啟動良性循環。

4.絕大部分的講師工作由企業內的領導典範來擔綱。

5.嚴格差異化，且確實執行的人才考評制度。

6.高層主管的強力支持是一項極大的助力。（工業技術研究院學習服務網，〈GE奇異公司經典內訓，培養世界級執行長〉，http://hrd.college.itri.org.tw/article.aspx?id=112）

　　克羅頓威爾管理學院的成就，在於它給予數千名奇異經理傳遞學習的利益。在有力的編劇技巧和鼓勵冒險的環境組合之下，每年提供一千名員工足以改變他們的嶄新經驗。今天，這些人正在改變奇異公司，隨時待命，準備接手（Noel M. Tichy & Stratford Sherman著，吳鄭重譯，2001：237）。

第二節　沃爾瑪公司（交叉訓練）

　　沃爾瑪（WAL‐MART）公司係由美國零售業的傳奇人物山姆・沃爾頓（Sam Walton）於一九六二年在阿肯色州（Arkansas）成立。經過四十多年的發展，沃爾瑪公司已經成為世界上最大的連鎖零售商。

　　沃爾瑪公司之所以獲得今天的成功是源自於其從不對公司現狀自滿。沃爾瑪公司是一間有遠見的公司，它非常珍視自己的過去，並善於從中總結經驗教訓，但不會停滯不前。沃爾瑪公司一貫堅持「服務勝人一籌、員工與眾不同」的原則。

一、多元化的訓練

　　沃爾瑪各分公司必須在每年的九月份與總公司的國際部共同制定並審核年度訓練計畫。從對剛剛加入公司新員工的入職訓練、普通員工的崗位技能訓練和部門專業知識訓練、部門主管和經理的基本領導藝術訓

培訓管理

練、商場副總經理以上人員的高級管理藝術訓練、顧客服務訓練、訓練員訓練等。沃爾瑪公司的訓練計畫幾乎涵蓋了零售業經營和員工管理的各方面。

沃爾瑪公司的各種訓練中，又分為很多小型的訓練。例如對新員工進行入職訓練時，在新員工入職的第一天、一個月、二個月、三個月，分別會有四個側重點不同的訓練。因為沃爾瑪公司認為，員工入職後的這幾個時間點是非常關鍵的時期，訓練一定要配合員工各個時期的心理變化和員工對公司、業務瞭解程度的變化。其他訓練項目還包括第三十天、第六十天、第九十天的回顧訓練，目的是鞏固訓練成果。

沃爾瑪公司的訓練分為不同的層次，有在崗技術訓練（如怎樣使用機器設備、如何調配材料等）、有專業知識訓練（如外語訓練、電腦訓練等），還有全面講述沃爾瑪公司經營理念的企業文化訓練等（**範例13-3**）。

二、設立圖書館

沃爾瑪公司還設有圖書館，透過借閱圖書館的圖書，員工可以瞭解各種新聞資料及公司各部門的情況，從而對公司的背景、福利制度以及規章制度有更深刻的瞭解。

在沃爾瑪公司服務的員工，於工作表現及辦事能力上有特殊表現者，還有機會參加公司的橫向訓練。例如，收銀員有時會參加收銀主管的訓練，優秀的員工還會被派往其他部門接受業務、管理上的訓練，為今後的個人升遷創造更有利的條件。

三、設置實習學院

沃爾瑪公司還透過專門設立的沃爾頓零售學校、山姆營運學院來培養高層管理人員。根據管理人員的不同潛能對其進行領導藝術和管理技

範例13-3　沃爾瑪的交叉培訓

沃爾瑪實行世界上獨一無二的交叉培訓，透過交叉培訓，許多沃爾瑪的員工都成了一專多能型的人才。

所謂交叉培訓，就是一個部門的員工到其他部門學習。培訓上崗，從而使這位員工在熟練掌握自己的職業之技能的基礎上，獲得另外一種職業技能，使一位員工能做多種工作，提高工作團隊的靈活性和適應性。

具體來說，交叉培訓的優點有：

1. 有利於員工掌握新的職業技能

   交叉培訓使員工掌握了新的職業技能，從而使員工在整個商店的其他系統、其他崗位都能夠提供同事或者顧客希望得到的幫助，促使員工能夠完美、快速地解決所面臨的問題，從而提高商店整體的工作效率，緩解顧客的購物心理壓力，讓顧客輕鬆地度過購物時光。

2. 有利於員工提高工作積極性

   零售業是人員流動最大的一種行業，造成這種現象的一個重要原因是員工容易對本身的工作感到厭煩。交叉培訓可以去除員工以往只從事一種工作而形成的單調乏味感，減少了員工對本職工作的厭煩心理，有效減少了沃爾瑪的人員流動。

3. 有利於員工在全國的任何一家店相互支援

   沃爾瑪是世界零售業巨鱷，其分店已經分布世界各地，開新店就如家常便飯。交叉培訓有利於員工在新店開張的時候給予支援。例如，沃爾瑪要到某座城市去開店，如果是完全招聘新的員工來完成開店前的準備工作，常常會由於新員工缺乏經驗而讓顧客對公司的品牌印象大打折扣。而讓老員工去支援，就避免了這種不利情況的出現，同時也可能有效地提高員工的工作效率。

4. 有利於員工建立全盤思考的意識

   交叉培訓能使員工從不同角度對其他部門的情況加以考慮，從而瞭解到其他部門的實際情況，整體掌握公司的實際情況。例如，採購部門員工沒有從事過銷售，就不知道顧客的需求和哪種商品的銷路好，但如果讓採購部門的員工參加培訓進入銷售部門，以後在採購時就能夠從不同角度進行全盤考慮，減少公司的損耗。

5. 能夠快速完成公司的「飛鷹行動」

   「飛鷹行動」是指在週末和節假日，特別是在耶誕節到春節期間這一購物旺季，使不是前台的員工也能夠從事收銀工作，讓顧客快速地結帳離開商場。透過交叉培訓，使得這種「飛鷹行動」有了可能，杜絕了在其他大型零售賣場節假日購物時讓顧客長時間排隊等候的現象。

參考資料：古廣勝（2007），〈向沃爾瑪學習人才培訓〉，《企業研究》，總第279期，2007年5月，頁53。

能訓練。例如，沃爾瑪公司在美國阿肯色大學（University of Arkansas）有一個專門的沃爾瑪學院，在進入沃爾瑪公司之前沒有受過高等教育的經理可以到那裡進修充電，以便更好理解自己的工作職責，為迎接以後工作中更多的挑戰打好基礎。

這種全面的訓練系統，使得沃爾瑪公司可以不在乎員工有無從業經驗，因為經過訓練，幾乎所有的新進人員都能成為沃爾瑪公司的合格員工。沃爾瑪公司還竭力幫助員工迅速成長，在訓練六個月後，表現良好的新人就可以從事管理工作（古廣勝，2007：52-53）。

 ## 第三節　麥當勞公司（訓練發展系統）

麥當勞公司（McDonald's Corporation）在一九五五年開業之初，只是伊利諾州（Illinois）芝加哥（Chicago）西北郊區德斯普蘭（Des Plaines）一間街坊餐廳，但時至今日，已在全球超過一百個國家設立了超過三萬間餐廳，成為全球最大的速食服務機構，它代表著美國文化，這點已被世人公認。「我們重視每位員工的價值、成長及貢獻。我們不只是服務顧客的漢堡公司，更是供應漢堡的人性化公司。我們要成為每個所在社區的最佳雇主。」這是麥當勞經營理念中關於「人員承諾」的句子，它具有相當的感染力。

一、創始人的名言

設立在伊利諾州奧克布魯克（Oak Brook，芝加哥郊區）的漢堡大學（Hamburger Univerity），最光榮的一句讚美詞就是：「你的血液裡充滿了番茄醬。」而創始人雷文‧洛克 （Raymond Albert Kroc, 1902-1984）最有名的兩段話，可用來闡述在麥當勞是如何去看待員工的發展。第一段話說：「不管我們到哪裡，我們都應該帶上我們的智能，並且不斷給

智能投資。」（If we're going to go anywhere, we've got to have some talent. And I'm going to put my money into talent.）；另一段話是：「錢跟智慧是不一樣的，你可以賺到錢，但是你想隨處去抓到智能卻是不可能的，所以必須花心思去發展。」（Cash they can get, talent you have to develop.）

二、訓練的效益

麥當勞公司有一個與眾不同的特點，如果人們沒有預先培養自己的接班人，那麼他們在公司裡的晉升將不被考慮。這就猶如齒輪的轉動，每個人都得保證培養他的繼承人並為之盡力，因為這關心到他的聲譽和前途。在麥當勞公司，他們認定了訓練帶來的利益有四大項：

1. 麥當勞公司相信，有最好訓練、最好生產力的麥當勞團隊，能夠在顧客滿意與員工滿意上達成企業目標。
2. 麥當勞公司強調在正確的時間提供正確的訓練，因為訓練的價值在於對員工生產力的大幅提升，同時由於麥當勞公司的訓練也提供給加盟經營者，而加盟經營者在麥當勞公司的系統裡占有很大的部分，所以這對加盟經營者的生產力也有很大的幫助。
3. 如果可以有效率地運用訓練投資，對於麥當勞公司的股票投資人也會產生一定的效益，這也是麥當勞公司對投資人一個很重要的責任。
4. 透過良好的訓練，就能將麥當勞公司的標準、價值、訊息以及想要做的改變一一達成，這對整個系統的永續經營相當重要，也因此麥當勞公司的「願景之屋」把「人」當作一個很重要的資產。（黃寧，〈麥當勞的培訓與晉升機制〉，致信網：http://mie168.com/htmlcontent.asp）

三、職涯訓練計畫

麥當勞強調的是「全職業生涯」的訓練，也就是從計時員工開始到高階主管都有不同的訓練計畫，透過各區域的訓練中心以及漢堡大學進行進階式的訓練，使得麥當勞的員工能夠持續不斷地學習、成長。麥當勞全職生涯的訓練規劃，是屬於所有麥當勞公司員工的寶貴資產（**範例13-4**）。在麥當勞公司裡，有超過75%餐廳的經理，50%以上的中高階主管，以及三分之一以上的加盟經營者是由計時員工開始的。在美國，每十二個人就有一個人是從麥當勞公司開始第一份工作，由此不難發現麥當勞公司非常重視員工的成長與生涯規劃（張淑華，〈麥當勞的訓練發展系統〉，http://piefu1.hypermart.net/hr.htm）。

範例13-4　麥當勞培訓四個層次的評估

第一層次：反應評估
在上課結束後，大家對於課程的反應是什麼，例如評估表就是蒐集反應的一種評估方法，可以藉由大家的反應調整以符合學員的需求。
第二層次：講師評估
每一位講師的引導技巧，都會影響學員的學習，所以在每一次課程結束後，都會針對講師的講解技巧來做評估。在知識方面，漢堡大學也有考試，上課前會有入學考，課程進行中也會有考試，主要想測試大家透過這些方式究竟保留了多少知識，以瞭解訓練的內容是否符合組織所要傳遞的。除此之外，漢堡大學非常重視學員的參與，會把學員的參與度量化為一個評估方法，因為當學員提出他的學習，或者是和大家互動分享時，我們可以知道他的知識程度並且在每天的課程去做調整，以符合學員的學習需求。
第三層次：行為評估
學員在課程中所學到的知識技能能不能在回到工作後改變其行為，以達到更好的績效。在麥當勞有一個雙向的調查，上課前會先針對學員的職能做一些評估，再請他的主管（直屬主管）做一個評估，然後經過訓練三個月之後再做一次評估；因為學員必須回去應用他所學的，所以我們會把職能行為前後的改變做一個比較，來衡量訓練的成果。
第四層次：績效評估
在課後行動計畫之執行成果和績效有一定的關係，每一次上完課，學員都必須設定出他的行動計畫，回去之後必須執行，執行之後會由他的主管來為他做檢定，以確保訓練與績效結合。

資料來源：張淑華，〈麥當勞的訓練發展系統〉，http://piefu1.hypermart.net/hr.htm

一九八三年，漢堡大學搬入最新的校園，價值四千萬美元，七間教室，共可容納七百五十名學員同時受訓。每間教室都有電腦控制的自動錄音、記分，並有翻譯設備，以供外國學員使用。所有店內的工具、機器都一應俱全，三十名教授開課的範圍從生產力研究室至機器維修，應有盡有。漢堡大學許多課程的學分都被美國教育當局承認，可列為大學或研究所的正式學分〔洛夫（John F. Love）著，韓定國譯（2002），《麥當勞：探索金拱門的奇績》，台北：天下遠見，頁121-122〕。

第四節　摩托羅拉公司（視學習為競爭優勢）

摩托羅拉公司是在一九二八年由保羅‧嘉爾文（Paul Galvin）在伊利諾州（Illinois）的芝加哥市（Chicage）成立，當時的名字是「嘉爾文製造公司」。第一項產品「電池整流器」讓消費者不需再使用傳統的電池，能直接用家裡的電流來操作無線電收音機。一九三○年，公司成功的將汽車無線電收音機商品化，並使用「摩托羅拉」作為品牌名字，這個字所代表的意思是「移動中的聲音」，在這一時期，公司更成立了家庭無線電收音機及員警無線電部門。一九四七年，公司名字正式更改為「摩托羅拉有限公司」。該公司曾提出多項管理創意，諸如六個標準差（Six Sigma）、全面週期時間壓縮、全面顧客滿意、充分授權、全球化以及發展軟體新核心能力等。

一、提升能力的學習方式

摩托羅拉公司不但在這個高度競爭、快速變遷的電子產業中占有重要地位，而且還被許多商業專家認為是最成功的學習型組織，其中最重要的原因，是該公司能從各種訓練活動中產生許多新構想，這些學習活動讓公司主管接觸到平日工作接觸不到的新潮流與資訊。因此，摩托羅

拉公司訓練其主管以創意與前瞻看待每一個新機會。這種提升能力的學習方式，正適合該公司的策略與文化。

二、摩托羅拉企業大學

保羅·嘉爾文創立摩托羅拉公司以來，對於學習與教育的重視就一直深植於該公司文化中。一九八〇年，他同意建立摩托羅拉企業大學（Motorola University），在五年的計畫中撥出三千五百萬美元的經費。現在摩托羅拉公司每年花在訓練與人才開發的經費約有一億二千萬美元。全公司由上而下每位員工每年都必須接受至少四十小時的訓練，其提供的所有訓練課程都是以訓練學員構思並推廣新經營方向及策略為目的。

早在二十多年前，摩托羅拉大學已經是推動摩托羅拉公司改革的一支生力軍，其培訓和諮詢不僅是滿足內部員工的需要，並且也為外部企業服務，同時經常邀請顧客與供應商一起參加訓練，不僅改變顧客與供應商的心智模式，也能讓員工更瞭解顧客與供應商的需要與挑戰。從這些互動式討論中，往往激發有用的新意，促使產品服務與流程做出有效的改革。這種以混合員工、顧客與供應商的訓練課程的教學方式，紛紛為其他企業大學所採用（**範例13-5**）。

摩托羅拉大學提供以下服務：

範例13-5　摩托羅拉大學的宗旨與使命

宗旨	透過業務諮詢、訓練、品質管理和領導人才的培養，卓有成效地為摩托羅拉的顧客、供應商、合作夥伴和其他潛在顧客帶來更多的價值。
使命	透過提高客戶的業績和持久營收成果與我們的顧客、供應商、合作夥伴和其他潛在客戶一起分享摩托羅拉同業之經驗及洞察力。這一過程將完成摩托羅拉戰略使命。

資料來源：摩托羅拉大學亞太區的宗旨與使命；http://www.motorola.com.tw/motorola_u/home.asp

1.與公司客戶分享企業經驗。

2.實施從這一端到另一端的全面解決方案。

3.提供諮詢輔導服務。

4.提供教學服務。

　　另外，摩托羅拉大學還與其他許多培訓及諮詢機構合作，包括著名的學府、學術機構和業界的合作夥伴。

　　摩托羅拉公司鼓勵員工從潛在顧客、現有顧客、供應商及其他資訊來源啟發新想法，將提升能力的學習方式發揮得淋漓盡致，而該公司也因此成就非凡（楊國安等著，劉復苓譯，2002：91-95）。

　　美國電話電報公司退休的主管教育和訓練的副總裁唐納德‧康諾弗（Donald Conover）說：「就教育與公司經營戰略之間關係的緊密程度而言，摩托羅拉公司做得比我所知道的任何其他公司都要好。」（后東昇，2006：33）

 ## 第五節　美國波音公司（ROI訓練評鑑步驟）

　　美國波音（Boeing）公司是世界上最大的航空航太公司，其教育服務經理Deborah Wege在「2002 CUNA HR研討會」中分享波音公司在發展教育訓練方案，以及計算訓練方案的投資報酬率（ROI）的步驟如下：

一、建立組織現在的績效層次

　　透過個人觀察或是模範團隊與員工面談的方式，分析他們如何執行工作以及完成任務，作為評估現在績效層次的方法。注意這些流程中重複的部分以及員工的失敗經驗。

二、界定預期的績效或行為

透過與直線主管以及員工對話進行訓練需求分析。重點在於哪些績效或行為應當發生，哪些則不。然後建立績效目標，並以具體的詞彙加以陳述。例如：如果你需要更快速的任務迴轉率，則必須要陳述出你希望員工以多快的速度完成這個任務。

三、確定達成現有績效所需的成本

計算出花費在個別任務的平均時間，並乘以員工的每小時薪資。它包括因為錯誤而外加的重做時間，以及處理客戶抱怨的時間。

四、發展必要的訓練

發展能真正提升員工績效的訓練課程教材。透過與上司共同合作，研究系統職能，以決定哪個技術是必需的。

五、計算訓練發展及實施的成本

確認人力資源發展人員在研究、發展、執行（從第一到第四的步驟）所花費的時間。將這些時間乘以課程設計者，以及所有參與者的每小時薪資。因為訓練而租用的器材設備租金也應列為成本項目之一。但當公司為了好幾項訓練方案而購買器材設備時，不要將此項費用列入投資報酬率（ROI）的計算之內，而要單獨考慮購買這項器材設備是否符合成本效益。

六、將訓練排入行程並執行，以獲得新技術

規劃訓練課程，應依照參加學員的程度（經驗與學歷等），新技術

的學習難度、新知識的廣度等，列為安排受訓時數的考慮，最終目的是使學員能獲得新知識與新技術運用在其工作上。

七、衡量新的績效層次

計算完成訓練員工所花費的整體時間，同時也要注意重做和錯誤發生的機會是否降低，以及任務迴轉率時間是否的確縮短。

八、確認新績效的成本效益

應用上述第三步驟（確定達成現有績效所需的成本）所使用的衡量方法，以計算達成新績效所需的成本。

九、計算訓練的投資報酬率（ROI）

將原本績效成本（第三步驟計算所得）減去新績效所需成本（訓練後；第八步驟所得資料），便可算出此次的訓練之投資報酬率。

若一個有責任感的經理人在訓練方案後提供後續的支援、教導以及回饋等會讓訓練成效提升的活動，這些經理人所花費的時間不列入訓練投資報酬率（ROI）的成本計算，應獨立視為經理人在新績效中的投入，而這些投入是經理人與生俱來的職責（魏鸞瑩，2003：85-87）。

波音公司是一家大型跨國公司，在全世界範圍內都有外場服務，採購、銷售等原來由分公司進行訓練，現在由總公司統一起來進行全球化、跨文化訓練，其目標是使駐外人員和總公司人員都享有同樣的訓練機會，這樣可以做到統一內容、規範企業文化、發揮優勢、形成一體（后東昇，2006：125）。

第六節 可口可樂公司（生涯發展系統）

　　風行全球一百多年、橫掃全世界近兩百個地區、征服三分之二人類渴望的飲料明星「可口可樂」（Coca-Cola），係在一八八六年由美國喬治亞州（Georgia）的亞特蘭大市（Atlanta）的約翰‧潘伯頓（Dr. John S. Pemberton）藥劑師將碳酸水、糖及其他原料混合在一個三腳壺裡，沒想到，清涼、舒暢的「可口可樂」就奇蹟般出現了！潘伯頓相信這種產品可能具有商業價值，因此把它送到傑柯藥局（Jacob's Pharmacy）販售，開始了「可口可樂」這個美國飲料的傳奇。

一、實施生涯發展系統之歷程

　　美國可口可樂公司為了引進、儲備高級人才並開發人員潛力，結合個人的需求和組織的目標，在一九八三年成立了「人力資源規劃和發展」（human resource planning and development）系統。這套生涯發展系統實施的中心目標與其歷程如下：

(一)生涯發展系統的中心目標

　　1.組織內成員有升遷的可能。
　　2.在用人需求之前完全地發展人員的才能。
　　3.主管有責任評估和協助員工發展。
　　4.期望個人負起自我發展的首要責任。

(二)四年計畫的實施歷程

　　1.第一年：實施的第一步驟是訓練所有主管人員有關績效評估。在訓練期間，並將生涯發展的主要概念予以介紹，但不做細節討論。
　　2.第二年：主管人員學習如何執行有關生涯發展系統的生涯討論方

面；公司的最高計畫人員執行生涯發展和連續的規劃評價方面。

　3.第三年：將生涯發展和連續的規劃評價應用於所有主管人員。愈來
　　愈多的主管人員親身體驗到這套新的系統在自己的生涯發展上被應
　　用並對其細節逐漸瞭解。

　4.第四年：將此套系統普遍用於公司所有人員。

二、生涯發展系統的實施步驟

　　美國可口可樂公司實施此套系統之先，人力資源部門開始分析公司
現有的人事資料並予以評估；其次，為了謀求組織目標和個人需求二者
的緊密配合，擬定了員工發展方案。最後，再創造一個修正系統：(1)績
效規劃和評價；(2)個人生涯發展討論；(3)生涯發展部門和連續的規劃評
價；(4)配合和選擇的標準為基礎。其中以「績效規劃和評價」為核心，
「個人和組織的成長」為「焦點」，依(1) → (4)的步驟，達成組織和個
人需求的結合（如**圖13-1**）。

三、生涯發展系統運作成功的要素

　　組織實施生涯發展系統，可以成功地結合個人的需求和組織的
目標，創造個人和組織高度的效能、成長和發展，以達成組織績效
和目標，而美國可口可樂公司實施生涯規劃運作成功之要素——員
工、主管人員和人力資源部門都能努力地履行其角色（roles）和責任
（responsibilities）是個關鍵因素。

　　通過訓練，可口可樂公司的組織系統的成員結構成金字塔狀向上發
展，基層人員基礎紮實，高層人員高瞻遠矚，這種組織結構對公司的穩
定發展具有重大意義（中華民國管理科學學會人力資源管理與發展委員
會編輯，1989：40-51）。

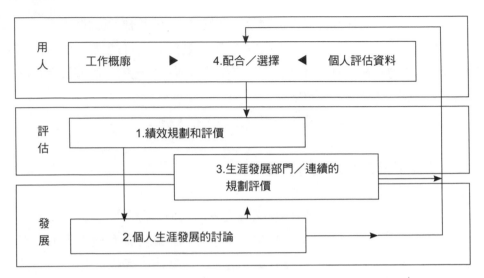

圖13-1　美國可口可樂公司的生涯發展系統

資料來源：美國訓練與發展協會（ASTD）；中華民國管理科學學會人力資源管理與發展委員會編輯印行（1989），《人力資源管理彙編》，頁42。

 ## 結　語

　　人才是一種極其寶貴的資源，其價值會隨著訓練的持續開展而不斷增值。這些世界知名的成功企業，在「人才培育」的投資上幾乎每一家都有其獨特的經驗，它們也都累積了豐富的、可供借鑑的獨到之處，如果我們能夠按圖索驥，透過瞭解、學習，定能為服務的企業開創出一條嶄新的未來「訓練」規劃的指標，更能一步一步的把自己服務的企業推向「永續經營」、「基業長青」的美好境界。

14 標竿學習——
向國內典範企業借鏡

夫以銅為鏡，可以正衣冠；以古為鏡，可以知興替；以人為鏡，可以明得失。

——唐・李世民

　　美國管理大師卓蘭（Joseph M. Juran）首先提出標竿管理，而企業標竿學習的推動與執行是從日本開始，它是尋找同業或相似性質產業中選擇最好的企業，將它設定為比較的目標而進行學習與挑戰，且期望超越它而成為世界頂尖的企業。所以，有系統、持續性地比較同類訓練單位績效與品質，並引進最佳實例（best practice）的「標竿學習法」（Benchmark），近年來獲得廣泛應用（如**表14-1**）。

第一節　中國信託金融控股公司（管理潛能發展中心）

　　成立於二〇〇二年五月的中國信託金融控股公司，為提供客戶完整的金融服務及建構國際化、多角化的金融版圖，以中國信託商業銀行為

表14-1　標竿學習流程

1.決定標竿學習主題	確認標竿學習資訊的使用者族群，並據此界定明確主題
2.組成標竿學習團隊	・選擇有專業能力與領導能力的計畫主持人 ・邀請具多元專業，或曾擔任標竿學習顧問者擔任成員
3.現在培訓方式探討	自我分析並找出須改善處
4.選擇最佳標竿培訓典範	・對象最好與自身規模相當 ・須選取曾達最高標準，確實值得學習的對象
5.進行標竿學習資料蒐集	建議由組織內部開始，進而再向外擴張
6.最佳標竿典範經驗交換	・瞭解自身與典範的差距，並擬定行動計畫書 ・積極爭取以參訪方式，實際交換經驗
7.評估績效與資訊回饋	・將過程確實記錄 ・將推行前後績效互相比較，作為下次改進之參考

資料來源：95年產業專業人才發展推動辦公室，第五次圓桌會議；引自〈人才資本〉，《標竿學習法，讓培訓績效更上層樓》，頁3。

主體，陸續納入證券、保險經紀、創投、資產管理、票券等子公司。同時根據客戶類型，將所屬子公司劃分為兩大事業，包括個人金融與法人金融事業，旗下各事業部與各子公司組成矩陣型組織架構，以達成跨事業單位之資源共享與交互銷售活動，為客戶提供全面性的金融服務。

　　為實現「全球華人的最佳金融服務機構」企業願景，中國信託深信「人才」將是關鍵成功因素，因此將「重視人才的培育」明定在文化宣示中。該企業不僅在人才培育上投注大量資源，亦致力創造一個能讓員工充分展現能力、發揮所長的環境。中國信託期望透過多元化及全方位的人才培育體系，為長期的人才養成與發展建立穩固基礎，達成組織各階段發展目標，並為台灣金融人才的培育盡一份心力，朝向打造「全球華人的最佳金融服務機構」而努力，二〇〇五年榮膺行政院勞委會主辦的首屆「人力創新獎」（**範例14-1**）。

一、成立管理潛能發展中心

　　中國信託建制「管理潛能發展中心」（Development & Assessment Center, DAC）就是要為組織、為每一個工作職務尋找「對」的人才。

　　中國信託認為人才養成的目標當以「應付未來挑戰」為首要前提，在未來主管的訓練方向上，專業能力的養成不再只是唯一重點，更具體要培養主管前瞻性的管理能力，以帶動組織未來的成長。於是當時的人力資源單位成立了專案小組，從文獻資料、拜訪同業、顧問公司聯繫等，一步一步開始摸索，經過三年多的執行，儼然已成為組織內部的共同語言，各單位亦開始主動運用此項工具，作為其人才評量、考核、發展方向設計之重要依據。

二、人才評核工具

　　管理潛能發展中心（DAC）這套使用工具，係以行為科學為經、客

範例14-1　管理人才發展機制

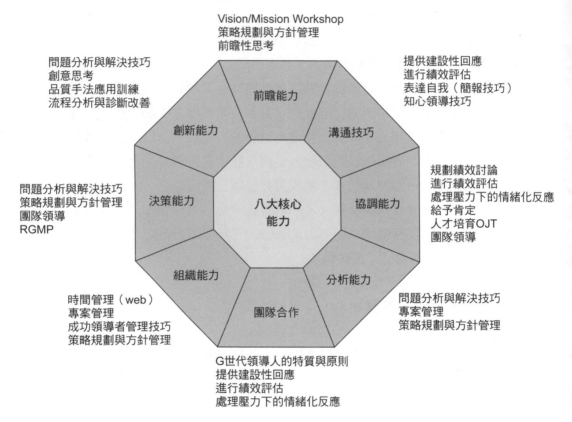

Vision/Mission Workshop
策略規劃與方針管理
前瞻性思考

問題分析與解決技巧
創意思考
品質手法應用訓練
流程分析與診斷改善

提供建設性回應
進行績效評估
表達自我（簡報技巧）
知心領導技巧

問題分析與解決技巧
策略規劃與方針管理
團隊領導
RGMP

規劃績效討論
進行績效評估
處理壓力下的情緒化反應
給予肯定
人才培育OJT
團隊領導

前瞻能力

創新能力

溝通技巧

決策能力

八大核心
能力

協調能力

組織能力

分析能力

團隊合作

時間管理（web）
專案管理
成功領導者管理技巧
策略規劃與方針管理

問題分析與解決技巧
專案管理
策略規劃與方針管理

G世代領導人的特質與原則
提供建設性回應
進行績效評估
處理壓力下的情緒化反應

資料來源：中國信託金融控股公司；引自第一屆人力創新獎頒獎典禮暨成果發表會資料，行政院勞工委員會主辦，頁3。

觀觀察為緯，提供客觀公正的具體資訊，是目前所知可信度最高的人才評核工具。在管理潛能發展中心的活動中，每一位參加者都會在設計完整的兩天活動中，經歷不同的練習，包括團隊的小組討論、一對一的簡報、書面練習、數理測驗、性向測驗、兩人一組的角色扮演等，由不同的觀察員，從談話互動、文字表達、簡報資料中，萃取參加者的行為線索（evidence），再透過嚴謹的評分機制及整合分析討論，歸納出對參加者的個人發展建議。

三、未來發展計畫

為能實踐公司的組織目標，管理潛能發展中心朝著下列的方向建構後續運用計畫：

1. 向下擴及基層主管：為避免造成組織人才的空窗期，將核心能力評鑑測驗擴大至基層主管，讓人才養成的時點向前提早，為中信金控未來事業版圖的經營做準備。

2. 接班計畫之運用：管理潛能發展中心依據核心能力評鑑結果，為中階優秀主管量身訂做個人職涯發展計畫，以提前養成未來高階管理人才。

3. 建構核心能力子模型：考量組織內部優先發展職系之需求，以現行之核心能力模型向下展開，計畫為不同「職系」建構「核心能力子模型」，使人才之養成焦點更為鮮明，亦更符合組織需要。

管理潛能發展中心（DAC）活動目標，將不僅是「執行」，而在「運用」，對內的溝通宣導重點，也將從「認知」發展至「認同」，期望能協助主管以成熟的態度，面對自己的發展需求，同時也能客觀的看待其部屬的發展需求，如此必能真正發揮管理潛能發展中心幫助員工瞭解自我、發展自我的價值（黃淑芬，http://www.chrma.org.tw/）。

第二節　玉山銀行（希望工程師培育專案）

「專業、服務、責任」是玉山銀行的經營理念，以完整的訓練制度培育人才，連續以「希望工程師培育專案」、「玉山新鮮人培育專案」分別榮獲金融研訓院的「最佳人才培訓獎」，二○○七年榮膺行政院勞工委員會主辦的第三屆「人力創新獎」。

一、希望工程師培育專案

　　玉山銀行以專業引領、經驗傳承、培育掌握關鍵工程的「希望工程師培育專案」成為玉山未來經理人的搖籃。訓練主軸包含了管理、專業與行銷三要素，形成金三角培育模型。

　　訓練方式以活潑多元，結合了專業授課、專書研討、個案研究、分組討論、角色扮演，打破傳統的純制式講授，以創意的團隊合作過程，從不同面向來培育中階主管的領導力。

　　主要的課程包括：領導統御與主管修為、顧客滿意與服務禮儀、銀行業務與行銷管理、金融法務與有關知識、資訊系統與管理、自行查核主管訓練等六大類。為培養中階主管卓越的領導能力，相關的細項課程設計如：成功主管應有之素養、員工問題與處理、如何輔佐上司、激勵與領導、紀律與風險管理、商業談判實務等。至於講師陣容則約有五成聘請外部業界與學界講師來擔任。

二、個案研究（課堂討論真實個案，為危機處理能力打底）

　　在正式受訓前，每位學員須提出曾經遇過最棘手的個案，以及當時的處理方法，作為課堂討論的素材。經學員交流及分享之後，各學員再上台報告日後可行的最佳處理之道。同時，經「希望工程師培育班」精選出來的代表性個案，人力資源部門還會加以彙集，作為日後全行的訓練教材。

三、角色扮演（學員分飾不同角色加深學習效果，激發創意潛能）

　　在訓練過程中，某些課程會由學員分別飾演顧客、服務人員及主管等不同角色，模擬真實情境演出；也有些學員善用視聽影音科技，將實際銀行大廳的服務情況拍攝下來作為上課教材。這種角色扮演的上課方

修脛者使之跕鑺，強脊者使之負土，眇者使之準，傴者使之塗，各有所宜，而人性齊矣。
《淮南子・齊俗訓》

第十四章 標竿學習──向國內典範企業借鏡

405

式，不僅使課程更加活潑，更能激發出學員的創意與創新能力。

四、持續追蹤（全面評估學習效果）

在「希望工程師培育班」開辦的前後會進行三次的考評，以瞭解希望工程師的學習效果。以反應面來說，是經由問卷勾選，引導思考專案規劃與提出創意的動機；學習面則是透過第三者，如同儕角度評鑑學員發展或改善了哪些技術、改變了哪些態度；行為面由單位主管進行評核與案例輔導，發現問題、討論缺失；最後的結果面則是透過一份包括領導、行動、專業、認同與潛能等五大象限的「自我評估報告書」，為學員的學習成果做一總結。同時，人資單位也會透過電腦統計分析，將學員的訓練成果具體呈現（**範例14-2**）。

被譽為國內資產品質最佳、逾放比率最低的玉山銀行，可說是台灣金融市場的模範生，這都有賴背後優秀的人力素質所締造（玉山銀行 希望工程師，培養主管種籽，工研院產業學院，http://hrd.college.itri.org.tw/article.aspx?id=114）。

範例14-2 受訓學員心得分享

轉變是為了成長，成長是為了迎接更多的夢想，我們透過了緊湊而紮實的「希望工程師培育班」而快速成長與蛻變。在內、外部講師精闢的課程解說下，我感覺自己就像塊海綿似的吸收，更由經驗分享及研討的課程中，體認到玉山人「成功不必在我，但成功一定要有我」所體現的團隊精神，是那樣的不凡與令人動容。成為「績效最好，也最被尊敬的企業」之期許，相信不是夢想，而是指日可待的目標。（法人金融事業處 蔡怡景襄理）

完成了「希望工程師培育班」的三個階段，對於生活及課程的用心規劃及安排有著最誠摯的感謝，不管是內部或是外部講師的授課內容，都讓我們受益匪淺，深知自己須成長的地方還很多，期勉自己在未來的日子，與同仁共同的努力學習，以提升團隊整體能量。不管是經驗的傳承或是承先啟後，都是責無旁貸的使命，期許自己以捨我其誰的精神，與同仁們一起發揮團隊的力量及超強的執行力，共同創造不平凡的玉山。（敦南分行 黃苾蓉襄理）

資料來源：〈希望，在淬鍊中綻放〉，《玉山銀行雙月刊文集》，2007年7～8月，http://www.esunbank.com.tw/about/990.essay

所謂五材者：勇、智、仁、信、忠也。勇則不可犯，智則不可亂，仁則愛人，信則不欺，忠則無二心。《太公六韜‧龍韜‧將論》

培訓管理

406

第三節　南山人壽保險公司（教育訓練精神與理念）

　　南山人壽保險公司成立於一九六三年七月，秉持「誠信第一、服務至上」之宗旨立業。它是台灣地區第一家實施業務人員專業訓練、考試篩選制度的壽險公司，無論是專業與技能的養成，南山人壽保險公司皆有一套完整的訓練計畫。一方面，配合公司的業務制度及員工的生涯規劃需求，提供循序漸進的階梯式課程；另一方面，視各地區的實際需要，適時提供不同的訓練資源，滿足業務人員不同階段的需求。

一、成立教育訓練中心

　　南山人壽保險公司為保持競爭優勢、強化專業訓練及培養更多的優秀人才，於西元二〇〇〇年投資十一億元，在台中大肚山麓（台中縣烏日鄉）動土興建「南山人壽教育訓練中心」（Nanshan Education & Training Center, ETC）。

　　南山人壽保險公司除所發展出的一般訓練課程外，同時也配合科技的發展及市場的變化，規劃多樣化的專業課程，來有效提升員工的壽險專業知識，培養出更多優秀的員工。

二、南山人壽的教育訓練精神與理念

　　南山人壽保險公司的訓練精神與理念，可分為下列幾項來說明：

(一)培養自動自發的學習精神

　　南山人壽保險公司的訓練精神首重自動自發的學習。業務人員不但積極參與公司開辦之課程，各地分公司、通訊處更經常主動邀請公司內外專業講師，舉辦各類訓練課程以充實專業知識（如**圖14-1**）。

圖14-1　教育訓練體系

處經理訓練
- 高階業務主管專業研習課程

區經理訓練
- 績優區經理進階訓練
- 區經理晉升訓練
- 區經理在職訓練（SMP）

襄理訓練
- 業務襄理晉升訓練
- 業務襄理在職訓練

主任訓練
- 業務主任晉升訓練
- 業務主任在職訓練

專業養成
- 壽險專業在南山暨商品課程
- 新人快速成長
- 保單實務

基礎教育
- 公會考試輔導班
- 壽險推銷實務

菁英培訓

分公司、通訊處　訓練活動與課程
- 推銷大展
- 新產品說明會
- 增員戰鬥營
- 通訊處業績會報
- 進修會
- 高峰特展
- 創業說明會
- 推銷戰鬥營
- 通訊處晨間月會
- 讀書會

合作訓練課程
- 壽險經營管理碩士學分班

專門訓練與測驗
- 投資型商品基礎訓練課程
- 投資型商品介紹暨投保實務課程
- 投資型商品推銷實務
- 南山全方位理財顧問課程
- 南山高階全方位理財顧問課程
- 科技教育訓練課程
- 業務人員中級測驗

在職教育　訓練課程
- 專業精進班
- 成長激勵營
- 財務行銷班

資料來源：南山人壽保險公司編印（2003），《我們的教育訓練：公司教育訓練白皮書》，頁9-10。

(二)強調需求、因材施教

　　訓練課程的制定係以各層級之需求為主要考量，依業務人員的年資、職級、個別狀況及環境變化設計所需課程，逐步提升各員作業所需之知識與能力。

(三)標準化、一致化兼具彈性

　　訓練課程的內容各地區採用標準化、一致化，但在教學施行方式上，因各地區風土民情之不同，則保留適當的彈性，讓學習更有效率。

(四)走在時代潮流不斷求進步

　　南山人壽保險公司是最早引進西方正統訓練教材的壽險公司，也是美國壽險行銷研究協會（LIMRA）的會員公司，不斷自該協會引進新的課程及教學方法，同時也密切與專業機構，例如MDRA及AIG轄下之世界各地姊妹公司經驗交流，讓員工的學習與世界各國同步。

(五)結合業務知識

　　南山人壽保險公司的訓練體制完全依據業務人員生涯規劃而制定，從業務代表、業務主任、業務襄理、區經理到通訊處經理，都有必須完成的訓練課程，並且按部就班嚴格執行，以協助業務人員順利拓展業務，並完成生涯規劃。

(六)重視績效

　　所有的課程設計強調觀念的建立、態度的培養和實務經驗的傳承齊頭並進，課程內容及進行方式均以好學、好記、立即可用為規劃目標，期使員工於課後能快速產生訓練績效。

(七)利用資源終身學習

為了提供完整的學習環境，除了課程之外，更積極與社會訓練機構合作，包括知名大學及企管顧問公司，開辦各種領域的新課程，提供業務人員一個終身學習的環境。

壽險事業有一種特性，就是比賽耐力，考驗長久性，它不是短暫的時間可以決定成敗的。所以南山人壽相信「一分耕耘、一分收穫」，多年來一步一腳印的訓練，已為其公司的永續經營奠下良好的基礎（南山人壽保險公司編印，2003，頁3-7）。

第四節　統一企業公司（全人教育）

統一企業公司於一九六七年七月成立於台南縣永康鄉（市），多年來秉持「三好一公道」的立業精神，「誠實苦幹，創新求進」的企業文化，以及「經營統一，大家一起來」的理念，勵精圖治，建立了台灣最大的食品王國（統一企業股份有限公司，http://www.evta.gov.tw/train/WORK/S2/S2-1.htm）。

一、教育訓練理念

統一企業公司秉持「終身學習、生涯發展、全人教育」的教育訓練理念，全力提高在職員工素養，儲備未來經營人才，凝聚全體員工向心力，塑造良好企業文化。

二、教育訓練目的

統一企業公司以提高在職員工素質，儲訓未來經營管理人才，提升

工作生活品質，塑造良好的企業文化，以創造公司更高之經營績效為教育訓練的目的。

(一)提升企業人力素質

在有系統的教育訓練規劃下，使全體員工具備擔任現職所需的知識、技能和態度，可以減少浪費、避免意外發生、改進工作方法、提升產品品質，進而提高工作士氣、增進對工作的滿意度、促進人際關係和團隊精神。

(二)儲訓未來經營管理人才

教育訓練針對公司未來發展方向或經營所需，先行訓練適用人才，以備適時調任，發揮所長。

(三)塑造良好的企業文化

經由教育訓練，使每一位員工瞭解並認知公司的經營理念、經營方針、策略及企業精神，形成一致的共識，增強對公司的歸屬感和向心力，以塑造良好的企業文化與企業形象。

三、教育訓練目標

統一企業公司的教育訓練目標分為短、中、長期三個階段分頭進行訓練。

(一)短期目標

配合該公司現行發展需要，增強各級人員素質，提升工作效率，完成公司經營目標。

(二)中期目標

針對該公司未來發展或經營所需，儲訓未來適用人才，以備適時調任，發揮所長。

(三)長期目標

在知識、技能及態度上，班組長級人員均具有專科以上水準；課長級人員均具有大學以上水準；經理級人員具有碩士以上水準為目標。

四、課程績效評鑑四個層次

為確保教育訓練目標之有效達成，需經由講師、學員、主管、承辦教育訓練人員對整個教育訓練加以評鑑（**範例14-3**）。

在「人才是公司最大資產」的基本理念下，統一企業致力於員工發

範例14-3　課程績效評鑑四個層次

層次	反應層次	學習層次	行為層次	績效層次
意義	學員喜不喜歡	學員有無學到東西	有無應用在工作上	有無產生成果影響
解釋	學員對課程滿意度	學員對課程的吸收或理解度	訓練後學員在工作上應用的情形	訓練對個人或組織產生哪些成果
調查內容	·課程、講師、教材 ·時間、場地	·學到多少？ ·如何使用？	·新技能的應用情形？ ·應用成效？	·個人 ·組織
檢驗方法	·問卷調查 ·學習反應評量表 ·面談 ·行為觀察	·訓練前後測驗 ·課程中間問題或要求示範 ·心得報告 ·測驗	·訓練一段時間後抽查學員對新技能在工作上的應用 ·行動計畫的執行（行為觀察）	·追蹤個人行為改變及工作的成效 ·成果競賽與發表會 ·績效考核
負責人	·訓練主辦人 ·講師 ·學員	·訓練主辦人 ·講師 ·主管	·主管	·主管

資料來源：統一企業股份有限公司，http://www.evta.gov.tw/train/WORK/S2/S2-1.htm

展與訓練，藉著瞭解個人的特質、公司的標準與職務的需求進行規劃，架構員工一展長才的學習環境，花時間、花心力培育員工，並不斷派遣優秀幹部至關係企業擔任重要職務，來開發員工的潛能與成長。

第五節　遠東企業集團（遠東企業大學）

　　遠東企業集團由紡織崛起，歷經半個世紀以來持續的投資擴展，遂行產業垂直與水平的整合，目前集團經營領域已涵蓋了石化能源、紡織化纖、水泥建材、百貨零售、金融服務、海陸運輸、通訊網路、營造建築、觀光旅館、社會公益等十餘項行業。遠東企業集團始終堅持的目標是，秉持創辦人徐有庠先生以「誠信」作為事業體經營發展的最高指導原則，塑建「誠、勤、樸、慎」的立業精神，不斷地為顧客、為股東創造新的價值。

一、成立遠東企業大學

　　一九九〇年遠東企業集團為加強主管人才培育與厚植企業競爭優勢，成立遠東企業大學，企業大學的開辦不僅是遠東人「終身學習」的具體實踐，亦使該公司的人才培育模式，從傳統單純的技能性或管理性訓練，擴充到長期兼顧知識性與發展性的教育型態，並使個人的生涯規劃與公司的發展策略能夠相互結合。

二、企業大學發展方向與重點

　　遠東企業大學係全方位協助遠東關係企業，並作為企業提升進步之後盾，提供人力培育及教育訓練、技術及高科技諮詢、研發能量支援、經營管理策略諮商以及企業創新育成的功能。遠東企業大學的發展方向

與重點有：

> 1.厚植遠東關係企業所需人力資源，配合企業需求及員工生涯規劃，提升企業競爭優勢，建立企業界與學術界之前瞻合作模式。
> 2.整合遠東關係企業教育訓練資源，共同規劃與設計具有整體性之終身學習課程，以求有效推動人才培育之工作。

三、遠東企業大學推動策略

「人才是企業的根本」，培養優秀的企業領導人才，強化企業的核心競爭優勢，進而達成企業永續經營，一直是遠東企業集團的企業使命，其推動遠東企業大學策略有：

> 1.重新檢討企業人才培育、教育訓練及訓用配合政策。
> 2.積極宣揚企業大學及終身學習的理念。
> 3.利用內外部資源從事企業大學之教育訓練工作。
> 4.建立多元化與多樣化的教育訓練之課程。
> 5.建立遠東人終身學習護照與紀錄卡的制度。
> 6.促進與其他企業交流，擴大教育訓練規模。
> 7.建立近距離現場等多元化上課方式。
> 8.積極展開企業教育訓練需求調查，予以整合。
> 9.建立多點遠東人學習中心，以方便員工就近學習。
> 10.健全企業大學發展，建立計畫、預算與管考制度（**範例14-4**）。

四、遠東企業大學推動措施

近年來，伴隨著遠東企業集團多角化經營策略，關係企業數量增加快速，遠東企業大學為提升集團人才競爭優勢，乃推動下列的幾項措施：

範例14-4　遠東企業大學組織示意圖

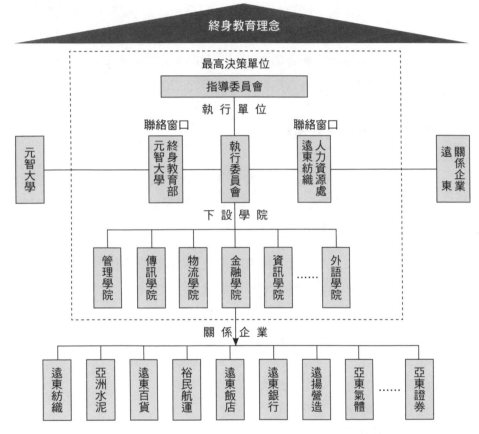

資料來源：顏嘉宏（1998），〈遠東企業大學之簡介〉，《遠東人月刊》，1998年9月號，頁15。

1. 成立指導委員會，指導「遠東企業大學」之運作，及決策人才培育與教育訓練目標及政策。
2. 成立執行委員會，負責師資籌備、課程規劃、教育訓練費用、招生及其他推動事宜。
3. 於《遠東人月刊》及《每月簡訊》（*Newsletter*）開闢「遠東企業大學專欄」，以有效傳遞遠企大學及企業組織訊息。

4.製作「遠東人終身學習護照」，以推動終身教育之保證，並帶動遠東人終身學習的習慣。

5.建立遠東人學習網站，促進知識、技能的獲得及學習態度的改善。

6.加強國際與國內其他企業教育訓練之合作交流，以促進企業集團間之聯盟。

7.規劃及整合遠東關係企業之課程架構，建立正式企業大學之體制。

8.針對不同需求，建立與創新各種學習制度，以提升人力素質，穩定人事、增進工作及企業組織效能。

9.建立遠東人學習中心，以求有效推動人才培育及教育訓練之工作。

10.重新檢討遠東企業人才培育與教育訓練方向及架構，以落實學習型組織，提升企業競爭優勢，共築企業永續經營。（顏嘉宏，1998：14-15）

五、遠紡培育人才目標與使命

面對二十一世紀之激烈競爭環境，培育人才之重要性益加顯著。遠東企業集團下的遠東紡織公司職訓中心致力完成之目標與使命有：

1.持續推動中高階主管管理才能發展教育，強化主管之專業成長。

2.持續開辦遠東企業大學學位暨學分班，提供員工終身學習之管道。

3.推動網路化之教育訓練系統，提供員工可即時透過網站查詢個人出勤狀況、受訓紀錄、年度課程並進行報名作業。

4.建立學習型組織，促進員工知識分享，提升公司人才競爭優勢。

5.規劃新進人員訓練、主管才能發展、專業技術、電腦軟體等一系列教育訓練課程，鼓勵員工在職進修，建立完善培訓計畫。（遠東紡織股份有限公司附設職業訓練中心，http://www.feg.com.tw/training/）

六、遠紡培育人才執行的策略

遠東紡織公司之人才培育執行的策略為：

1. 推廣終身學習，利用假日辦理各項訓練課程與講座，推動「知識工作者」理念，強化同仁數位化工作技能。
2. 依據公司發展方向，提供系統性及延續性課程訓練，規劃財務、行銷、大陸實務課程，結合英文授課方式，增強專業及國際化能力。
3. 因應法令動態調整，辦理世界貿易組織（World Trade Organization, WTO）、公司法修正及企業購併等課程，規劃ERP（企業資源規劃）等相關課程研討及講座。
4. 與元智大學合作辦理生產技術專業課程，提供廠區技術人員參加。
5. 規劃短期經理級主管訓練課程，強化主管職能。（遠東紡織股份有限公司附設職業訓練中心，http://www.evta.gov.tw/train/WORK/T12/html/intro.html）

遠東企業大學不僅是遠東人「終身學習」的具體實踐，同時也兼顧知識性與發展性的教育形態，使個人的生涯規劃與公司的發展策略能夠相互結合。未來，希望透過遠企大學的模式，有效推動人才培育，落實知識管理，提升遠東集團整體競爭優勢（元智大學電子報第406期，2006/04/23，http://www.yzu.edu.tw/E_news/406）。

 ## 第六節　中華航空公司（數位學習）

以「成為值得信賴的航空公司」為願景，以培養專業、高素質、經驗豐富的員工為寶貴資產的中華航空公司，成立於一九五九年十二月，飛航地點達二十六個國家，七十三個航點（至2009年2月28日止）。

一、人才培育四階段

中華航空公司在運用科技來協助人才培育方面，分為四個階段逐步落實。

1. 一九七〇年代，開始運用科技設備來實施有關人員培育方面的工作。
2. 一九八〇年代，引進由中央處理機（Central Processing Unit, CPU）控制的視聽設備（AVT-Audio Visual Tutorial），利用視聽教學的方式讓員工接受更多的學習。
3. 一九九〇年代，導入以及建立電腦輔助訓練設施（Computer Based Training），同時自行開發，以及維護電腦輔助訓練設施的教材多達百餘種（包含網頁教材、CBT光碟、錄影帶、錄音帶等）之電腦化教材。
4. 二〇〇〇年至今，則開始著手改革數位學習環境的建置，以及訓練管理e化的事務。

二、訓練發展架構

中華航空公司依據不同職位、不同職務、不同年資培育對象之工作特定需要，分別規劃為不同類別完整系列之訓練課程，架構出該公司員工之訓練發展體系（如**圖14-2**）。

(一)縱軸訓練對象

在縱軸訓練對象方面，依職位的不同，共分為：

1. 一級單位（含）以上正副主管等高階管理人員訓練。
2. 二、三級單位（含）正副主管等中階管理人員訓練。
3. 督導（含）以上幕僚及督導人員訓練。

培訓管理

訓練類別 ＼ 訓練對象	OFF-JT集中訓練																OJT 工作崗位訓練	SDT 自我發展訓練	
	管理訓練		一般訓練				專業訓練						外派訓練						
	管理高級課程 / 管理中級課程 / 管理初級課程	管理單元課程	通識課程	工作技能講習	個人電腦課程	專案相關訓練課程	航務訓練課程	空服訓練課程	機務訓練課程	商務訓練課程	地服訓練課程	其他專業訓練課程	管理／專業外訓課程				工作分配 工作教導 任務提示 課後實作 培育計畫 日常輔導	自我發展專題講座	管理／一般進修課程
一級單位（含）以上正副主管	管理高級課程																		
二、三級單位正副主管	管理中級課程																		
資深幕僚及督導層級人員	管理初級課程																		
一般人員																			
新進人員			華航與我課程																

圖14-2　訓練發展體系

資料來源：張淑芳（2000），中華航空公司；引自〈簡析華航訓練發展體系〉，《人力培訓專刊》，2000年6月號，頁21。

4.一般人員訓練。

5.新進人員訓練。

(二)在橫軸訓練類別方面

依實施方式的不同，共分為三類：

1.集中訓練（Off Job Training, Off-JT）：集中訓練係由訓練單位舉辦之正規訓練，根據不同的訓練目的分別規劃，計有一般訓練、職能別專業訓練、管理訓練、外派訓練等四類。

2.工作崗位訓練（On Job Training, OJT）：工作崗位訓練係由各業務單位在工作現場自行安排的訓練活動，也是各級主管在日常管理行為中對部屬實施的機會教育。

3.自我發展訓練（Self Development Training, SDT）：自我發展訓練係鼓勵員工利用個人時間自我進修，不斷充實所學，開發個人潛能所舉辦之啟發性課程。

三、導入數位學習的步驟

中華航空公司在導入數位學習時，所依循的是以下六個步驟（如圖14-3）：

(一)評估階段

任何策略在執行前都必須評估自己企業本身擁有的資源，以及外部環境的變化，而所擬定的策略必須配合公司的目標與願景，如此才能有效的執行。

(二)計畫階段

在評估整個公司內部資源與公司外部環境之間的關係後，接下來便

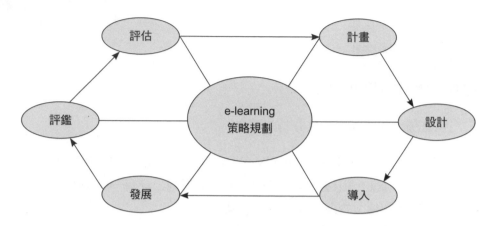

圖14-3　華航導入數位學習之步驟

資料來源：鍾士奇（2005），〈中華航空公司e-learning之個案研究：以新進人員為例〉，
私立逢甲大學經營管理碩士在職專班碩士論文，頁35。

是去計畫如何使這個e化的策略更加完善，而計畫方面不單單只是由技術部門等人負責，還要與使用這些e化設備的人員進行訪談，進而取得相關的資訊，加上公司高階經理人的支持與幫助，計畫才能夠更詳盡，在執行導入階段的時候，問題也相對的比較少。

(三)設計階段

公司必須將所計畫出來的策略與方法用整合思考的方式設計出一個整體性的架構，如此在面臨下一個步驟「導入階段」的時候，才能將所設計出符合自己企業資源與外部環境的設計快速的導入公司內部。

(四)導入階段

中華航空公司在導入e化與e-learning之前，不但經過詳細的計畫與設計，還充分考慮導入的時間與階段，如此才能夠在不浪費時間的情況下導入一個新的學習機制。

(五)發展階段

在一家公司或企業成功地導入e化或者e-learning後，最重要的事情便是如何去發展這套機制，如何讓公司上上下下針對新導入的機制有所瞭解。

(六)評鑑階段

一個策略的最後階段，並非只是發展與執行，而是要進行評鑑的動作，因為如此才能根據自己所發展的導入機制來找出不足的地方，進而加以評鑑，以求改進，並使e化目標達到最佳的效果。

上述的六個步驟（階段），並沒有所謂的「起點」，也沒有所謂的「終點」，而是像一個迴圈一樣，不斷地重複來回，如此才能使企業在發展、計畫甚至執行某個策略時，能夠不斷地審視自己的計畫，進而找出最適合自己企業的策略與方法（鍾士奇，2005：34-35）。

華航這套學習管理系統（e-Learning）建置專案，是由人力資源管理處負責主導，包括航務、空服、地服、修護工廠、聯管處等共同完成學習管理平台及相關工具之建置，及導入部分e化課程。長程目標則以完成公司訓練系統、人力資源系統之整合及教師e化訓練，以帶動整體訓練之持續改革，並藉由訓練模式之改變，加強員工自我學習之責任，從而建立公司學習型組織及員工終身學習文化，提升企業競爭力（中華航空公司，〈華航e化起飛　產官學界共同見證〉新聞稿，2003/09/04，http://www.china-airlines.com/ch/newsch/newsch000138.htm）。

 ## 第七節　台灣國際標準電子公司（新進人員訓練）

台灣國際標準電子公司（TAISEL）為阿爾卡特（ALCATEL）集團

（總部位於法國巴黎）成員之一，自一九七三年在台北縣土城地區成立以來，即積極推動建設台灣現代化與國際化的通信環境而努力，係一家最具規模與研發能力的電信公司，亦為國內首家通過ISO9000-3 TicklT含軟體研發層次之國際品質認證之企業。

新進人員訓練在整個教育訓練體系中是很重要的一環，各公司因產業別、公司型態及招募員工的頻率等因素，在新進人員訓練課程的設計上會有差異。台灣國際標準電子公司的新人訓練課程設計如下：

一、新進員工之資料蒐集及分析

台灣國際標準電子公司在設計新進人員訓練前，訓練單位承辦人會先蒐集新進員工之資料，包括新進人員名冊（含姓名、所屬部門、分機號碼等）、新進人員即將擔任的職務類別分析（按職位與人數分布的比例，以作為辦理專業訓練課程之依據）及教育背景分析（提供給講師參考，利於瞭解學員）三種資料。

二、新進人員訓練

新進人員訓練安排一天半的共同科目課程，然後依新進人員從事的專業別再施予個別的專業訓練（**範例14-5**）。

(一)遊戲：誰是誰？

對剛進入公司的新鮮人來講，周遭的人、事、物皆相當陌生、有距離感，於是在整個新人訓練開始，遊戲的運用可達到「破冰」的效果。

遊戲一開始，每位新人拿到一張訪談單去訪談其他學員的姓名、單位、興趣、專長等項，在預設的時間內訪談最多的人將可獲得獎品一份。

另外，每位新人會拿到第二張訪談單，這是一張家庭作業，在訓練

範例14-5　新進人員訓練

第一天		
時間	課程內容	負責單位
09：00～09：10	致歡迎詞	人力資源處
09：10～09：20	遊戲：誰是誰	訓練發展部
09：20～09：40	公司簡介	公共關係部
09：40～10：10	今日起，我就是TAISEL的一員	訓練發展部
休息		
10：20～10：50	公司組織簡介	人力資源處
10：50～11：20	安全與衛生	工業安全衛生部
午餐		
13：00～13：50	員工福利	人力資源處
休息		
14：00～14：30	績效考核	人力資源處
14：30～15：00	公司主要業務及產品介紹	訓練發展部
第二天		
09：00～09：30	法律問題	合約管理部
09：30～10：00	公司網路系統介紹	系統資訊部
10：00～10：30	工作品質	品質處
休息		
10：40～11：10	辦公室禮儀及演練	總經理秘書
11：10～11：40	辦公室及工廠之旅	訓練發展部
11：00～12：00	Q&A	人力資源處

資料來源：台灣國際標準電子公司；引自朱麗文（1995），〈新人訓練課程設計〉，《工業雜誌》，1995年5月號，頁54。

課程結束後交出。每位新鮮人透過主動的訪談自己所屬單位的同事至少五位，其目的是因新人的到職，常常因「老人」工作太忙而疏於去照應「新人」，這張訪談表便是要「新人」化被動為主動，以早日適應新工作、新環境。

(二)公司簡介

公司簡介的目的，在使新進員工認識整個企業之文化、策略、目標、經營理念，以及瞭解公司內外在經營環境的狀況，以建立新進人員正確的工作態度，並強調公司為一個大家族，以及自身在公司中所扮演的角色，激發新進員工對公司的認同及向心力。

(三)公司組織簡介

除介紹公司組織圖外，訓練發展單位並以錄影帶（光碟片）方式來介紹各單位功能及其主管照片，如此不但生動，也可反覆使用這卷錄影帶（光碟片）。

(四)員工福利

員工福利為新進人員甚為關切的主題之一，介紹內容包括：福委會、社團介紹、公司年度舉辦的活動項目（運動會、園遊會、旅遊、年終晚會等），另外還包括員工請假及加班制度作業的說明。

(五)法律問題

透過個案研討及互動的教學，使新進人員認識智慧財產權及公司內相關商業機密等問題。

(六)公司網路系統介紹

電腦網路系統可提供各種資訊，包括公司內部訓練課程、制度規章、專案圖書館管理系統及各種應用軟體。新進員工可透過網路來擷取資料做自我學習。

(七)辦公室禮儀及演練

養成良好的禮儀將有助於人際溝通。禮儀訓練課程包括：電話接

聽、接待客戶及辦公室內與同事的相處之道。透過演練，以達到員工行為的改變，進而共創和諧的辦公室氣氛。

三、專業訓練

在新進人員基礎訓練結業後，依專業別再進行新進人員的專業訓練課程。公司主要業務為電子交換機，故有關這方面的專業訓練規劃大致可分為：

1. 通訊技術簡介：用錄影帶（光碟片）教學，介紹通訊的基礎概念。
2. 系統概念及其功能介紹：由專任講師做技術講授。
3. 實驗室實習。
4. 測驗：測驗成績將提供其單位主管參考。

四、訓練成果之評估及追蹤

訓練成果之評估及追蹤採用下列幾種方式：

1. 出缺席紀錄：在新進人員訓練告一段落後，由訓練發展部門提出統計報告予各部門主管。缺席者將由訓練發展部門安排參加下一梯次新進人員訓練課程。
2. 專業訓練課程測驗成績：測驗後訓練發展部門將成績結果通知各部門主管，並顯示通過與否，未通過訓練者需再參加下一次訓練。
3. 意見調查：針對整個新進人員訓練課程中的各個單元做意見調查，並將調查結果彙總整理，供訓練發展部門作為辦理下一梯次新進人員訓練課程設計與改進之參考依據。

訓練是一個過程，此過程將帶給學員新知識、新技巧，乃至於個人態度及行為的改變。新人訓練即在給予新進人員新知識、新環境及新角色的認知，來迎接新工作的挑戰（朱麗文，1995：53-55）。

第八節　中華企業管理發展中心（辦學風範）

如果你曾經參加過中華企業管理發展中心（簡稱中華企管）舉辦的教學課程，在開訓時，總有一位「儒者風範」引言人站在講台上，他就是該中心的創辦人李裕昆董事長。

一、學養俱優創辦人

李董事長早年曾參與中國生產力中心的籌設事宜，嗣後擔任該中心訓練部經理。他曾在美援技術協助計畫（TA）下，赴美國與日本接受管理顧問師及產業訓練師的專業訓練，也在TA計畫與日本海外技術合作計畫（OTCA）項下，負責選派眾多企業界領袖與高階主管出國進修、考察，並陸續邀請國外知名管理組織的專家來台講學，在當年企業管理萌芽階段，均掀起話題與學習熱潮，也讓國內企業管理人才輩出，企業經營理念逐步深入各企業單位，對國內企業競爭力的提升與人才培養有莫大貢獻。（張榮先，2008）

二、誠實、創新、奉獻

在有關主管當局暨中國生產力中心方面的鼓勵之下，中華企管在一九六七年六月創立。該中心是開風氣之先，以公司組織型態所創設，為台灣地區民營企管顧問公司的濫觴。

創設以來，秉持「誠實、創新、奉獻」的經營理念，從事經營診斷與輔導、管理書籍的出版，以及管理教育訓練的推動等業務。該中心曾輔導兩百多家企業的經營改善；出版八十多種企管專書、發行量逾三十萬冊；舉辦企管訓練課程四千三百多班，授課人數超過十四萬人次，真正實踐古人所說的「受人以一魚，解其一食饑；受人以魚術，終身無饑

餒。」的培育與發展的「志業」，由於作風正派、品質優越、效果顯
著，深受企業界肯定。

三、傳播管理新知

為提升工商企業的經營水準，以促進國家經濟發展，中華企管積極
致力於企管新知的傳播，例如：

1. 與經濟日報、中國時報、中央日報等媒體，建立密切的合作關係，
互相支援業務，有效傳播企管領域的實務知識。
2. 陸續邀聘美國及日本的知名管理組織（例如：美國興業協會、亞洲
生產力組織、中部產業連盟、日本能率協會、日本科學技術聯盟、
日本規格協會等）之企管專家來台講學，引進新知。
3. 開班傳授各項新穎管理制度暨方法，藉以倡導，諸如：計畫評核術
（PERT）、要徑法（CPM）、品管圈、全面品管、實驗計畫法、
KT決策分析法、事務合理化、工作研究、目標管理、責任中心制
度、管理會計、零基預算法、零缺點（ZD）運動、行為科學、創
造力發展訓練、價值工程（VE）、價值分析（VA）、興業學、內
控技術、內稽技術、辦公室自動化（OA）、策略管理、平衡計分
卡、六標準差等，在企業界扮演領先性角色，造福工商界。
4. 出版企管好書八十餘種，普受企業界人士推崇，多種好書並承大專
院校企管相關系所採用為教科書，其中《電腦與資料處理》一書，
榮獲行政院新聞局頒發「金鼎獎」。

四、獨特的辦學風格

中華企管有幾項辦學風格，值得從事企管顧問業之借鏡與學習。

培訓管理

(一)儒商儒道

每班課程，不因報名人數不符成本而停辦。李董事長的辦學名言是：「辦教育一定要有教無類，不能以成本來考量，說停課就停課，這對那些報名參加的學員是不公平的，賺錢不是中華企管辦學的目的，如何讓學員確能獲得新技能、新知識，而在職場上學以致用，提升競爭力，這才是我最關心的事。」這種良心辦學作風，贏得參加的學員對中華企管的向心力。

(二)尊師重道

孔子對曾子曰：「吾教化之道，唯用一道以貫統天下萬理也。」每次課程結束後，李董事長一定親自陪著講師到電梯口，替講師按下電梯鈕，待電梯門關上之前，對講師深深的一鞠躬再返回辦公室，這種尊師重道的一貫「禮儀」，不因人而異，而讓講師們感受到無限的喜悅與溫馨。

(三)仁者風範

中華企管除了給講師的酬勞（鐘點費）外，新班開班時，還給講師一份謝禮：講義編撰費；每次開班，報名人數超過三十位，再給講師「加給」，「賠錢的算老闆的，賺錢的大家有份」，跟李董事長做事真有「福氣」，也由於這種良心辦學作風，迎來了好口碑，李董事長的「仁者風範」，讓人望塵莫及。

(四)注意細節

中華企管出版八十多種企管書籍，每一本書，李董事長都一定會親自審閱，刪修補遺，在熟讀原文後，才著手寫序言；企管班次的文宣資料，李董事長亦很重視，對課程宗旨與大綱，每一字，每一句，都要跟講師面對面推敲再三，旁徵博引後才定稿。李董事長自己本身不斷追求

新知，孜孜不倦，看到什麼好書、好文章，都會立刻與講師們分享。李董事長的學養俱優，是授課講師們經常請益的「活字典」。

(五)賓至如歸

四十餘年來，中華企管始終貫徹其「誠實、創新、奉獻」的經營理念，來對待顧客（學員）、講師、供應商與同仁。所以，工作同仁在「耳濡目染」之下，服務就會出於「至誠」。中華企管教室有六十坪，中間沒有柱子，方方正正。上課時是用精工舍的電子時鐘打鐘的，而且一定準時上課。學員報到時，有專人服務；學員們座位上事先已擺放名牌、精心製作的講義；下課休息時間，另外提供一處寬敞的休息空間給學員們聯誼，並替每位學員煮杯熱咖啡及提供精緻點心，這時，工作人員馬上又到教室內，替每位學員在玻璃杯內加滿飲用水，這種讓學員有「賓至如歸」、「顧客第一」的敬業精神，是中華企管的辦學風格，也是一種老一輩的堅持與優雅，每每讓學員讚嘆不已；課後的問卷表上，學員對中華企管的服務的感想，大部分都是給予「最滿意」的評價（**範例**14-6）。

李董事長於二○○九年元月宣布「退隱」，為他畢生從事企管訓練的工作，畫上圓滿的句點。雖然，中華企管熄燈了，但是，中華企管辦學的格調與風範，很值得大家見賢思齊而效法。

 結　語

「他山之石，可以攻錯」是比喻借助外力，改正自己的缺失。所以，有心想要將培訓管理做到止於至善之最好境界的企業，「見賢思齊」，向最佳典範的企業看齊、學習、自我超越。

範例14-6　班務說明

　　敬陳者，此次承蒙尊座親自惠臨參加本項研習課程，讓本中心獲得機會，為您效勞，至感榮幸。茲奉告班務有關事項如下，敬祈亮察。

上課時間：
- 上午　第一節　9：00 ～ 10：20
　　　　第二節　10：40 ～ 12：00
- 中午　（備有便當請在交誼室用餐）
- 下午　第一節　1：00 ～ 2：10
　　　　第二節　2：25 ～ 3：35
　　　　第三節　3：50 ～ 5：00

飲水供應：
- 上課前，由服務人員在您的席位上，供應「冷」開水。
- 教室後面之飲水機，備有「熱」開水，需要時，煩請自行取用。

咖啡交誼：
- 第一節休息時，請移駕交誼室飲用咖啡（備有西式點心）。
- 在交誼室的靠窗處，另備有自行沖泡用之其他飲料，敬請利用。
- 發奉之名牌，請隨時佩戴，俾利交誼。

午餐：
- 今天及明天中午，由本中心準備便當，請諸位在交誼室用餐（倘若尊座茹素，煩請賜告，以便另行準備）。

電話：
- 在上課中，為避免影響聽課，參加人士之外來電話，除特別緊急者外，恕不叫接（但會代為登記留言）。

消防：
- 本大樓消防系統非常完善，請絕對放心。萬一發生火警時，請勿慌張，從容走出教室，由安全門離開即可，保證沒有危險。

注意事項：
- 尊座擬要求主講人解答之疑難問題，請利用問題單填寫後，投入意見箱或遞交班務人員。
- 教室內請勿使用「錄音機」。
- 攜帶之「手機」，上課時，務請關機。
- 本大樓內部全面禁煙，敬請惠予合作。

中華企業管理發展中心　敬啟

資料來源：中華企業管理發展中心（2009）。

詞彙表

體驗式學習（adventure learning）

這種學習方式又稱為冒險式（探險式）學習。主要係透過有組織、有系統的戶外探險或體能活動安排進行團體潛能開發，並培養領導技巧、發展自我認知、衝突管理及問題解決能力。

師徒制（apprenticeship training）

一種既在工作現場學習，同時又接受課堂訓練的工作與學習的訓練方法。它包括技術工、藝匠和特定行業所需要的理論與實務上的指導與體驗。

評鑑中心（assessment center）

一種由多位評估者對員工在諸多練習中的表現進行評估的過程，以評估個人是否具備成為管理者的潛能並決定他的發展需求。

態度（attitude）

使人偏好某種特定行為方式的信念和感情的綜合。

視聽教學（audiovisual instruction）

透過傳播媒體所進行的視聽訓練。

混成式學習（blended learning）

混成式學習被定義為使用科技技術來執行遠距學程的一個方法，可以透過不同的媒體如電視、網路、語音郵件或視訊會議系統等技術結合傳統課室學習來執行教育或訓練。

腦力激盪（Brain Storming, BS）

「腦力激盪」原義是「突發性的腦風暴」，為美國一家著名的廣告公司BBDO創始人奧斯朋（Alex F. Osborn）博士在一九三八年首先發明應用的。它是利用集體思考的方式，使思想相互激盪，發生連鎖反應，以引導出創造思考的方法。它強調的重點是創造性的思考，而不是實務分析。

企業文化（business culture）

企業內員工共享的一些價值觀和信念。

商業遊戲（business games）

商業遊戲或稱企業經營演習，乃將整個企業的運作，用經濟和成本的觀念模擬操作，以瞭解企業整體經營的狀況。

職業生涯（career）
它指在一個人的人生旅途中所處的一連串職位。

職業錨（career anchors）
它是一個人自然的職業傾向，是職涯專家施恩（Edgar Schein）所用的名詞。五種職業錨分別是：管理能力、技術（功能）能力、安全意識、創意和獨立自主。

職涯諮商（career counseling）
它是協助一個人決定其所偏好的職涯方向。

職業生涯發展（career development）
它是指企業對內部人力資源有系統且長期適當的規劃與運用，以達到企業成長和發展目標，並滿足員工成長的需求。

職業生涯管理（career management）
它是指企業有系統的輔導員工在企業內發展，並兼顧員工發展的目標與企業的任用標準，使員工有升遷、平行輪調等可能，而且員工得以發揮所長，進而掌握與規劃企業內部人力資源。

事業路徑（career path）
它是一位員工在其工作生涯中移動的彈性路線，包括員工在企業內晉升所須從事的相似的工作和擁有的相關智能。

職業生涯規劃（career planning）
它是指每一個體透過對自己各方面的瞭解，在人生發展的各個階段中為自己所鋪陳出成長與發展的路徑，並扮演好應扮演的角色。

個案研究（case study）
它是一種提供真實的和假設的情境供學員分析的管理能力發展的訓練技巧方法。每個人就不同角度提出解決辦法，並加以討論，以學習到觀察、分析和解決問題的能力。

教練（coach）
係指與員工一起工作，鼓勵員工，幫助其開發技能，提供幫助並予以回饋的同事或上司。

職能（competency）

職能是一種以能力為基礎的管理模式，主要的目的在於找出並確認哪些是導致工作上卓越績效所需的能力及行為表現，以此協助組織或個人瞭解如何提升其工作績效，並落實企業的整體發展與競爭優勢。

企業大學（corporate university）

企業大學是由企業出資，以企業高階管理人員、一流的商學院教授及專業講師為師資，透過實戰模擬、案例研討、互動教學等時效性教育手段，以培養企業內部中、高級管理人才和企業供銷合作者為目的，滿足人們終身學習需要的一種新型教育訓練機構。

成本—收益分析（cost-benefit analysis）

它係指運用會計方法來分析某一訓練項目經濟收益的過程。

輔導（counseling）

對個人提供專業的意見。

要徑法（Critical Path Method, CPM）

它對一個專案而言，在專案網路圖中最長且耗最多資源的活動路線完成之後，專案才能結束，此最長活動的活動線路就是關鍵路徑（critical path）。

交叉培訓（cross-training）

它係指讓團隊成員理解和掌握他人技能的訓練方式。當有人暫時或永久離開該團隊時，其他人可以接替其位置，同時還可藉此機會訓練員工學習一種或幾種額外的工作技能。

示範法（demonstrations）

它是在學員面前展示動作、解釋某種程序或技巧，使學員能重複相同動作或程序的訓練方法。

構面（dimension）

它指一群特定的、可觀察的、可確認的，以及能以可靠而合乎邏輯的方法歸類在一起的行為。

遠距學習（distance learning）

它是透過電腦科技，不受時間與空間限制，提供分布各地的學員有關新知能、政策、程序等資訊的一種普遍運用的訓練方法。

尺寸也，繩墨也，規矩也，衡石也，鬥斛也，角量也，謂之法。《管子‧七法》

詞彙表

435

實驗計畫法（Design Of Experiments, DOE）

它是應用數理統計手法進行實驗，從實驗有誤差的結果資料中，得到最多情報的實驗方法；運用很多的實驗模組以最少的實驗數量得到最多的資料。

數位學習（e-learning）

數位學習是透過電腦、多媒體與專業內容網站等媒介所進行的全新教學與學習的一種方式。它運用了新的資訊技術，並能提供資源豐富的學習環境，使學習不在受限於時間與空間，從而為終身學習提供了可能性；數位學習也引起傳統的師生互動關係的改變，進而改變了教育的本質。

教育（education）

教育是使一個學習者明白新的概念、知識、態度或技術的過程。教育乙詞源自於拉丁文educaten，即「漸長」之意。其特性為長期智力與情感的成長。

情緒智商（Emotional Quotient, EQ）

它是一種自我激勵、愈挫愈勇、不衝動、不自滿的自我控制能力，也是一種自我情緒調控，不因壓力而失去思考能力，和擁有同理心及期望的能力。

評鑑（evaluation）

評鑑乙詞，含有評價之意，是正確而有效的價值判斷，亦即對事項加以審慎的評析，以量化其得失及原因，據以決定如何改進或重新計畫的過程。

協助者（facilitator）

執行任務時從旁支持或幫助的人。

魚骨圖（Cause & Effect / Fishbone Diagram）

魚骨圖是由日本管理大師石川馨（Kaoru Ishikawa）所發展出來的，故又名石川圖。魚骨圖是一種發現問題「根本原因」的方法，它也可以稱之為「因果圖」。魚骨圖原本用於品質管理。

座談（forum）

它是討論的形式之一。參與者只要在引起團體注意的任何時間都可以自由發言。

人力資本（human capital）

它是指組織成員所擁有的知識、技能、經驗與獨特能力等的總和。

人力資源（human resources）

它是指一個組織所擁有用於製造產品或提供服務的人力。換言之，一個組織的人力資源就是組織內具有各種不同知識、技能以及能力的個人，他們從事各種活動以達成組織的目標。

人力資源發展（human resource development）

它是指員工在一特定的時間內完成由雇主（企業）所提供有組織的學習經驗，以提升組織整體績效或員工個人成長。

人力資源管理（human resource management）

它是指將組織內的所有人力資源做適當獲取、維護、激勵以及活用與發展的全部管理過程的活動。

人力資源規劃（human resource planning）

它是指確認、分析、預測和規劃企業人力資源領域內的變革，以幫助公司適應變化中的經營條件。

人力資源輪盤模型（human resource wheel model）

馬克雷根（P. A. Mclagan）在一九八三年提出的「人力資源輪盤模型」，係將人力資源發展界定為：「整合並運用訓練與發展、組織發展、生涯發展等三要素，以增進個人、群體與組織效率的作為。」

執行者（implementer）

按完成任務所需步驟去計畫、組織、督導以完成任務或確保任務確切達成的人。

籃中演練（in-basket exercise）

它係指模擬的管理問題書寫成文件放在籃中，讓受試者逐次處理這些文件的訓練練習，又稱為「公事包作業」。

講師（instructor）

指訓練人員或教師。

畢業，自然大家盼望的，但一畢業卻又有些爽然若失。（魯迅）

詞彙表

437

智識資本（intellectual capital）

它包括認知智識、高級技能、系統理解力和創造力，以及自我激勵的創新能力。

智慧型組織（intelligent organization）

智慧型組織能不斷自我更新、預知改變以及快速學習。智慧型組織不是一部機械化操作的機器，它反倒像是一個活生生的有機體，可以主導自己的運作。

國際標準化組織（International Organization for Standardization, ISO）

它是一個非政府的組織，成立於一九四六年，其宗旨在於協調各國不同的國家標準，發展並推動國際標準，以促進全球貿易及保證國際市場的產品與服務的品質。其總部設在瑞士日內瓦。

企業網（intranet）

intranet是由internet（網際網路）所衍生出來的。它指公司利用現有的區域網路結合internet（網際網路）上現有的資源，如e-mail（電子郵件）、FTP（檔案傳輸）、Gopher（資料檢索服務）、News（新聞討論群組）、Telnet（遠端登入）等等，提供各式各樣的資源服務，以期達到提高員工與各部門的生產力與溝通協調，發揮整合性的最大產能效率。於是由internet化身變成intranet，所以有人稱intranet為「企業網路」，也有人稱為「網內網路」。

工作分析（task analysis）

經由觀察與研究，分析並決定一項職位的工作項目和從事該職位所必須具備的知識、技術和能力的過程。

工作說明書（job description）

以書面方式指陳某特定工作的任務、職責、活動和績效要求。

職務輪調（job rotation）

企業有計畫的將員工有系統地由一個工作調換到另一項工作，以增進其工作技能，作為儲備部門主管重要人才的訓練途徑之一。

職務規範（job specification）

它指出成功地執行某特定工作所需之知識、技能、特質與屬性。

L

無領導小組討論（leaderless group discussion）
由五至七位員工組成小組，在特定的時間內合作，共同解決某個事先設定的難題的測試練習。

學習（learning）
學習是個人獲取知識、技巧、態度、經驗與人脈的過程，它將導致個人思維、感覺和行為的改變。

學習型組織（Learning Organization, LO）
它是一個組織環境，讓成員可以不斷地拓展能力，以創造亟需的成果，讓成員得以培養出擴大的新思考模式，自由的伸展團隊抱負，並且能夠持續改善相互學習的效果。

演講（lecture）
它是由演講人對受訓的聽眾做所有組織性的口頭陳述（可以伴隨視覺教材），以期望這些受訓學員能記住演講中的重要觀念與特定知識。

M

管理才能發展（management development）
它乃是企業機構有系統地訓練主管才能之過程，促使主管人員增加管理理念、知識、人際關係技巧及專業技術能力，以獲得個人成長與提高管理績效之目標，其發展活動除外訓，還包括工作內輔導、輪調、見習等培育行為。

管理模擬訓練（management simulated training）
它是一種以各式管理情境考驗學員對於管理問題的處理並加以解說，以提升學員管理能力之訓練課程。

測量（measurement）
它為一有系統地蒐集資料，並提供計量化敘述的程序，但不對其結果給予任何價值的評判。

導師（mentor）
係指能幫助缺乏工作經驗的員工進行人員開發的經驗豐富、工作卓越有成效的高級員工。導師是一位能讓你向他學習，並且能鼓勵和幫助你的人。

示範（modeling）

係指透過實際展演方式，讓受訓者得以觀察或是透過模型展示、視聽教材等方式，讓受訓者可以更容易瞭解及習作。

需求評估（needs assessment）

它是系統地分析企業為達成目標所需之具體的訓練活動，用於決定一項訓練是否有必要的過程，是指導性系統設計模型的第一步。

訓練時數（number of training hours）

它係指一位員工花費在訓練課程上的時數。

職業證照（occupational license）

它係指某一職業從業資格的一種認定，不但認定證照持有者具有從事某特定工作所需的技術能力或專業知能，甚至作為某特定工作職業之憑證。

職外訓練（Off-the-Job Training, OFF-JT）

職外訓練又稱集中訓練。它係指受訓者離開工作的崗位接受訓練，可能是暫時性、間斷性的，或是到外界補習或進修，也可能是長期性、持續性進修等。

在職訓練（On the Job Training, OJT）

它係指主管或有經驗的人經由日常的工作（如責任、權限、狀況、面對困難及障礙等因素）中隨時給予部屬（同事）做必要的指導，以達培育部屬（同事）工作能力之目的。其中最為人所熟知的是「教練法」（coaching or understudy）。

組織分析（organizational analysis）

它是對訓練的需求分析之一，包括判定訓練的適用性及考慮在甚麼樣的情境下進行訓練。

組織發展（organizational development）

它是為提升組織整體績效或更新組織活力，進行組織結構、文化程序和策略的創新發展活動與過程。通常透過組織願景的建立、組織文化的更新與塑造、學習型組織的建立來進行。

職前說明袋（orientation kit）

它是由人力資源部門所準備，包含向新進員工職前介紹所需的材料。

培訓管理

職前訓練（orientation training）

它是對新員工進行訓練，使他們熟悉新的工作、新的工作單位和公司組織的典型方法。一個有效的職前訓練計畫，會對新員工產生日後的績效表現的影響。

野外求生訓練（outward bound training）

它起源於第二次世界大戰期間的一九四一年的英國威爾斯阿波多為港，outward bound 本是個航海術語，意指船隻離港出發。因當時盟軍的大西洋艦隊屢遭德國納粹潛艇的襲擊，許多年輕海員在炮火中喪生。為了訓練海員在海上的生存能力和觸礁後的生存技巧，盟軍創辦了專門機構，在戶外對海員進行強化的、富有刺激性和冒險精神的訓練，這是讓成員親身體驗的訓練方式，鍛鍊了年輕海員堅強的意志和健康的體魄。

同儕學習（peer learning）

它是指學員之間以輪流的方式相互擔任主持人，將自身專長教授予學員，並學習其他學員的專長。

績效分析（performance analysis）

它意指確定績效有顯著不佳的情況，並決定是否要經由訓練或其他方法（如調動職務）來加以改善（糾正）。

人格（personality）

它指的是決定一個人適應環境的行為模式和思考方法的特性。每個人的人格會受到了遺傳、生長環境、文化因素和個人獨特經驗的影響而形成不同的人格特質。

人員分析（personal analysis）

它係用來判斷工作績效差的原因，是否缺乏知識、技術、能力導致的，還是由其他如工作動機或工作設計上的問題造成的，然後明確誰需要接受訓練，並讓員工做好受訓準備。

彼得原理（The Peter Principle）

個人在組織裡經常被擢升到他無法勝任，然後就不再晉升了。

潛能（potential）

係指個人具有將來某一時期能擔任更大或更廣的工作之能力。

生產力（productivity）

係指根據所耗資源的成本來衡量工作質量和數量的一種計量單位。

計畫評核術（Program Evaluation and Review Technique, PERT）
它係用來安排大型、複雜計畫的專案管理方法。是一種規劃專案計畫（project）的管理技術。它利用作業網（net-work）的方式，標示出整個計畫中每一作業（activity）之間的相互關係，同時利用數學方法，精確估算出每一作業所需要耗用的時間、經費、人力水準及資源分配。

編序教學法（programmed instruction method）
它就是把教材改編成一系列的細目，然後提示學員自動學習，使其解答一個小題目之後，立刻核對答案，再學習下一個細目，循序漸進，依個別的速度進行學習的一種縮短時間的自修方法。

晉升（promotion）
將員工調升到更高的待遇與地位、更高績效要求的職務。

信度（reliability）
它係指一項測試工具在測驗結果後，於一段時期內的一致性（可靠性）程度。

投資報酬率（Return On Investment, ROI）
一項訓練項目的收益與成本的比較。

角色扮演（role playing）
它是讓參與者扮演個案的角色，儘量揣摩角色的內涵。角色扮演後有小組成員的回饋的一種訓練方法。

自修（self-study）
個人自行研讀而得到某些學習成果。

敏感度訓練（sensitivity training）
它是人際關係訓練的一種形式，使受訓者更能覺察到自己的行為為他人的影響。

模擬（simulation）
模擬有時稱為競賽，是利用一項業務狀況作為模式所進行的訓練練習。

模擬訓練（simulated training）
模擬訓練也稱現場訓練，它是將實際工作內容或程序轉到教室內模擬，讓參與者有親自操作機會。

六標準差（Six Sigma）

六標準差是統計學上的衡量標準，每百萬次只有3.4次瑕疵的品質水準。Sigma是統計學上的用語（希臘字母 σ），用以表示「標準差」（standard deviation），就是流程當中的變異程度的度量值。就商業上來說，標準差衡量的是某一特定流程執行完美工作的能力。

結構化在職訓練（Structured On-the-Job Training, S-OJT）

這是雷諾‧傑卡伯斯（Ronald L. Jacobs）與麥克爾‧瓊斯（Michael J. Jones）在一九八七年針對企業訓練問題所提出的新管理手法，以六大階段的結構化方式來評估、分析、規劃、準備、執行與追蹤在職訓練體系，讓企業在職訓練能夠有系統的展開，有效提升員工能力，進而達成企業所賦予的任務。

參觀旅行（study trips）

係指走出訓練場所及教室，實地去觀察（觀摩）學習的對象，或與參觀之對象交換意見，以提高工作體驗之學習效果。

SWOT分析

SWOT分析分別代表著優勢（strengths）、劣勢（weaknesses）、機會（opportunities）與威脅（threats）。實際上，它是對企業內、外部條件的各方面內容進行歸納和概括，進而分析組織的優劣勢、面臨的機會和威脅的一種方法。其中，優劣勢的分析，主要是著眼於眼前企業自身的實力及其與競爭對手的比較，而機會和威脅分析將注意力放在外部環境變化對企業的可能影響上面。

接班人計畫（succession planning）

它係指企業透過確定和持續追蹤關鍵崗位的高潛能人才（具有勝任關鍵管理位置潛在的內部人才），並對他們進行開發和培養，為公司的持續發展提供人力資本方面的有效保障。

教案（teaching plan）

顧名思義為教學計畫。此種計畫可以存儲腦中或稱腹案，通常用筆記載下來即所謂的教案。

團隊學習（team learning）

它是指團隊獲取新的知識、技巧、態度、經驗和人脈的過程，它將導致團隊運作的改變。

全面品質管理（total quality management）

它指一個以不斷改善企業的各項工作為中心，以強化所提供產品和服務的品質為宗旨的全面管理過程。

訓練（training）

它是指企業透過正式的、有組織的、有計畫的或有指導的方式，提高員工在執行特定職務所需要的知識、技能及態度，或培養員工問題解決能力的一切活動，其目的在使個人獲得能力得以執行特定職務，以增進員工績效的學習過程。

訓練與發展（training & development）

它指的是辨認、確保和透過學習活動來幫助個人發展關鍵能力，以執行當前與未來的工作。通常透過在職訓練（OJT）與職外訓練（OFF-JT）進行。

訓練成效（training effectiveness）

它係指以系統化的方式蒐集與訓練活動有關的訊息，以作為選擇、採用、評判及修正訓練活動等決定之依據。

工作現場領班管理訓練（Training Within Industry for supervisors, TWI）

此課程產生於三〇年代的美國。它是針對現場管理施以有計畫的訓練，培養其工作能力，學習管理技巧。訓練課程有工作教導（job instruction）、工作關係（job relation）和工作方法（job method）為主，並輔之於工作安全及工作品質的課程。

調差（transfer）

將員工調往組織裡大約平行的階層，基本上有相同的薪酬、績效要求和相類似的地位。

效度（validity）

它指一項預測標準達到所要衡量標準的準確程度。

價值分析（Value Analysis, VA）

它是美國奇異電氣（General Electric）公司首先提倡的方法。為了以最少的總成本達到必要的功能所實施改良產品及服務的組織性活動。

價值工程（Value Engineering, VE）

它是針對原計畫案，在保持既有機能之前提下，以系統化分析方法進行研析，以提出節省經費之替代方案。

網路教學（web-based learning）

它是指學習活動藉由瀏覽器，透過全球資訊網（world wide web, www）來進行的教學活動。

網路化訓練（web-based training, WBT）

它是一種運用科技來學習的訓練模式，具有「分散式的學習」（distributed learning）特色，能夠協助組織成員破除時空限制，以落實共同學習、組織學習的概念。

工作坊（workshop）

工作坊是一種集會方式，指的是工作環境相同或相似的一群人員，聚集在一起自由討論，分享工作經驗與知識技能，用以提升個人能力、擴展專業知識或解決工作上所遭遇到的問題。

國際互聯網（world wide web, www）

它是一種良好的網路服務方式，為使用者搜索網站提供瀏覽軟件支持。

零基預算（zero-base budgeting）

它是指政府預算編列的過程不僅限於新增或擴張的計畫，而是所有預算編列，均需重新受到審查，以確認其繼續進行存在的必要性。也就是說，在零基預算制度精神下，每一項新、舊的計畫在一個新年度的預算編列，須站在相同的立足點加以審視，以競爭有限的資源。

參考文獻

一、書籍

David Heenan著，高仁君、夏心怡譯（2004），《雙料生涯：用專業獲得工作，以嗜好贏得生活》（*Double Lives: Crafting Your Life of Work and Passion for Untold Success*），台北：藍鯨。

Donald Waters著，張志強等譯（2006），《管理科學實務》（*A Practical Introduction to Management Science*），台北：五南。

George T. Milkovich & John W. Boudreau著，許惠萍譯（1999），《人力資源管理》（*Human Resource Management*），台北：台灣西書。

Laurence J. Peter Raymond Hull著，陳美容譯（1992），《比德原理——為何事情總是弄砸了》，台北：遠流。

Leslie W. Rue & Lloyd L. Byars著，林財丁譯（2000），《管理學：技巧與應用》（*Management: Skills and Application 9/e*），台北：美商麥格羅·希爾。

Lloyd L. Byars, Leslie W. Rue著，鍾國雄、郭致平譯（2001），《人力資源管理》，台北：美商麥格羅·希爾。

Richard A. Swanson, Elwood F. Holton III著，葉俊偉譯（2005），《人力資源發展》（*Foundations of Human Resource Development*），台北：五南。

Trish Nicholson著，何林榮譯，《培訓人才的52個方法》（*DEAR BOSS: 52 WAYS TO DEVELOP YOUR STAFF*），台北：方智。

Vincent A. Miller著，羅耀宗、劉道捷譯（1987），《有效的教育訓練》（*The Guidebook for International Trainers In Business & Industry*），台北：哈佛企管。

William W. Lee & Diana L. Owens著，徐新逸、施郁芬譯（2003），《多媒體教學設計：數位學習與企業訓練》，台北：高等教育。

丁志達（2001），《裁員風暴：企業與員工的保命聖經》，台北：揚智。

丁志達（2004），《績效管理》，台北：揚智。

丁志達（2005），《人力資源管理》，台北：揚智。

丁志達（2006），《薪酬管理》，台北：揚智。

丁復興（2000），《89年度企業人力資源作業實務研討會實錄（初階）：育才實

例發表第一場中華汽車工業公司》，台北：行政院勞工委員會職業訓練局。

中華民國管理科學學會、人力資源管理與發展委員會（1989），《人力資源管理彙編》，台北：中華民國管理科學學會、人力資源管理與發展委員會。

文北崗（2004），《跨國企業暨金融服務業管理》，台北：優利系統。

日本產業勞動調查所編著，商業周刊編譯（1992），《教育訓練手冊》，台北：商周。

日本富士ゼロツゥス（株）會社（1995），《管理指南：實用管理手冊》，台北：財團法人全錄文教基金會。

王光復（1999），《1999年高科技人力資源發展研討會論文集：高科技產業人力資源訓練與教學模式》，台北：行政院勞工委員會。

史平多利尼（Michael J. Spendolini）著，呂錦珍譯（1996），《標竿學習——向企業典範借鏡》（*The Benchmarking Book*），台北：天下。

正木勝秋著，陳哲仁譯（1889），《訓練班講師講課方法》，台北：台華工商。

后東昇（2006），《36家跨國公司的人才戰略》，北京：中國水利水電出版社。

朱承平（2000），《企業人力資源管理手冊：人力發展》，台北：行政院勞工委員會職業訓練局。

朱承平、段秀玲（2001），《企業員工職涯發展手冊：職涯規劃》，台北：行政院勞工委員會職業訓練局。

朱雁琳、楊梅（2005），《101個影響職業發展的經典寓言》，上海：學林出版社。

行政院勞工委員會職業訓練局（1999），《企業訓練專業人員工作手冊：企業員工訓練的實施與評估》，台北：行政院勞工委員會職業訓練局。

行政院勞工委員會職業訓練局（1999a），《企業訓練專業人員工作手冊：企業員工訓練的需求與規劃》，台北：行政院勞工委員會職業訓練局。

何永福、楊國安（1995），《人力資源策略管理》，台北：三民。

吳思華（2001），《杜拉克精選：個人篇導讀——杜拉克的「知識工作者」》，台北：天下遠見。

吳美蓮、林俊義（2002），《人力資源管理：理論與實務》，台北：智勝。

李右婷、吳偉文（2003），《Competency導向人力資源管理》，台北：普林斯頓。

李吉仁、陳振祥（2005），《企業概論：本質·系統·應用》，台北：華泰。

李昊（2005），《CEO管理聖經》，台北：百善書房。

李長貴（2000），《人力資源管理：組織的生產力與競爭力》，台北：華泰。

李隆盛、黃同圳（2000），《人力資源發展》，台北：師大書苑。

李隆盛、賴春金（2001），《科技與人力教育的新象》，台北：師大書苑。

李嵩賢（2001），《人力資源的訓練與發展》，台北：商鼎文化。

李嵩賢（2004），《T&D飛訊論文集粹第三輯：人力資源發展的新思維——多元
　　化的教學方法》，台北：國家文官培訓所。

李誠、周蕙如（2006），《趨勢科技：企業國際化的典範》，台北：天下遠見。

李漢雄（2001），《人力訓練與發展》，台北：國立空中大學。

李聲吼（1997），《人力資源發展》，台北：五南。

杜林致（2006），《職業生涯管理》，上海：上海交通大學出版社。

汪群、王全蓉主編（2006），《培訓管理》，上海：上海交通大學出版社。

周大衛、林益昌、施純協（2001），《企業學習型組織理論與實務案例：企業勝
　　點》，台北：知行。

林月雲（1997），《87年度全國企業訓練北區成果發表會會議手冊：組織轉型過
　　程中訓練體系之配合與定位》，台北：行政院勞工委員會職業訓練局。

林清江（1997），《新知系列專題演講彙編（第一輯）：學習社會中的公務人力
　　發展策略》，高雄：公務人力發展中心。

林鬱（1990），《子夜潮騷》，台北：林鬱。

松本一男著，李玉芬譯（1994），《日本人與中國人》，台北：錦繡。

玫琳凱‧艾施（Mary Kay Ash）（1984），《玫琳凱談「人的管理」》（*Mary
　　Kay On People Management*），台北：美商玫琳凱。

邱啟揚、張衛峰（2003），《人力資源管理教程》，北京：社會科學文獻出版
　　社。

姚若松、苗群鷹（2003），《工作崗位分析》，北京：中國紡織出版社。

柯全恒（1999），《88年度企業訓練聯絡網竹苗分區活動系列十：企業訓練移轉
　　規劃之研究》，台北：行政院勞工委員會職業訓練局。

柯全恒（1999），《88年度企業訓練聯絡網竹苗分區活動系列十：訓練成效評
　　估》，台北：行政院勞工委員會職業訓練局。

洪榮昭（1988），《人力資源發展：企業培育人才之道》，台北：遠流。

科學工業區同業公會人力資源委員會（1997），《教育訓練實務》，新竹：科學
　　工業區同業公會。

胡宏峻（2005），《人力資源e化》，上海：上海交通大學出版社。

英國雅特楊資深管理顧問師群著，陳秋芳主編（1989），《管理者手冊》，台北：中華企業管理發展中心。

孫本初、江岷欽（1999），《公共管理論文精選（Ⅰ）：管理才能評鑑中心》，台北：元照。

孫健（2002），《海爾的人力資源管理：關於一個中國企業成長的最深入研究》，北京：企業管理出版社。

格拉斯・麥葛瑞哥（Douglas McGregor）著，許是祥譯（1988），《企業的人性面》（*The human side of enterprise*），台北：中華企業管理發展中心。

海格・納班提恩（Haig R. Nalbantian）等原著，戴至中、袁世珮譯（2004），《革新人力資本策略：企業獲利關鍵》，台北：美商麥格羅・希爾。

康耀鈺（1999），《人事管理成功之路》，台北：品度。

張仁家（2005），《企業訓練與發展》，台北：全華科技。

張火燦、李安珮、李安悌（2000），《第四屆兩岸中華文化與經營管理學術研討會論文集：從中華文化論彼得・聖吉的學習型組織》，中國人民大學與成功大學出版。

張德（2001），《人力資源開發與管理》，北京：清華大學出版社。

張緯良（1999），《人力資源管理》，台北：華泰。

莊財安（1991），《企業人力發展實務》，台北：中華民國管理科學學會。

莊銘國（2007），《經營管理實務》，台北：五南。

郭晉彰（2006），《3%的超越——透視杜書伍的聯強》，台北：天下。

野邊二郎編輯，中國生產力中心MTP教材翻譯小組譯（1997），《MTP（管理研習課程）講義集》，第10次修訂版，台北：中國生產力中心。

陳再明（1997），《本田神話：本田宗一郎奮鬥史》，台北：遠流。

陳沁怡（2003），《訓練與發展》（*Training and Development*），台北：雙葉書廊。

陳明漢總主編（1992），《企業人力資源管理實務手冊》，台北：中華企業管理發展中心。

陳偉航（2000），《NO.1業務主管備忘錄》，台北：美商麥格羅・希爾。

陳龍海、陳贛峰（2005），《培訓案例全書》，深圳：海天出版社。

陳龍海、楊小良（2005），《培訓幽默全書》，深圳：海天出版社。

彭蕙芬（1998），《真誠、創新、卓越——異軍突起的安泰人壽》，台北：安泰心。

如果光是用眼睛去「看」，而不用眼力去「觀察」的話，是無法洞悉的。（日·宮本武藏）

參考文獻

449

曾玉芳（2002），《新經濟理「才」經：你的員工是不是公司的競爭優勢？》，台北：聯經。

游玉梅（1997），《新知系列專題演講彙編（第一輯）：淺談人力資源發展從業人員的角色及其所需知能》，高雄：公務人力資源發展中心。

游光昭、李大偉（2003），《網路化教育訓練概論》，台北：師大書苑。

馮奎（2001），《學習型組織在中國》，香港：經要。

黃富順（1998），《人力資源發展：學習社會與人力資源發展》，高雄：公教人力資源發展中心。

楊國安、大衛·歐瑞奇、史蒂芬·納森、瑪莉安·范格林娜合著，劉復苓譯（2002），《組織學習能力》（*Organizational Learning Capability*），台北：聯經。

葉匡時（1996），《總經理的新衣——打破管理的迷思》，台北：聯經。

葛兆丹（2003），《T&D飛訊論文集粹第二輯：e-Learning與KM之整合實踐》，台北：國家文官培訓所。

虞有澄著，季安譯（1999），《Intel創新之秘》（*Creating the Digital Future : The Secrets of Consistent Innovation at Intel*），台北：天下遠見。

鄒鴻圖、張慶年、陳信雄、張富雄、林春鏞等譯（1983），《如何訓練銀行從業人員》，台北：金融人員研究訓練中心。

鈴木伸一、正木勝秋著，黃南斗譯（1887），《企業員工訓練實務手冊》，台北：台華工商。

雷蒙德·諾伊（Raymond A. Noe）著，徐芳譯（2001），《雇員培訓與開發》（*Employee Training & Development*），北京：中國人民大學出版社。

趙曙明、彼得·道林（Peter J. Dowling）、丹尼斯·韋爾奇（Denice E. Welch）合著（2001），《跨國公司人力資源管理》，北京：中國人民大學出版社。

劉立（2003），《通用GE電氣》，高雄：宏文館。

歐倫·哈拉利（Harari, Oren）著，樂為良譯（2006），《鮑爾風範：迎戰變局的領導智慧與勇氣》（*The Leadership Secrets of Colin Powell*），台北：美商麥格羅·希爾。

潘提·許丹曼拉卡（Pentti Sydanmaanlakka）著，余佑蘭譯（2002），《建構智慧型組織》（*An Intelligent Organization*），台北：中國生產力中心。

蔡祈賢（2000），《終身學習與公務人力發展》，台北：商鼎。

鄭金謀、邱紹一編著（2002），《全方位生涯規劃——建構多角化的人生藍

圖》，台北：新文京。

鄭晉昌、林俊宏、黃猷悌合著（2006），《人力資源e化管理：理論、策略與方法》，台北：前程。

黎曉珍（2006），《IBM變革攻略》，台北：如意。

諾爾·提區（Noel M. Tichy）、史崔佛·薛曼（Stratford Sherman）著，吳鄭重譯（2001），《奇異傳奇》（*Control Your Destiny or Someone Else Will*），台北：智庫。

諶新民主編（2005），《員工培訓成本收益分析》，廣州：廣東經濟出版社。

簡建忠（1994），《訓練評鑑》，台北：五南。

魏鸞瑩（2003），《T&D飛訊論文集粹：ROI模式在培訓評價上的運用》，台北：國家文官培訓所。

鄺懋功（1999），《88年度事業人力資源作業實務研討會實錄：第一場IBM台灣國際商業機器公司》，台北：行政院勞工委員會職業訓練局。

羅伯特·馬希斯（Robert L.Mathis）、約翰·傑克遜（John H.Jackson）著，李小平譯（2000），《人力資源管理課程》，北京：機械工業出版社。

二、文章

Reinhard Ziegler，李芳齡譯（2001），〈突破傳統的線上學習〉，《EMBA世界經理文摘》，181期，2001/09。

文及元（2006），〈台灣雅芳「績效發展評估」從內部培養接班人〉，《經理人月刊》，2006/05。

王先棠（2007），〈一把鑰匙　害鐵達尼撞冰山？〉，《聯合報》（2007/08/30 A17版）。

王柏權（2006），〈ISO 10015，訓練品質新潮流〉，《管理雜誌》，384期，2006/06。

古廣勝（2007），〈向沃爾瑪學習人才培訓〉，《企業研究雜誌》，總第279期，2007/05。

古橋（2006），〈走出培訓的兩難境地〉，《企業管理雜誌》，總第296期，2006/04。

安信團隊（2004），〈企業中的培訓效果評估〉，《人力資源月刊》，總第191期，2004/07。

朱麗文（1995），〈新人訓練課程設計〉，《工業雜誌》，1995/05，頁53-55。

何俐安（2006），〈探討人力資源發展成果：談組織評鑑教育訓練之模式〉，《研習論壇月刊》，67期，2006/07。

何輝、胡迪（2005），〈走出培訓與人才流失的怪圈〉，《人力資源雜誌》，總第212期，2005/10。

呂玉娟（2006），〈人力資源發展策略性管理工具：ISO 10015讓訓練與績效劃上等號〉，《能力雜誌》，601期，2006/03。

宋春岩（2006），〈步步為營，化解培訓外包的風險〉，《人力資源‧HR經理人》，總第236期，2006/09。

李孔文（2007），〈訓練機構執行成效衡量之研究〉，《人事月刊》，44卷，3期，2007/03/16。

李弘暉、吳瓊治（2007），〈運用ISO 10015轉換教育訓練投資為企業競爭優勢〉，《品質月刊》，2007/07。

李玉屏（1995），〈階層別教育訓練〉，《工業雜誌》，300期，1995/03。

李湘玲（2007），〈走進企業大學〉，《人力資源雜誌》，2007/06。

李漢笙（2004）〈中華民國訓練協會亞洲培訓總會第三十一屆檳城年會報告：底線式評估心得報告——從訓練和績效改進中評估訓練成果〉，中華民國訓練協會，2004/12。

李曉霞（2006），〈培訓評估的6個環節〉，《人力資源‧HR經理人》，總第222期，2006/02下半月。

李聲吼（1996），〈績效導向企業訓練評鑑〉，《管理雜誌》，263期，1996/05。

李聲吼（1998），〈工作生涯發展〉，《人力發展月刊》，58期，1998/11。

周海燕（2007），〈走進培訓「成核期」〉，《人力資源雜誌》，總第251期，2007/05上半月。

孟繁宗（2006），〈淺談數位學習與混成學習〉，《人事月刊》，43卷，4期，2006/10/16。

林文政（2006），〈課前分析需求，課後評估成效：100分的完整教育訓練〉，《人才資本》，4期，2006/09。

林行宜（2007），〈培植備位人選〉，《經濟日報》，2007/03/21，A14版。

林添豪（1995），〈新進人員訓練原則〉，《工業雜誌》，302期，1995/05。

林瑞煌（1993），〈訓練所角色功能之調整〉，《石油通訊》，505期，1993/09。

林燦瑩、張甲賢（1995），〈信義房屋培育講師範例〉，《工業雜誌》，301期，

1995/04。

武敏傑（2007），〈崗位交流〉，《企業管理》，2007/05。

金招弟、孫瑾、徐斌、袁山林（2003），〈培訓，為何老是走樣〉，《企業管理雜誌》，2003/11。

洪瑞浩（2007），〈學習型組織的導入〉，《產業雜誌》，447期，2007/06。

胡釗維（2006），〈模擬情境測試 嚴選適任接班人〉，《商業周刊》，985期，2006/10/09。

胡瑋（2006），〈行為學習光譜映射培訓技巧的轉換〉，《企業研究雜誌》，總第268期，2006/10。

奚永明（2007），〈教育訓練規劃也要變通〉，《經濟日報》，2007/08/24，A17版。

徐光宇（2007），〈即戰力 專業人才職場利器〉，《經濟日報》，2007/03/31。

徐旭東（1998），〈給社會新鮮人的話〉，《遠東人月刊》，95期，1998/06。

徐旭珊（2007），〈五大環節 看清企業培訓「性價比」〉，《人力資源雜誌》，2007/08。

徐舜達（2006），〈向亞洲最佳雇主取經 福特六和全方位珍惜人才〉，《人才資本》，3期，2006/07。

草地人（1995），〈企業內講師應如何遴聘〉，《工業雜誌》，301期，1995/04。

高正平（2004），〈對學習型組織的冷靜思考〉，《企業管理雜誌》，總第271期，2004/03。

張小明（2005），〈讓老闆看出培訓績效〉，《人力資源雜誌》，總第202期，2005/05。

張添洲（1993），〈生涯的定義〉，台灣勞工，第23期，1993/02。

張裕隆（1995），〈駐外經理人才的甄訓〉，《前瞻趨勢雜誌》，1995/10。

張榮光（2008），〈中華企管董座李裕昆退隱交棒〉，《經濟日報》，2008/12/16，D1版。

陳家聲（1995），〈3C時代的彈性生涯管理〉，《世界經理雜誌》，103期，1995/03。

陳珮馨（2007），〈人力訓練：在個案研討中腦力激盪〉，《經濟日報》，2007/04/11，A14版。

陳斌（2007），〈不斷融合 不斷成長：上海貝爾阿爾卡特的人力資源管理〉，《人力資源‧HR經理人》，總第250期，2007/04。

陳燦、胡宏峻、王寒（2006），〈建立企業大學十大問題（上）〉，《企業研究雜誌》，總第255期，2006/09。

陳燦、胡宏峻、王寒（2006），〈建立企業大學十大問題（下）〉，《企業研究雜誌》，總第256期，2006/10。

曾見占、孫振益（2004），〈中華民國訓練協會亞洲培訓總會第三十一屆檳城年會報告：發展卓越表現——人力資本的角色〉，中華民國訓練協會，2004/12。

游玉梅（2005），〈人力績效模式及職能模型與職場學習的整合與應用〉，《人事月刊》，40卷，6期，2005/06/16。

游玉梅（2007），〈提升公部門訓練機構教學績效的有效策略——以學習者為中心的個案教學法的運用〉，《人事月刊》，44卷，2期，2007/02/16。

童敏惠（1997），〈大學圖書館視聽服務的新嘗試——以台大圖書館多媒體服務中心為例〉，《大學圖書館》，1卷，4期，1997/10。

馮仁厚（2007），〈如何推展有效的「組織學習」〉，《策略評論》，3期（2007/08）。

黃柏翔（2007），〈企業如何培養接班人？（上）〉，《工商時報週刊：e人資知識》（2007/07/01 B8版）。

黃倩如（2007），〈訓練成效評估資料之蒐集與分析〉，《人事月刊》，44卷，2期，2007/02/16。

楊秋男（2004），〈中華民國訓練協會亞洲培訓總會第三十一屆檳城年會報告：訓練成效影響分析探討〉，中華民國訓練協會，2004/12。

楊榮傑、沈思圻（2007），〈結構化在職訓練　競爭利器〉，《經濟日報》，2007/04/01，C5版。

葉蓮（2006），〈條條大路通羅馬：IBM技術人員的職業發展管理〉，《人力資源·HR經理人》，總第236期，2006/09。

台灣國際標準電子公司資料室（1989），〈員工職涯前程發展〉，《台灣國際標準電子公司季刊》（*TAISEL NEWS*），1989/12。

資策會數位教育研究所提供，〈e-Learning 讓房仲服務標準化〉，《經濟日報》2007/04/30，A14版。

廖文志、王瀅婷（2006），〈企業訓練整體發展與效益之探討〉，《就業安全》半年刊，2006/07。

廖肇弘（2003），〈企業大學的關鍵成功因素〉，《管理雜誌》，353期，

三人行，必有我師焉。擇其善者而從之，其不善者而改之。《論語·述而第七》

培訓管理

454

2003/11。

甄進明、嚴昀（2006），〈技術人員的職業發展之路〉，《人力資源·HR經理人》，總第236期，2006/09。

劉坤億（2007），〈從訓練到學習：政府部門人力資源發展的趨勢〉，《人事月刊》，44卷，3期，2007/03/16。

劉慶（2006），〈接班人計畫：警惕危險的斷裂〉，《人力資源·HR經理人》，總第240期，2006/11。

劉興陽（2006），〈投資人才 放眼未來——TNT的人力資源管理〉，《人力資源·HR經理人》，總第230期，2006/06。

劉蕾（2003），〈選拔培訓13步〉，《財智（企業研究）雜誌》，220期，2003/05下半月。

樓旭明、段興民（2004），〈工作輪換的價值〉，《企業管理雜誌》，2004/09。

歐陽靉靈（1994），〈年度訓練規劃竅門〉，《工業雜誌》，296期，1994/11。

編輯部（2000），〈訓練是經理人的責任〉，《EMBA世界經理文摘》，164期，2000/04。

編輯部（2000），〈從行動中學習〉，《EMBA世界經理文摘》，167期，2000/07。

編輯部（2002），〈訓練不是所有問題的解答〉，《EMBA世界經理文摘》，191期，2002/07。

編輯部（2003），〈掌握員工關係的關鍵時刻：給新進員工好的開始〉，《EMBA世界經理文摘》，204期，2003/08。

編輯部（2005），〈相關鏈接：學習型企業做了什麼？〉，《企業管理雜誌》，2005/01。

鄭真（2007），〈就是這個光〉，《管理雜誌》，396期，2007/06。

鄧今朝（2006），〈人才開發收益測算方法——以培訓為例〉，《企業研究雜誌》，總第270期，2006/12。

盧冠諭（2007），〈慎選外部講師〉，《經濟日報》（2007/06/18 A14版）。

蕭念湘（1995），〈企業應自養一批訓練講師〉，《工業雜誌》，301期，1995/04。

蕭茉莉（2007），〈企業大學：漸行漸近的腳步〉，《人力資源雜誌》，總第249期，2007/04上半月。

研究報告李弘暉、羅比德，編輯改寫蕭崇文（2006），〈訓練，就是要看到改

變！訓練績效追蹤行動方案〉，《人才資本》，第4期，2006/09。

遲玉霞（2004），〈培訓能帶來多大效益〉，《人力資源雜誌》，2004/09。

薛亮（2005），〈妙用頭腦風暴法〉，《企業研究雜誌》，總第251期，2005/05。

顏嘉宏（1998），〈遠東企業大學之簡介〉，《遠東人月刊》，1998/04，頁
　　14-15。

羅業勤（1999），〈企業訓練績效評估〉，《勞工行政》，136期，1999/08。

關彤（2003）〈培訓應當怎麼做〉，《人力資源雜誌》，7期。

蘭堉生（1995），〈階層別訓練怎麼做規劃〉，《工業雜誌》，300期，1995/03。

三、碩士論文

丘宏益（1996），〈員工培訓成效評估之研究〉，國立中山大學人力資源管理研
　　究所碩士論文。

江琬瑜（1999），〈訓練成效評估之研究〉，國立中央大學人力資源管理研究所
　　碩士論文。

吳盛金（2001），〈訓練成效評估與影響訓練移轉因素的探討〉，國立中央大學
　　人力資源管理研究所碩士論文。

吳靖莉（2006），〈地方政府人事人員職務輪調與工作滿足關係之研究：中部縣
　　市為例〉，私立東海大學公共行政研究所碩士論文。

李玉楓（2004），〈教育訓練與業務績效之相關性研究：以C人壽保險公司為
　　例〉，私立逢甲大學經營管理碩士在職專班碩士論文。

李進行（2001），〈主管人員管理能力訓練需求之研究──以A公司為例〉，國立
　　中山大學人力資源管理研究所碩士論文。

狄家葳（2000），〈訓練成效評估之研究──以台灣跨國企業為例〉，國立台灣
　　大學商研所碩士論文。

陳春霖（2003），〈跨文化訓練實施對台商外派人員於工作適應上之影響〉，大
　　葉大學國際企業學系碩士班論文。

游慶生（2001），〈公務人員訓練委外可行性之研究：策略規劃的觀點〉，私立
　　東海大學公共行政學系碩士論文。

葉玫廷（2005），〈中小企業人才培訓策略之研究──以台中地區為例〉，私立
　　逢甲大學經營管理碩士在職專班碩士論文。

蔡貴鳳（2005），〈餐飲業導入職業證照之影響因素評估〉，私立東海大學食品

科學研究所食品工業管理組碩士論文。

鍾士奇（2005），〈中華航空公司e-learning之個案研究：以新進人員為例〉，私
　　立逢甲大學經營管理碩士在職專班碩士論文。

四、講義

2002年企訓網企業訓練種子研習班講義，台北：行政院勞工委員會職業訓練局。

丁志達（2008），人才招聘與培訓實務班講義，台北：中華企業管理發展中心。

中華民國管理科學學會人力資源管理與發展委員會編輯（1989），《人力資源管
　　理彙編》，中華民國管理科學學會人力資源管理與發展委員會。

王慧君（1990），如何在組織中做好個人生涯規劃研習班講義，台北：台北基督
　　教女青年會YMCA管理學苑。

吳定（2000），《2000年海峽兩岸人力資源管理訓練與發展學術交流研討會文
　　集：評鑑中心法在主管管理才能發展上的應用》，中華海峽人力資源訓練發
　　展學會，2000年4月1～10日。

吳秉恩（1989），人力資源發展研習班講義，台北：中華企業管理發展中心。

周談輝（1985），《企業訓練專業人員講習會講義彙編：訓練原理與實務》，台
　　北：內政部職業訓練局。

南山人壽保險公司編印（2003），《我們的教育訓練：公司教育訓練白皮書》，
　　頁3-7。

范揚松（2007），企業講師教學方法與技巧研習班講義，台北：中華企業管理發
　　展中心。

張霄亭（1985），《企業訓練專業人員講習會講義彙編：視聽教育概論》，台
　　北：內政部職業訓練局，頁138-149。

童立中（1985），《企業訓練專業人員講習會講義彙編：訓練原理簡介》，台
　　北：內政部職業訓練局。

閔新民（1985），《企業訓練專業人員講習會講義彙編：訓練計畫之擬定》，台
　　北：內政部職業訓練局。

趙天一（2000），〈教學方法介紹〉，88年下半年及89年度企業訓練機構（北
　　區）教學觀摩研討會（2000/09/21-22）講義，台北：中華民國職業訓練研究
　　發展中心。

潘維熹（1979），〈企業內訓練規劃與實施研討會：訓練方法的種類及運用〉，

中華企業管理發展中心講義。

鄭香杰（1985），《企業訓練專業人員講習會講義彙編：訓練需求調查與年度訓練計畫之研訂》，台北：內政部職業訓練局。

五、網站

ISO 10015導引企業訓練品質改善，http://www.hrmd.com.tw/paper/60425/1-iso-10015-guide-training-qc-improvement.doc

中國人力資源網，〈GE接班人運作模式〉，http://tech.hr.com.cn/html/39047.html

企業訓練聯絡網，http://otraining.evta.gov.tw/btraining/etn_faq_Aq.asp?no=726

呂玉娟（2006），Ade-QuaT&E、SGS台灣檢驗科技公司，《經濟日報》2006/04/02，http://www.hrmd.com.tw/paper/60425/1-iso-10015-guide-training-qc-improvement.doc

宋狄揚（2003），〈公務人員訓練方法的探討〉，《T&D飛訊》，第十一期，國家文官培訓所，http://w3.ncsi.gov.tw/NcsiWebFileDocuments/ad93dcd106ee253848c443603ec14621.pdf

哈佛企管網，〈e-Learning數位學習／為何要導入數位學習？〉，http://www.harment.chinamgt.com/ebuss/ebuss-0201.php.

胡文豐，〈提早培養接班人〉，工業總會服務網：http://www.cnfi.org.tw/kmportal/front/bin/ptdetail.phtml?Part=magazine9606-447-16

胡秀華，〈累積人力資本的價值　追求企業經營的優勢〉，http://www.ugc.com.tw/corporate012.php

胡維欣部落格，http://blog.sina.com.tw/intacom/article.php?pbgid=22272&entryid=645

徐傑，〈企業員工培訓的Last Mile──談培訓成果的轉化〉，http://www.vsharing.com/Blog/sibo/A554210.html

國立教育資料館，http://192.192.169.108/2d/av/lesson/lesson_0301.asp

張文龍（2004），〈解析高科技產業實施「跨企業訓練」之利基〉，http://www.tfoi.org.tw/html/news/projectDetail.asp?RECNO=28

張淑華，〈麥當勞的訓練發展系統〉，http://piefu1.hypermart.net/hr.htm

統一企業股份有限公司，http://www.evta.gov.tw/train/WORK/S2/S2-1.htm

許文華，〈終身學習〉，http://www.read.com.tw/web/hypage.cgi?HYPAGE=subject/sub_learning.asp

郭曉來，〈彼得原理揭示了組織的悲劇〉，學習時報，http://big5.china.com.cn/chinese/zhuanti/xxsb/546389.htm

舒爾茨的人力資本理論，http://www.mca.gov.cn/artical/content/200510279565/2005114112348.html

黃淑芬，〈中國信託「管理潛能發展中心」〉，中華人力資源管理協會，http://www.chrma.org.tw/http://www.evta.gov.tw/train/WORK/S2/S2-1.htm

黃寧，〈麥當勞的培訓與晉升機制〉，致信網：http://mie168.com/htmlcontent.asp

會計博客課，http://202.101.18.180:81/gate/big5/blog.esnai.com/hanjingen/archive/2006/03/24/80890.html

童敏惠，〈大學圖書館視聽服務的新嘗試——以台大圖書館多媒體服務中心為例〉。大學圖書館第一卷第四期，1997/10，http://www.lib.ntu.edu.tw/pub/univj/uj1-4/uj4-7

遠東紡織股份有限公司附設職業訓練中心，http://www.b-training.org.tw/download/work/T12/index.html

遠東紡織股份有限公司附設職業訓練中心，http://www.feg.com.tw/training/

潘應泉，〈淺論員工培訓與組織文化〉，http://www.peixunye.com/home/space.php?uid=402&do=blog&id=214

謝政彥（2006），〈參與2006年ASTD年會心得報告：「訓練投資報酬——ROI方法論初探」〉，公務人力發展中心每月出版電子報第59期，2006/05/20，http://epaper.hrd.gov.tw/59/EDM59-04.htm

管理叢書 9

培訓管理

編 著 者／丁志達
出 版 者／揚智文化事業股份有限公司
發 行 人／葉忠賢
總 編 輯／閻富萍
地　　　址／台北縣深坑鄉北深路三段 260 號 8 樓
電　　　話／(02)8662-6826　8662-6810
傳　　　真／(02)2664-7633
網　　　址／http://www.ycrc.com.tw
　E-mail／service@ycrc.com.tw
印　　　刷／鼎易印刷事業股份有限公司
　ISBN／978-957-818-908-9
初版二刷／2012 年 2 月
定　　　價／新台幣 550 元

國家圖書館出版品預行編目資料

培訓管理 = Training and development
management / 丁志達編著. -- 初版. -- 臺
北縣深坑鄉：揚智文化, 2009.05
　　面；　公分. -- (管理叢書；9)
參考書目：面

ISBN 978-957-818-908-9 (平裝)

1.在職教育 2.人力資源管理

494.386　　　　　　　　　　　　98005664